Web

开发人才培养系列丛书

U0161371

HTML5+CSS3+ Bootstrap

响应式Web前端设计

慕课版 | 第2版

范玉玲 段春笋 董立凯 张芊茜 ◉ 主编　　**赵燕 徐涛 周劲** ◉ 副主编

人民邮电出版社

北　京

图书在版编目（CIP）数据

HTML5+CSS3+Bootstrap响应式Web前端设计：慕课版/
范玉玲等主编. -- 2版. -- 北京：人民邮电出版社，
2024.2
（Web开发人才培养系列丛书）
ISBN 978-7-115-61867-2

Ⅰ. ①H… Ⅱ. ①范… Ⅲ. ①超文本标记语言－程序
设计－高等学校－教材②网页制作工具－高等学校－教材
Ⅳ. ①TP312.8②TP393.092

中国国家版本馆CIP数据核字(2023)第098539号

内 容 提 要

本书全面系统地介绍了网页设计、前端开发涉及的基础核心技术，包括网站开发相关概念、常用开发工具、HTML5、CSS 样式属性、响应式布局、Bootstrap 框架及网站建设流程等。

本书注重实践能力培养，配备 3 种层次的案例，让学习者由浅入深、循序渐进地掌握前端开发技术。第一层次是知识点示例，通过大量示例辅助学习者掌握基础知识点；第二层次是项目案例，将完整网站按顺序拆解为 15 个项目，通过项目驱动的方式提升学习者的动手能力，并使学习者在此过程中逐步理解网站建设的思路和开发流程；第三层次是拓展习题，涵盖当前章的主要知识点及相关技术并适当延伸，引导学习者主动思考、深入探索。

本书适合作为普通高等院校计算机相关专业学生的 Web 开发课程教材，也可作为初学者的自学教材。

◆ 主　编　范玉玲　段春笋　董立凯　张芊茜

副主编　赵　燕　徐　涛　周　劲

责任编辑　张　斌

责任印制　王　郁　陈　犇

◆ 人民邮电出版社出版发行　北京市丰台区成寿寺路 11 号

邮编　100164　电子邮件　315@ptpress.com.cn

网址　https://www.ptpress.com.cn

固安县铭成印刷有限公司印刷

◆ 开本：787×1092　1/16

印张：16.25　　　　　　2024 年 2 月第 2 版

字数：459 千字　　　　2025 年 1 月河北第 3 次印刷

定价：59.80 元

读者服务热线：(010)81055256　印装质量热线：(010)81055316
反盗版热线：(010)81055315
广告经营许可证：京东市监广登字 20170147 号

前言

新一代信息技术产业是国民经济的战略性、基础性和先导性产业。Web前端开发是大力发展新一代信息技术产业、推动数字经济发展规划的技术途径之一。

本书构建了"一体两翼"的前端教学模式，有机地将素养提升、知识学习和实践能力培养融合在一起。以国家级一流本科线上课程为平台辅助知识学习，用项目案例提升实践能力，用扩展阅读培养读者的媒介素养，在培养相关领域高素质人才方面提供了厚实的知识基础。本书在案例中有针对性的融入了中国传统文化，不仅能够潜移默化地增强读者的文化自信，而且对于扩大中华文化的传播起到了重要的促进作用。

本书系统全面地介绍了网页设计与开学所涉及的主要技术，并将一个完整的唐诗宣传网站拆分为15个项目案例贯穿全书始终，将所讲知识运用在实际项目中，以期提高读者分析问题、解决问题及动手编写代码的能力。

主要内容

本书共7章，主要内容如下。

第1章主要介绍网页的基本组成、网页设计的基本概念、Web工作原理及网页开发工具等。

第2章主要介绍HTML文档的基本结构、HTML常用标签。

第3章主要介绍CSS编写规则、引入方式、选择器及常用属性。

第4章主要介绍CSS盒模型、浮动与定位及常用页面布局。

第5章主要介绍CSS特效，包括滤镜、过渡、动画及转换等属性。

第6章主要介绍响应式设计的概念、媒体查询及Bootstrap框架。

第7章主要介绍网站建设的主要流程，包括网站定位、确定网站主题、网站结构规划、收集网站内容、网站设计原则及测试和发布。

主要特点

本书通过基础知识讲解+丰富示例+项目案例+扩展阅读等多种方式结合，采用不同层次的示例练习让读者由浅入深、循序渐进地掌握前端开发的相关技术。相信广大读者不仅能够学好网页开发专业知识，而且能够成为中华文化的传播者。

- 素养拓展：扩展阅读用以培养读者的审辨性思维、网页鉴赏水平和数据素养等；"唐朝诗人群像"网站用以树立读者的文化自信。
- 注重实践：将一个典型网站按知识点讲解的顺序拆分为15个项目案例，与各章知识点丝丝相扣，将理论知识和实践完美地结合起来。
- 构建思维：在项目步骤撰写过程中注重梳理网站开发流程，有助于读者构建网页设计思维。

项目介绍

本书的15个项目均包括项目目标、项目内容和项目步骤3个部分。项目目标对读者提出理解、掌握和灵活运用三种不同要求；项目内容描述了完成项目需要掌握的理论和实践知识要求；项目步骤是根据网页效果进行具体分析，列出详细操作步骤。

项目一至项目五：使读者掌握HTML文档结构，熟练使用HTML标签进行文档结构化。

项目六至项目七：使读者掌握网站的整体风格设计，通过CSS实现网页的美化及优化。

项目八至项目十：使读者掌握常用的页面布局方法，能够解决常见的浮动、定位问题。

项目十一至项目十四：使读者掌握常用的CSS3属性，了解响应式布局，掌握媒体查询的使用和用Bootstrap框架创建响应式网页的方法。

项目十五：根据前面的14个项目，逆向分析设计思路，使读者掌握网站设计思路、流程和发布等知识。

教材资源

本书基于国家级一流本科线上课程和山东省思政示范课程"Web前端技术"而编写，配套的学习资源包括讲解视频、实例代码、分类习题、教学课件和试题等，读者可通过人民邮电出版社人邮教育社区（www.ryjiaoyu.com）下载使用。MOOC课程可以通过人邮学院（www.rymooc.com）平台进行学习。读者还可以通过扫描书中二维码查看相关资源。

本书由济南大学范玉玲、段春笋、张芊茜、董立凯、赵燕负责主体设计及内容的编写，济南大学周劲负责总体审核，济南大学徐涛、王栋、吴鹏等负责内容审核、整理工作。另外，学生王圳、苗艳、王恒也参与了项目的设计与审核工作，在此对他们表示由衷的感谢。

虽然编者已经尽了最大努力，但书中仍难免存在不足之处，请读者不吝指正。

编　者

2023年11月

< 02 >

目 录

< 01 >

第 3 章
CSS常用属性

第 4 章
盒模型与网页布局

第 5 章
CSS特效

< 02 >

第6章
响应式设计及Bootstrap框架

第7章
网站建设流程

< 03 >

第1章 网站初识

知识目标
- 能够描述网站、网页、浏览器等概念，并能区别静态网页和动态网页。
- 能够描述IP地址、域名以及WWW的概念，并能解释它们之间的关系。
- 能够解释Internet的访问过程和工作机制。
- 能够列举常用开发技术和开发框架。

能力目标
- 能够操作常用网页开发工具。
- 能够配置IIS服务器和发布网站。

素养目标
- 能够阐释媒介素养的概念及意义。
- 能够列举在日常生活中遇到的虚假信息。

项目
- 项目一　创建网页及发布——李白简介：要求将个人计算机（Personal Computer，PC）配置为Web服务器，根据提示创建完整的网页并发布。

　　说到网站，大家并不陌生。人们常常通过其浏览新闻、查询信息、进行网上购物。网站由网页组成，那么网页是什么？网页由什么组成？网站是如何工作的？开发网站的工具有哪些呢？通过对本章的学习，我们对此会有一个初步的认识。

1.1 网页构成

　　图1-1所示的页面中包括了导航栏、超链接、图片和文字等。

　　网页文件是一个包含超文本标记语言（Hypertext Markup Language，HTML）标签的纯文本文件，它可以存放在世界某个角落的某一台计算机中，通过超链接实现网页间的互连。世界各地的人们需要通过浏览器来阅读网页内容。网页文件通常是HTML格式的，是构成网站的基本元素，是承载各种网站应用的平台。

　　为了使界面美观并能够突出网页的内容和主题，设计者可以选择使用不同的元素来设计网页。设计者可使用表格或div来控制网页中的信息的布局方式，可使用图像来直观地展示效果，可使用表单来获取用户的输入信息。

导航栏

图片

文字
超链接

图 1-1　初识网页

网页主要由文字、图形、超链接及音视频等元素组成。

（1）文字

文字是网页发布信息所用的主要形式。由文字制作出的网页占用空间小，因此，这类网页在用户浏览时，可以很快地展现在用户面前。但是没有编排点缀的纯文字网页，又会给人带来死板、不活泼的感觉，使浏览者没有往下浏览的欲望。因此设计文字性网页时一定要注意编排，包括标题的字体和字号、内容的层次和样式、是否需要变换颜色进行点缀等。

标题：醒目的标题和副标题，让浏览者一眼就能看到要点，并找到继续阅读的兴趣点。另外，标题还具有将网页文档分段的功能，以方便浏览者阅读。

字体：字体的选择能够体现出网站设计的实用性和创意性，但是有些字体在开发者的计算机上有，而在浏览者的计算机上却未必装载，这时就只能以默认的字体显示。CSS3的@font-face属性会首先找到服务器上的字体，然后下载并渲染客户端浏览器的文字。这样就彻底解决了本地操作系统中没有对应字体的问题。

字号：网页中的文字既不能太大也不能太小。太大会使一个网页的信息量变小，太小又使人们浏览时感到费劲。另外，文字大小的确定还与设备和视距有关。一个设计优秀的网页中的文字应统筹规划，大小搭配适当。

（2）图形

一个设计优秀的网页除了有能吸引浏览者的文字和内容外，图形的表现功能也是不能低估的。这里"图形"的概念是广义的，它既可以是普通的绘制图形、图像，又可以是动画。网页上的图形最常使用JPEG、GIF和PNG这3种格式，它们具有跨平台的特性，可以在不同操作系统支持的浏览器上显示。

（3）超链接

超链接是网站之间互相链接的"桥梁"，是从一个网页指向另一个目的端的链接。超链接实现了网页与网页之间、网页与站点之间的跳转。各个网页链接在一起后，才能真正构成一个网站。超链接可以提升网站权重，提升搜索引擎的信任度，吸引"蜘蛛"来访爬行并收录页面。

（4）音视频

网络广播和网络视频是网络传播多媒体形态的重要体现。网络上常见的视频格式有FLV、SWF、RMVB、MP4、WMV、AVI等，常见的音频格式有MP3、OGG和WAV等。

< 02 >

1.2 理论基础

当我们打开浏览器，在地址栏中输入网址http://www.ujn.edu.cn，就会进入济南大学主页。这个网址用到了哪些具体的网络基础知识？从输入网址到网页在浏览者的客户端显示，这个过程中又经历了什么？下面来依次了解一下。

1.2.1 基本概念

本小节将介绍如WWW、URL、HTTP、IP地址、域名、域名系统、静态网页和动态网页等基本概念。这些概念在我们的网页设计中会经常遇到，理解它们的含义和作用对设计、开发网站非常重要。

（1）WWW

万维网（World Wide Web，WWW）也被称作"Web""3W"，是一个由许多互相链接的超文本组成的系统。在这个系统中，每个有用的事物都称为"资源"，并且由一个全局统一资源标识符（Uniform Resource Identifier，URI）标识。这些资源通过超文本传输协议（Hypertext Transfer Protocol，HTTP）传送给用户，浏览者再通过单击链接来获得资源。

通过万维网，人们只要使用简单的方法，就可以迅速、方便地取得丰富的信息资料。

（2）URL

统一资源定位符（Uniform Resource Locator，URL）是Internet（因特网）上标准资源的地址，其中包括资源位置和访问方法。Internet上的每个文件都有唯一的URL。

我们上网浏览网页时，用鼠标单击打开不同的网页就是链接到不同URL的过程。在这个过程中URL会一直显示在浏览器的地址栏里，图1-2所示为济南大学的网站。

图 1-2　URL 举例

图1-2方框中的"https://www.ujn.edu.cn……"部分就是济南大学网站的URL。如果用户访问的是清华大学的网站，浏览器地址栏中就会显示"http://www.tsinghua.edu.cn"，即清华大学网站的URL。

URL通常包括3个部分：第一部分是协议（或称为服务类型），告诉浏览器该如何工作；第二部分是文件所在的主机；第三部分是文件的路径和文件名。

URL格式基本语法如下：

协议://主机[:端口][/文件]

< 03 >

当前流行的协议是HTTP，此外还有File、FTP、Gopher、Telnet、News等，例如：

```
file://ftp.linkwan.com/pub/files/foobar.txt
```

其中，file代表File协议，它主要用于访问本地计算机中的文件，主机由ftp.linkwan.com部分约定，文件在pub/files/目录下，文件名为foobar.txt。

（3）HTTP

HTTP是Internet上应用最广泛的一种网络协议，设计HTTP最初的目的是提供一种发布和接收HTML页面的方法。它可以使浏览器更加高效，使网络传输量减少。它不仅能保证计算机正确、快速地传输超文本文档，还能确定传输文档中的哪一部分内容首先显示（如文本先于图形）等。

HTTP传输的数据都是未加密的，也就是明文的，因此使用HTTP传输隐私信息非常不安全。为了保证这些隐私数据能加密传输，网景公司设计了安全套接字层（Secure Sockets Layer，SSL）协议，用于对HTTP传输的数据进行加密，从而就诞生了HTTPS。HTTPS是由SSL+HTTP构建的可进行加密传输、身份认证的网络协议，要比HTTP安全。

（4）IP地址

Internet上的每台主机（Host）都有唯一的网际协议（Internet Protocol，IP）地址。就像是家庭地址一样，如果我们要写信给一个人，需要填写地址，邮递员才能把信送到。计算机发送信息系统就好比是邮递员，它必须知道唯一的"地址"才能不至于把信送错。只不过写信的地址用文字表示，而计算机的地址用二进制数字表示。

IP就是使用这个地址在主机之间传递信息，这是Internet能够运行的基础。IP地址的长度为32位（共有2^{32}个IP地址），分为4段，每段8位，通常用"点分十进制"表示成（a.b.c.d）的形式，其中，a、b、c、d都是0～255的十进制整数。如100.4.5.6，实际上是32位二进制数：01100100.00000100.00000101.00000110。

IP地址可以视为由网络标识号码与主机标识号码两个部分组成，因此IP地址由两个部分组成：一部分为网络地址，另一部分为主机地址。设计者必须决定每部分包含多少位。网络号的位数直接决定了可以分配的网络数（计算方法：$2^{网络号位数}-2$）；主机号的位数则决定了网络中最大的主机数（计算方法：$2^{主机号位数}-2$）。然而，由于整个Internet所包含的网络规模可能比较大，也可能比较小，设计者就选择了一种灵活的方案：将IP地址空间划分成不同的类别，每一类均具有不同的网络号位数和主机号位数。IP地址通常分为A、B、C、D、E这5类，它们适用的类型分别为大型网络、中型网络、小型网络、多目地址、备用。常用的是B和C两类。

（5）域名

IP地址是Internet主机作为路由寻址用的数字型标识，但不便于人们记忆，因而产生了域名（Domain Name）这种字符型标识。

域名由两个或两个以上的词构成，域名中的词由若干个a～z的拉丁字母或阿拉伯数字组成，每个词都不超过63个字符，也不区分字母大小写。词中不能使用除连字符"-"外的其他任何符号。级别最低的域名写在最左边，而级别最高的域名写在最右边。由多个词组成的完整域名总共不超过255个字符。

域名不仅便于人们记忆，而且即使在IP地址发生变化的情况下，通过改变解析对应关系，域名仍可保持不变。

例如，济南大学的域名是ujn.edu.cn，清华大学的域名是tsinghua.edu.cn。最右边的词称为顶级域名，顶级域名分为两类：一是国家或地区顶级域名，如中国是.cn、美国是.us、日本是.jp等；二是国际顶级域名，如.com表示商业机构、.net表示网络提供商、.org表示非营利组织、.edu表示教育机构、.gov表示政府机构等。

再如，百度的域名是baidu.com，"baidu"是这个域名的主体，后边".com"是该域名的后缀，

< 04 >

代表这是一个商业机构。

（6）域名系统

Internet上每台主机的IP地址和域名之间是如何对应的呢？当用户在浏览器地址栏里输入域名访问的时候，怎么才能找到唯一对应的那台主机地址呢？

在Internet上，域名与IP地址之间是一对一（或者多对一）的关系，域名虽然便于人们记忆，但机器之间只能互相识别IP地址，将域名映射为IP地址的过程就称为"域名解析"。域名解析需要由专门的域名解析服务器来完成。

域名系统（Domain Name System，DNS）由域名解析器和域名服务器组成。域名服务器是保存该网络中所有主机域名和IP地址的对应关系，并将域名转换为IP地址功能的服务器。其中域名必须对应一个IP地址，而一个IP地址可能会有多个域名与之对应。

（7）静态网页和动态网页

在网站设计中，网页是构成网站最基本的元素，通常分为静态网页和动态网页两类。静态网页是指利用HTML脚本语言编写的标准HTML网页，没有后台数据库、不含程序、不可交互，可以包含文本、图像、音视频、客户端脚本、ActiveX控件及Java小程序等，它的文件扩展名为.htm、.html等。静态网页是网站建设的基础，一般适用于更新较少的展示型网站。静态网页也可以出现各种动态的效果，如GIF格式的动画、Flash特效、滚动字幕等，这些"动态效果"只是视觉上的动态。

动态网页是基本的HTML语法规范与Java、PHP等高级程序设计语言及数据库编程等多种技术的融合，以期实现对网站内容和风格的高效、动态、交互式的管理。其显示的内容可以随着时间、环境或者数据库操作的结果变化而发生改变。它的文件扩展名可以是.aspx、.asp、.jsp、.php、.perl、.cgi等。

1.2.2　Web工作原理

用户启动客户端浏览器后，在浏览器地址栏中输入将要访问页面的URL地址，由DNS进行域名解析，找到服务器的IP地址，向该地址所指向的Web服务器发出请求。Web工作原理如图1-3所示。

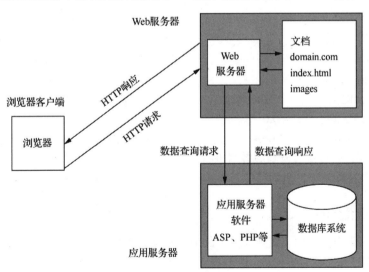

图 1-3　Web 工作原理

Web服务器根据浏览器送来的请求，把URL地址转换成页面所在服务器上的文件全名，查找相应的文件。如果URL指向静态HTML文档，Web服务器使用HTTP把该文档直接发送到浏览器。如果HTML文档中嵌入了ASP、PHP或JSP程序，则由Web服务器运行这些程序，再把结果发送浏览器。

< 05 >

如果Web服务器运行的程序包含对数据库的访问，则服务器将查询指令发送给数据库服务器，对数据库执行查询操作；查询结果由数据库返回Web服务器，再由Web服务器将结果数据嵌入页面，并以HTML格式发送到浏览器；浏览器解释HTML文档，并在客户端屏幕上展示结果。

1.3 开发框架

Web前端常用的开发技术包括HTML、CSS、JavaScript、jQuery和Ajax等。使用Web开发框架可以帮助开发者提高Web应用程序、Web服务和网站等Web开发工作的质量和效率。目前，Internet中有大量的Web开发框架，每个框架都可以为用户的Web应用程序提供功能扩展。Bootstrap就是一款响应式的、直观且强大的前端框架。

1.3.1　常用开发技术

HTML是一种用来制作超文本文档的简单标记语言，是网页制作的基本语言，也是一种规范或标准。网页文件本身是一种文本文件，通过添加各种标记符号告诉浏览器如何显示其中的内容（如文字如何处理、画面如何安排、图片如何显示等）。浏览器按顺序阅读网页文件，然后根据标记符解释和显示其标记的内容。

串联样式表（Cascading Style Sheets，CSS）是标准的布局语言，用来排版和显示HTML元素。CSS能够对网页中元素位置的排版进行像素级的精确控制，支持几乎所有的字体、字号、样式，拥有对网页对象和模型样式进行编辑的能力。CSS不仅可以静态地修饰网页，还可以配合各种脚本语言动态地对网页各元素进行格式化。

JavaScript是一种解释性的、基于对象的脚本语言，被广泛用于Web应用开发，常用来为网页添加各式各样的动态功能，为用户提供更流畅、美观的浏览效果。JavaScript是目前发展最快的语言之一，它从一个可将一些交互性带入网页的工具，发展成为一个可进行高效服务器端开发的工具。

jQuery是一个快速、简洁的JavaScript框架。jQuery设计的宗旨是"Write Less,Do More"，即倡导"写更少的代码，做更多的事情"。它封装JavaScript常用的功能代码，提供一种简便的JavaScript设计模式，优化HTML文档操作、事件处理、动画设计和Ajax交互。jQuery的核心特性可以总结为：具有独特的链式语法和短小清晰的多功能接口；具有高效、灵活的CSS选择器，并且可对CSS选择器进行扩展；拥有便捷的插件扩展机制和丰富的插件。jQuery兼容各种主流浏览器，如IE 6.0+、Firefox 1.5+、Safari 2.0+、Opera 9.0+等。

Ajax（Asynchronous JavaScript And XML，异步JavaScript和XML）是指一种创建交互式网页应用的网页开发技术。通过在后台与服务器进行少量数据交换，Ajax可以使网页实现异步更新。这意味着可以在不重新加载整个网页的情况下，对网页的某部分进行更新。

1.3.2　Bootstrap

Bootstrap是一款响应式的、直观且强大的前端框架，是用于前端开发的开源工具包。Bootstrap基于HTML5和CSS3开发，它在jQuery的基础上进行了更为个性化的完善，形成一套自己独有的网站风格，并兼容大部分jQuery插件。Bootstrap中包含了丰富的Web组件，开发者根据这些组件可以快速搭建一个美观、功能完备的网站。其中包括以下组件：下拉菜单、按钮组、按钮下拉菜单、导航、导航条、路径导航、分页、排版、缩略图、警告对话框、进度条、媒体对象等。借助该开发框架，Web开发可以事半功倍。

< 06 >

1.3.3　Vue.js

2013年，在谷歌（Google）公司工作的尤雨溪受到Angular的启发，从中提取自己所喜欢的部分，开发出了一款轻量框架，最初将其命名为Seed，后更名为Vue.js，次年Vue.js正式对外发布。

Vue.js是一套用于构建用户界面的渐进式JavaScript框架。与其他重量级框架不同的是，Vue.js采用自底向上增量开发的设计。Vue.js的核心库只关注视图层，不仅易于上手，还便于与第三方库或既有项目整合。另外，当与现代化的工具链以及各种支持类库结合使用时，Vue.js也完全能够为复杂的单页应用提供驱动。

Vue.js的目标是通过尽可能简单的API实现响应的数据绑定和组合的视图组件。它的特点是易用、灵活和高效。用户只要有HTML、CSS和JavaScript基础，就能够快速上手。它拥有简单、小巧的核心和渐进式技术栈，可以应付任何规模的应用。

1.3.4　React.js

React.js（通常简称为React）是用于构建用户界面的JavaScript库，是用JavaScript构建快速响应的大型Web应用程序的首选方式。它起源于Facebook的内部项目，用来架设Instagram的网站，并于2013年5月开源。

React主要用于构建UI，它使创建交互式UI变得轻而易举。React可以为用户应用的每一个状态设计简洁的视图，当数据变动时React能高效更新并渲染合适的组件。

React具有以下特点。

（1）声明式设计：React采用声明范式，可以轻松描述应用。

（2）高效：React通过对DOM（Document Object Model，文档对象模型）的模拟，最大限度地减少与DOM的交互。

（3）灵活：React可以与已知的库或框架很好地配合。

（4）组件化：通过React构建组件，代码更加容易得到复用，能够很好地应用在大项目的开发中。

（5）单向响应的数据流：React实现了单向响应的数据流，从而减少了重复代码，比传统数据绑定更简单。

1.3.5　Node.js

Node.js发布于2009年5月，是一个基于Chrome v8引擎的JavaScript运行环境。它使用了一个事件驱动、非阻塞式I/O模型，让JavaScript运行在服务端的开发平台，使JavaScript成为与PHP、Python、Perl、Ruby等服务端语言平起平坐的脚本语言。Node.js可对一些特殊用例进行优化，提供替代的API，Chrome v8引擎执行JavaScript的速度非常快，性能非常好，基于Chrome JavaScript运行时建立的平台，可以方便地搭建响应速度快、易于扩展的网络应用。

Node.js使用Module（模块）划分不同的功能，以简化应用的开发。每一个Node的类库都包含了十分丰富的各类函数，例如HTTP模块就包含了与HTTP功能相关的很多函数，可以帮助开发者很容易地对HTTP、TCP/UDP等进行操作，还可以很容易地创建HTTP和TCP/UDP的服务器。

Node.js已经逐渐发展成一个成熟的开发平台，有许多大型高流量网站都采用Node.js进行开发，开发者还可以使用它来开发一些快速移动Web框架。除了Web应用外，Node.js也被应用在许多方面，如应用程序监控、媒体流、远程控制、桌面和移动应用等。

< 07 >

1.4 常用开发工具

普通的文本编辑器（如记事本）就能作为网页开发工具，本节主要介绍Sublime Text、EditPlus和Dreamweaver 3种常用编辑器。

1.4.1 Sublime Text

Sublime Text是一款跨平台的编辑器（收费软件，可以无限期试用），同时支持Windows、Linux、macOS操作系统。Sublime Text诞生于2008年1月，它最初被设计为一个具有丰富扩展功能的Vim。

Sublime Text具有漂亮的用户界面和强大的功能，例如代码缩略图、Python的插件、代码段等，还可自定义键绑定、菜单和工具栏。Sublime Text 的主要功能包括拼写检查、书签、完整的Python API、Goto功能、即时项目切换等。

启动Sublime Text，默认进入编辑页面，如图1-4所示。开发者需要通过安装中文插件的方式来实现Sublime Text编辑器的汉化操作（汉化步骤详见本章项目一）。

图 1-4 Sublime Text 文本编辑器

> **注意**
>
> 除非特别指出，本书中出现的网页编辑器默认采用Sublime Text。

1.4.2 EditPlus

EditPlus是一款由韩国Sangil Kim公司推出的小巧且功能强大的可处理文本、HTML和C、C++、Perl、Java等编程语言的编辑器，界面如图1-5所示。

EditPlus拥有无限制的撤销与重做、英文拼字检查、自动换行、列数标记、搜寻取代、同时编辑多文件、全屏幕浏览等功能，它还有一个好用的监视剪贴板的功能。

图 1-5 EditPlus 编辑器

1.4.3 Dreamweaver

Adobe Dreamweaver简称"DW"，中文名称为"梦想编织者"，最初为美国Macromedia公司开发，2005年被Adobe公司收购。Dreamweaver是集网页制作和网站管理于一身的所见即所得网页代码编辑器。利用对 HTML、CSS、JavaScript等的支持，设计师和程序员几乎可以在任何地方快速制作网页和进行网站建设。

Dreamweaver使用所见即所得的接口，具有HTML编辑的功能，借助经过简化的智能编码引擎，可以帮助开发者轻松地创建、编码和管理动态网站。它是制作Web页站点、Web页和开发Web应用程序的理想工具。

< 08 >

1.5 网站发布

开发者如果想让更多的人能够访问到自己开发的网站，要做的就是网站发布。本节介绍发布网站需要用到的服务，并以Windows 10操作系统为例演示如何发布网站。

1.5.1 IIS简介

IIS（Internet Information Services，互联网信息服务）是由微软公司提供的基于Windows运行的互联网基本服务。IIS是一种Web（网页）服务组件，其中包括Web服务器、FTP服务器、NNTP服务器和SMTP服务器，分别用于网页浏览、文件传输、新闻服务和邮件发送等方面。它使得在网络（包括Internet和局域网）上发布信息变得容易操作。

1.5.2 测试评估与网站发布方式

测试评估与网站发布是不可分割的两个部分，制作完毕的网站必须进行测试，然后才可发布。

网站测试指的是当一个网站制作完准备上传到服务器前后，针对网站各项性能情况的一项检测工作。它与软件测试有一定的区别，除了要求外观的一致性以外，还要求其在各个浏览器下的兼容性及在不同环境下的显示差异。

测试评估主要包括网站的基本测试（CSS应用的统一性、链接是否正确、导航是否方便等）、兼容性测试、安全性测试（网站异常检测、漏洞测试、攻击性测试等）以及性能测试。网站上传后，继续通过浏览器进行实地测试，发现问题后及时修改，然后上传网站再次测试。经过几次这样的迭代过程，可保证整个站点的正确性。

网站测试正确就可以发布了。发布方式有两种：一种是将网站发布到本地服务器上；另一种是将网站部署到Internet服务器上。

（1）将网站发布到本地服务器上

如果用户有一台服务器（自己的计算机也可以），那么就可以在这台服务器上发布网站。发布网站需要一定的软件辅助，相关软件有很多，如IIS、WAMP等。这里不再详述。

（2）将网站部署到Internet服务器上

用户还可以购买Internet服务，将自己的网站部署到Internet服务器上以供他人访问。

可以选择虚拟空间或虚拟专用服务器（VPS）等方式搭建自己的网站。虚拟空间的价格便宜，而且不需要配置环境就可以直接搭建网站，比较方便，但是灵活性稍差。VPS的价格相较于虚拟空间的价格要高，但是灵活性大，可以自行安装Web等服务；缺点是配置相对复杂，且服务器的维护、数据的备份都要自行负责。

1.5.3 IIS的配置及网站发布

以下操作是在Windows 10操作系统上完成的。

（1）IIS的配置

① 单击系统桌面左下角的  图标，在弹出的所有应用菜单中向下滑动找到"Windows系统"，单击打开其下级菜单，在里面找到"控制面板"选项，如图1-6所示，单击该选项即可进入控制面板。

② 在控制面板中单击"程序"图标，如图1-7所示。

③ 单击"启用或关闭Windows功能"。

④ 在"Windows功能"对话框中选中"Internet Information Service"，

图1-6 "开始"菜单

< 09 >

单击"确定"按钮，如图1-8所示。

图 1-7　控制面板中的"程序"图标

图 1-8　选中"Internet Information Services"

⑤ 验证IIS是否安装成功。

- 用鼠标右键单击系统桌面左下角的 ⊞ 图标，在弹出的菜单中选择"计算机管理"，进入图1-9所示的窗口，单击"服务和应用程序"，选择下面的"Internet Information Service（IIS）管理器"，将弹出图1-10所示的IIS管理器。

图 1-9　"计算机管理"窗口

图 1-10　IIS 管理器

- 在IIS管理器窗口左侧找到"Default Web Site"，单击鼠标右键，在弹出的快捷菜单中选择"管理网站"→"启动"命令，如图1-11所示。
- 在浏览器地址栏中输入"http://localhost/"，若出现图1-12所示的界面，则IIS安装成功。

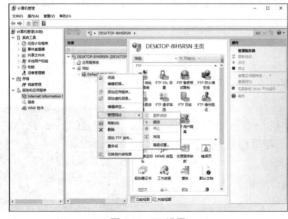

图 1-11　IIS 设置

图 1-12　IIS 安装成功界面

< 10 >

（2）网站发布

① 在D盘根目录下新建网站文件夹"WebSite"，运行"Sublime Text"程序，打开"文件"菜单，选择"新建文件"命令，界面如图1-13所示。

② 在新建窗口的编辑区中输入代码，如图1-14所示。

图 1-13　运行 Sublime Text 程序

图 1-14　输入代码窗口

③ 代码输入完成后，选择"文件"→"另存为"命令，弹出"另存为"对话框，选择D盘根目录下的"WebSite"文件夹，文件名设置为"index"，保存类型一定要选"HTML(*.html;*.htm;*.shtml;*.xhtml)"，如图1-15所示。

④ 添加网站。

- 在图1-16所示的界面上进行操作，用鼠标右键单击"网站"，在弹出的快捷菜单中选择"添加网站"命令。

图 1-15　"另存为"对话框

- 在弹出的窗口中填写网站名称，此处为"WebSite"，然后选择网站所在的物理路径，因为所有的源文件均在D盘下的"WebSite"文件夹内，所以此处选择D盘下的"WebSite"文件夹，如图1-17所示。

- 将图1-18所示的默认端口80改为3000（如果端口3000已被占用，可以改为另外的端口号），单击右下角的"确定"按钮，完成发布。

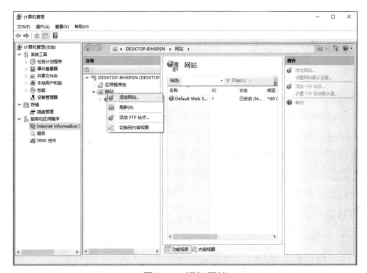

图 1-16　添加网站

< 11 >

<table>
<tr><td>图 1-17　网站发布设置</td><td>图 1-18　端口号更改</td></tr>
</table>

- 在左侧网站列表中，选中刚发布的网站"WebSite"，在右侧窗口中双击"默认文档"，设置网站首页，如图1-19所示。

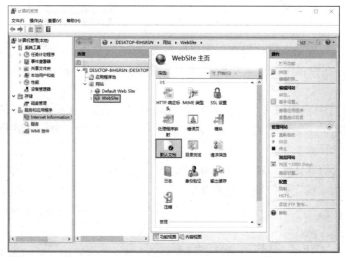

图 1-19　设置默认文档

- IIS中已经列出一些常用的默认文档文件名，访问网站时会按照顺序依次查找网站根目录下有无此文件，如果有则会默认显示。如果没有则会列出网站的首页，此时可以在空白处单击鼠标右键，在弹出的快捷菜单中选择"添加"命令进行添加，如图1-20所示。此处WebSite的默认首页为index.html文件。
- 以上设置完成后，在左侧网站列表中选中刚发布的网站"WebSite"，在其上单击鼠标右键，在弹出的快捷菜单中选择"管理网站"→"启动"命令。

若此时有其他网站处于启动状态，需要将其暂停。

⑤ 测试网站是否搭建成功。

访问网站，在浏览器地址栏中输入"http://localhost:3000"，若出现图1-21所示的页面，则表示网站搭建成功。

< 12 >

图 1-20　添加默认文档　　　　　　　　　　　　图 1-21　网站发布测试

项目一　创建网页及发布——李白简介

【项目目标】

- 阐释Web程序的工作原理。
- 操作IIS的配置过程。
- 了解网站发布方法。

【项目内容】

- 安装和配置Sublime Text环境。
- 利用Sublime Text编辑器创建网页文件。

【项目步骤】

1．Sublime Text汉化

在Sublime Text官网下载Sublime Text，本项目以Sublime Text 4（Build 4143）版本为例介绍其汉化过程。

（1）通过安装中文插件的方式来实现Sublime Text编辑器的汉化操作，我们首先需要将插件管理工具Package Control配置好。在编辑器界面内按Ctrl+Shift+P组合键打开全局配置搜索栏，然后输入Package Control，如项目图1-1所示，单击第一个结果就会自动安装好插件配置工具。

（2）再按Ctrl+Shift+P组合键关闭这个搜索栏，然后单击顶部的Preferences菜单项将下拉菜单显示出来，可以看到最后一个选项是Package Control，单击它会将插件安装和管理窗口打开并显示输入框。

（3）因为会显示该项相关的结果，所以需要在众多选项中选择第一个，如项目图1-2所示。之后在插件搜索栏下，只需要输入"ChineseLocalizations"并按Enter键就会自动下载并安装这个中文插件。等待安装完成，就会将Sublime编辑器的界面转换为中文界面。

项目图 1-1　全局配置搜索栏

项目图 1-2　安装中文插件

如果没有切换为中文界面，只需要将其关闭再重新启动就会生效了。

< 13 >

2．网页设计及发布

仿照项目图1-3，利用提供的素材进行网页代码编写及发布。

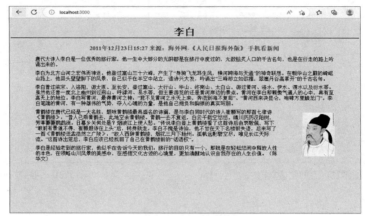

项目图 1-3　网站发布示例

网页创建及发布步骤如下。

（1）新建文件。打开Sublime Text文本编辑器，单击左上角"文件"菜单，选择"新建文件"命令。

（2）保存文件。单击"文件"→"另存为"命令，将文件名设置为"introduction-libai"，保存类型设置为"HTML(*.html;*.htm;*.shtml;*.xhtml)"，并保存到D盘根目录下的WebSite文件夹中。

（3）输入内容。

① 将"素材"文件夹下"李白简介素材.txt"文件中的所有内容复制到introduction-libai.html文件中。

② 按项目图1-4中提示，在标题前加入<hn>标签，标题后加入</hn>标签，在段落前后加入<p>和 </p>标签。

③ 注意图片插入时<img>标签的使用，以及路径和文件名的写法。

（4）网页发布。读者可参考1.5节的网站发布的步骤完成设置，在地址栏输入"localhost:端口号"即能成功访问到该页面。body部分控制网页中的内容，如图片、文字和横线；CSS部分控制网页元素的样式，如字体、字号和背景色等样式。页面代码说明如项目图1-4所示。

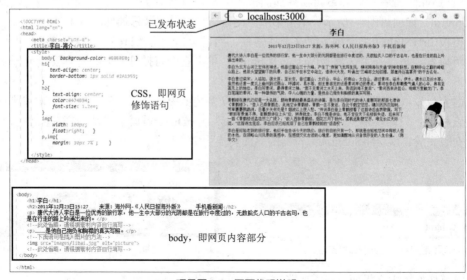

项目图 1-4　页面代码说明

< 14 >

扩展阅读 媒介素养及媒介素养教育

一、媒介素养的发展

当今时代，互联网媒体、移动媒体已深入人们的学习、生活和工作。从中获得信息，对其进行分析、评估和再创作，均需要人们提升自身的媒介素养。媒介素养是指人们在面对不同媒体中各种信息时所表现出的信息选择能力、质疑能力、理解能力、评估能力、思辨性应变能力以及创造和制作媒介信息的能力。

1．媒介素养的演变

（1）报纸、广播媒介时期——防范阶段

印刷术的发展和无线电波的广泛使用，使得报业、广播在20世纪30年代发展非常迅速，伴随而来的是广告业收益迅速膨胀。为了吸引读者和听众，广告的内容呈现"通俗化"和"媚俗化"的导向，这与原本的传统文化以及学校正规教育传递的价值观完全"背道而驰"。人们也第一次清醒地意识到了受众在大众传播处于被动操控地位。此时的媒介素养教育，重点在于防范大众传媒的负面影响，强调呼吁大众应具备批判意识。

（2）电视媒介时期——批判、甄别、接受阶段

20世纪50年代开始，电视开始占据了媒介的中心地位。人们认识到媒介是获取信息的重要途径，不再简单排斥和盲目批评，开始强调理解、判断和欣赏媒介，强调培养人们对媒介的辨别、鉴赏能力。这一阶段媒介素养引导大众不仅要单纯地研究媒介内容的呈现，更要注意对媒介形态背后的社会意识、政治/经济/文化等多维因素的理解。

（3）受众主动性认识深化——媒介素养教育的形成和发展阶段

1982年，联合国教科文组织召开了国际媒介教育会议，会议上发布的《媒介素养宣言》称"我们生活在一个媒介无处不在的社会，与其单纯地谴责媒介的强大势力，不如接受媒介对世界产生的巨大影响，承认媒介作为文化要素的重要性"。

因此，20世纪70年代以来，强调要培养公众对媒介"建构现实"功能的"解码"能力，使公众能够通过对媒介内容的符号学分析来辨别媒介的表现，从而将获得的知识为我所用。媒介素养的教育目的是通过让大众了解信息传播过程，从而对公众意识与价值观进行挖掘和引导，提醒受众人群不要对媒介盲目跟从、要时刻保持对媒介的批判意识，使公众成为媒介的主动使用者。

（4）新媒体时代——"全民赋权、全民参与"阶段

新媒体时代就是借助Internet这个信息传播平台，以计算机、电视机及移动电话等为终端，以文字、声音、图像等形式来传播新闻信息的数字化及多媒体传播媒介时代。互联网媒体、移动媒体改变了传播生态，物理时空限制被彻底打破，报刊、广播和电视等大众媒介的垄断地位被完全颠覆，过去由专业化少数精英媒体机构对大量信息的社会垄断局面被打破，新媒介赋予任何个体、组织、机构以表达自我的权利。

2．新媒体时代，公民面临的挑战

新媒体主要指的是以信息通信技术为核心，能够通过电子设备随时随地获取信息，完成用户互动性反馈、创造性参与及形成社群的媒体形式。

（1）海量信息给人们提出的挑战。新媒体时代，网络平台、各类小视频平台等为人们提供海量信息，过多信息对人们的信息消化、吸收和处理能力提出挑战。

（2）大数据"精心布置"的"信息茧房"让碎片式阅读取代了深度阅读、被动观看代替了主动选择，人们的大脑就这样被流程化、简单化、标签化、无思化。

（3）相同观点的人处于同一阵营，就如同一个回音室。身处其中的人们彼此认同，"回音室效应"使其中的每个人都被不断地强化自己的观点，都很难批判性地思考自己的观点。

< 15 >

二、媒介素养

当每个公民都可能成为传播信息的渠道和意见表达的主体时，公民媒介素养的建构和提升对形成我国健康的媒体文化与环境具有重要而长期的影响。

1．媒介素养教育

媒介素养教育就是培养公众对各种媒介信息的解读、批评能力，以及使用媒介信息为个人生活、社会发展所应用的能力的过程。其最终目的是造就出具有较好的批判能力、能独立思考媒介信息的优质公民。

学习者应该规范自身行为，提高内在媒介素养，这就需要了解基础的媒介知识并拥有使用媒介的技能，学习判断信息、创造信息、传播信息、批判信息，最终学会使用大众媒介来促进自身的发展与社会的进步。

2．媒介素养的内涵

社会化媒体时代的媒介素养主要体现在以下6个方面。

（1）媒介使用素养，体现为对相关技术的掌握，对新媒体技术和应用的合理、合法以及节制的使用等。

（2）信息消费素养，包括在海量信息中筛选有效信息的能力，对信息的辨识、分析与批判能力。

（3）信息生产素养，包括负责任地发布信息和言论及负责任地进行信息再传播。

（4）社会交往素养，对交往对象的选择、交际网络的维护等是新媒体时代交往能力的表现之一。

（5）社会协作素养，诸如维基应用这样的社会化媒体也开启了全新的社会协作模式。

（6）社会参与素养，互联网等新媒体被认为对社会民主的进程起到重要作用，但达到这一目标首先要保证公民的自由平等和理性参与。

3．媒介素养与网站开发类课程的关系

网站是互联网中展示信息的主要途径，这就要求网站开发者兼具媒体人的基本素养。学习者处于从信息接受者到信息消费者、传播者的身份转换阶段，此时媒介素养恰恰是学习者最为需要的。本书在各章节中结合所讲内容，介绍了信息检索、视觉素养、技术素养、数据素养、智媒素养等内容。

（1）媒介素养之信息检索

网站开发时，在确定主题后，首先要做的是素材搜集及评估。

如何在互联网提供的海量信息中搜索相关信息？可靠的信息源、搜索引擎的使用技巧是成功的关键。选择、评估信息的依据是什么？信息源的权威性，信息的客观性、时效性、有序性和评估算法等均是考虑因素。

（2）媒介素养之视觉素养

开发网站是艺术与技术的结合，程序员首先要具备的就是视觉素养，视觉素养是对视觉信息的解读、应用、创作和交流的能力。本书以CSS禅意花园网站为平台，介绍、分析世界知名网站设计师如何利用Web设计原则和布局技巧恰当处理图形和文字，以创建出界面优美、性能优良且具有强大生命力的网站。

（3）媒介素养之技术素养

随着技术发展、用户量增加、客户端种类变多，网站开发也拓展出多个非常专业的职位，如产品经理、用户研究员、交互设计师、视觉设计师、前端工程师、后台工程师、运维工程师、测试工程师等。这些员工如何协同工作？本书将介绍GitHub，它可以用于控制版本管理、代码共享以及项目整合。网站从构思、设计、完成到运行维护需要用到很多的专业知识和技术，例如框架，本书中会扩展介绍几种网站开发过程中经常用到的技术框架。

< 16 >

（4）媒介素养之数据素养

数据素养是对媒介素养、信息素养等概念的一种延续和扩展，是具备数据意识和数据敏感性，能够有效且恰当地获取、分析、处理、利用和展现数据，并对数据具有批判性思维的能力。如何利用已有的庞大数据储备来解读、分析、反思数据？数据可视化显得尤为重要。本书还简要介绍了几种常用数据可视化工具，这些工具可以用来以图表形式更为清晰地表达数据中的规律。

（5）媒介素养之智媒素养

智媒时代是指"基于移动互连、大数据、虚拟现实、人工智能、人机交互等新技术的自强化生态系统，实现了信息与用户需求智能匹配的媒体形态"的时代。智媒素养就是公民在智媒时代具备的媒介素养。本书列举了智媒时代的特征、优势和弊病，提出公民尤其是当代大学生需要提升智媒素养，即增强对智能信息的解读、应用和批判能力，才能应对智媒时代的新情况和新问题。

习题

一、简答题

1. Web工作模式和Web工作原理分别是什么？
2. Web客户端编程常用的技术有哪些？它们的作用分别是什么？
3. 简述常用的HTML编辑工具。
4. 简述常用的网页制作工具。
5. 名词解释：WWW、URL、HTTP、IP地址、DNS。

二、选择题

1. HTML指的是（　　）。
   A. 超文本标记语言（Hypertext Markup Language）
   B. 家庭工具标记语言（Home Tool Markup Language）
   C. 超链接和文本标记语言（Hyperlinks and Text Markup Language）
   D. 以上都不是
2. 用HTML编写一个简单的网页，网页最基本的结构是（　　）。
   A. <html><head>...</head><frame>...</frame></html>
   B. <html><title>...</title><body>...</body></html>
   C. <html><title>...</title><frame>...</frame></html>
   D. <html><head>...</head><body>...</body></html>
3. （　　）的设置有助于搜索引擎在网上搜索到网页。
   A. 关键字　　　　B. meta　　　　C. 说明　　　　D. 图片的尺寸
4. （　　）是对可以从互联网上得到资源的位置和访问方法的一种简洁表示，是互联网上标准资源的地址。
   A. URL　　　　B. URI　　　　C. WWW　　　　D. HTTP
5. 如果站点服务器支持SSL，那么连接到安全站点上的所有URL开头是（　　）。
   A. http://　　　　B. https://　　　　C. shttp://　　　　D. SSL://
6. 在网页中必须使用（　　）来完成超链接。
   A. <a></a>　　　　B. <td></td>　　　　C. <link></link>　　　　D. <li></li>

< 17 >

7. 在HTML中，为了标识一个HTML文件，应该使用的HTML标签是（　　　）。

    A. <html></html>　　B. <table></table>　　C. <title></title>　　　　D. <link></link>

8. 在网页中，常见的图片格式有（　　　）。

    A. JPG和GIF　　　　B. JPG和PSD　　　C. PSD和BMP　　　　D. PNG和SWF

9. 世界上最大的计算机网络是（　　　）。

    A. WWW　　　　　B. WAN　　　　　C. MAN　　　　　　D. Internet

10. DNS的中文含义是（　　　）。

    A. 邮件系统　　　　B. 地名系统　　　　C. 服务器系统　　　　D. 域名系统

三、讨论题

《罗马假日》是1953年拍摄的一部浪漫爱情电影，故事讲述了一位欧洲某国的公主与一个美国记者乔之间在意大利罗马一天之内发生的浪漫故事。记者乔无意中发现了公主的真实身份，他决定炮制一个独家新闻，于是乔和朋友带公主同游罗马，并且偷拍了公主的很多生活照，创造了功成名就的良机。然而，在后来相处中，乔不知不觉恋上了公主。为了保护公主的形象，乔将照片送予公主。

（1）结合该影片分析纸媒时代报纸为吸引大众眼球刺激购买力，报纸"媚俗化"导向对大众的价值观和社会观有怎样的影响？作为报纸的受众，我们应该怎样来对待这样的现象？

（2）再结合现在网络中的"标题党"，查阅什么是"标题党"思维。推荐阅读文章《新媒体语境下的媒介素养标题党思维》。

< 18 >

第2章 HTML标签

知识目标

- 能够描述HTML文档基本结构。
- 能够列举常用HTML标签的功能和效果，并能够根据需求，分析、选择适当的HTML标签进行网页文档结构化。
- 能够列举常用表单控件元素，并细述其功能及应用范畴。

能力目标

- 能够遵循W3C的Web设计及应用标准，运用HTML标签设计静态页面。
- 能够设计表单。根据不同需求，选择恰当的表单标签，以便提升用户与网站的交互体验。

素养目标

- 能够根据网站主题，筛选信息源，选择恰当的关键字进行信息检索。
- 能够评估网站相关信息，整合网站素材资料。

项目

- 项目二　李白代表作品页面（1）：针对2.1～2.3节练习。
- 项目三　李白代表作品页面（2）：针对2.4～2.7节练习。
- 项目四　古诗词调查问卷（1）：针对2.8节练习。
- 项目五　李白个人生平（1）：HTML标签综合应用。

自1993年HTML首次以因特网草案的形式发布起，它就一直作为网页编写语言的规范，至今经历了HTML 2.0、HTML 3.2、HTML 4.0、HTML 4.01和HTML5版本。HTML5以其跨平台、良好的视频/音频支持、更好的互动效果等优势，迅速获得众多浏览器的支持。

2.1 HTML概述

HTML的主要功能是结构化信息——如标题、段落和列表等，也可用来在一定程度上描述文档的外观和语义。HTML文档由Web浏览器读取执行，浏览器不会显示HTML标签，而是以网页的形式显示它们。不同浏览器对HTML标签的支持也有所不同。

2.1.1 HTML的概念

HTML是一种用于创建网页的标准标记语言，它由一套标记标签（Markup Tag）所组成。其文件的扩展名是.html或.htm。

HTML标签是由尖括号包围的关键词，其分为双标签和单标签。

（1）双标签

双标签的格式如下：

```
<标签>内容</标签>
```

标签早期都遵循可扩展超文本标记语言（eXtensible Hypertext Markup Language，XHTML）标准，即标签必须闭合原则。双标签成对出现，如<b>…</b>。标签对中的第一个标签是开始标签，第二个标签是结束标签。

（2）单标签

单标签的格式如下：

```
<标签>
```

单标签表示只有一个标签，如
和<hr>等。

> **注意**
>
> HTML4中也允许
和<hr/>等。

（3）执行

HTML是由浏览器逐行解释执行的，即当浏览器收到HTML文本后，就会解释里面的标签符，然后把标签符相对应的功能表达出来。

例如，标签<em>和<strong>均可用来强调文本内容。用<em></em>标签对定义文字显示为斜体，用<strong></strong>标签对定义文字显示为粗体。当浏览器遇到这两个标签对时，就会把标签对中的所有文字用斜体加粗的形式显示出来。

```
<strong><em>HTML概念</em></strong>
```

当浏览器执行上述代码时，会得到图2-1所示的斜体加粗文字效果。

2.1.2 HTML的兴衰

早期的HTML语法被定义成较松散的规则，降低了HTML的使用门槛。Web浏览器接受了这个规则，能够支持并显示语法不严格的网页。随着HTML的发展和普及，官方标准渐渐趋于发展为要求严格的语法标准，但是浏览器却继续支持远称不上合乎标准的HTML。如下列代码：

图 2-1　HTML 文档执行示例

```
<html>
<head></head>
<body>
<h1>HTML概念
```

这段代码编写者的本意是设计文本部分"HTML概念"为标题1，但代码残缺不全，缺少</h1>、</body>、</html>部分却也能被Web浏览器正确执行，代码的运行效果如图2-2所示。

于是万维网联盟（World Wide Web Consortium，W3C，HTML规范的制定者）计划使用严格规则的XHTML接替HTML。但在HTML5出现后，HTML又重新占据了主导地位，因此本书对XHTML就不再介绍。

图 2-2　"宽容"的浏览器

< 20 >

1．HTML的发展历程

HTML从1.0版本发展到5.0版本，一共经历了以下五次重大修改。

- HTML 1.0：1993年，由因特网工程任务组（Internet Engineering Task Force，IETF）推出工作草案，它并不是成型的标准。
- HTML 2.0：从1995年11月RFC1866（收集互联网相关信息的文档）发布开始，至2000年6月RFC2854发布后逐渐退出历史舞台。
- HTML 3.2：1996年W3C撰写新规范，并于1997年1月推出HTML 3.2。
- HTML 4.0及HTML 4.0.1：HTML 4.0于1997年12月由W3C推荐为标准；HTML 4.01于2000年5月发布，是国际标准化组织和国际电工委员会的标准，一直被沿用至今，虽然小有改动，但大致方向没有变化。
- HTML5：Web 2.0的发明促使W3C又重新介入HTML。2008年1月，HTML5的第一份正式草案发布，其主要的目标是将互联网语义化，以便更好地被阅读，同时能够更好地支持各种媒体的嵌入。2014年10月，万维网联盟宣布HTML5标准规范制定完成，从而赋予了网页更好的意义和结构。

2．HTML5的新特征

HTML5是HTML诞生至今最具有划时代意义的一个版本，它在之前的HTML版本基础上做出了大量的更新。HTML5除了保留了HTML4中一些基本标签及属性的用法之外，还删除了部分利用率低或不合理的标签，同时增加了大量新的、功能强大的标签。因为HTML5能够解决非常实际的问题，所以在规范还没有完全定下来的情况下，各大浏览器厂商纷纷升级旗下产品，支持HTML5的新功能。浏览器产品的实践性反馈，使得HTML5规范也得到了不断完善，并以前所未有的方式快速融入Web平台的改进中。同时HTML5也具有了前所未有的新特征。

（1）本地存储特性

基于HTML5开发的网页App拥有更短的启动时间和更快的连网速度，这些全得益于HTML5 App Cache及本地存储功能。

（2）设备兼容特性

HTML5为网页应用开发者提供了更多功能上的优化选择，带来了更多体验功能的优势。HTML5提供了前所未有的数据与应用接入开放接口，使外部应用可以直接与浏览器内部的数据相关联，例如视频影音可直接与话筒及摄像头相连。

（3）连接特性

HTML5的Server-Sent Events特性和WebSockets特性能够实现服务器将数据"推送"到客户端的功能，以及实现基于页面的实时聊天、更快速的网页游戏体验和更优化的在线交流。

（4）网页多媒体特性

HTML5支持网页端的Audio、Video等多媒体功能。

（5）三维、图形及特效特性

基于SVG、Canvas、WebGL及CSS3的3D功能，用户会惊叹于浏览器所呈现的惊人视觉效果。

（6）性能与集成特性

HTML5会通过XMLHttpRequest 2等技术，帮助Web应用和网站在多样化的环境中更快速地工作。

（7）CSS3特性

在不牺牲性能和语义结构的前提下，CSS3中提供了更多的风格和更强的效果。此外，较之以前的Web排版，Web的开放字体格式也提供了更高的灵活性和控制性。

< 21 >

综上所述，HTML5具有以下优点：
- 支持多设备、跨平台；
- 快速启动，快速连接；
- 丰富的多媒体标签（视频、音频和动画）；
- 友好的互动体验；
- 更好地支持搜索；
- 支持移动应用程序和游戏开发。

因此，可以说HTML5使得Web变得更加美好。

2.1.3 浏览器内核

浏览器内核也就是浏览器所采用的渲染引擎，它决定了浏览器如何显示网页的内容以及页面的格式信息。不同的浏览器内核对网页编写语法的解释也略有不同，因此同一网页在不同内核的浏览器里的渲染效果也可能不同。

1．Trident内核

Trident内核的代表产品为Internet Explorer，因此又可称其为IE内核，它是微软公司开发的一种渲染引擎。使用Trident渲染引擎的浏览器包括IE浏览器、傲游浏览器、世界之窗浏览器、QQ浏览器、Netscape浏览器等。其中部分浏览器的新版本是"双核"甚至是"多核"的，即一个内核是Trident，然后增加一个或多个其他内核。我们一般可把其他内核称为"高速浏览模式"，而把Trident称为"兼容浏览模式"。

2．Gecko内核

Gecko是一套开放源代码的、以C++编写的网页渲染引擎。它是目前流行的渲染引擎之一，仅次于Trident。使用Gecko内核的浏览器有Mozilla Firefox、Netscape 9。

3．WebKit内核

WebKit内核是一个开源项目，包含了来自KDE项目和苹果公司的一些组件，主要用于macOS。它的优点是源码结构清晰、渲染速度极快；缺点是允许的网页代码编写容错率不高，导致一些编写不标准的网页无法正常显示。使用WebKit内核的浏览器有Safari浏览器和傲游3浏览器。Google Chrome浏览器采用的是Chromium内核，即WebKit的一个分支。

4．Blink内核

Blink内核是一个浏览器渲染引擎。这一渲染引擎是开源引擎WebKit中WebCore组件的一个分支，并且在Chrome 28及之后的版本、Opera 15及之后的版本和Yandex浏览器中使用。

2.1.4 W3C标准

到目前为止，W3C已发布了200多项影响深远的Web技术标准及实施指南，如广为业界采用的超文本标记语言、可扩展标记语言以及帮助残障人士有效获得Web内容的信息无障碍指南等。W3C有效促进了Web技术的互相兼容，对互联网技术的发展和应用起到了基础性和根本性的支撑作用。万维网联盟标准不是某一个标准，而是一系列标准的集合。

结构化标准语言主要包括HTML，表现标准语言主要包括CSS，行为标准主要包括文档对象模型（DOM）、ECMAScript等。这些标准大部分由W3C起草和发布，当然也有一些是其他标准组织制定的标准，例如，ECMAScript就是由欧洲计算机制造商协会（European Computer Manufacturers Association，ECMA）制定和推荐的一种行为标准。W3C是HTML、XHTML、CSS、XML等标准的制定者。

< 22 >

2.2 文档结构

HTML文档是由HTML标签组成的描述性文本，HTML标签可以说明文字、图形、动画、声音、表格、链接等。HTML的结构包括头部（head）、主体（body）两大部分，其中头部描述浏览器所需的信息，而主体则包含所要说明的具体内容。本节主要介绍HTML5文档结构、书写规范及其创建方法。

2.2.1 HTML5文档结构与书写规范

1．文档结构

HTML5文件的整体结构就像人体一样，包括头部和身体。它由文件开始标签<html>、文件头部标签<head>和文件主体标签<body>组成。其文件结构如下所示。

【示例2-1】HTML5文档结构（ch2/示例/filestructure.html）。

```
<!DOCTYPE html>
<html>
<head>
    <title>HTML文档结构</title>
    <meta charset="UTF-8">
</head>
<body>
    文档主体内容
</body>
</html>
```

2．书写规范

HTML书写规范能够使HTML代码风格保持一致，使得HTML代码更容易被理解和维护。

（1）文档类型声明

HTML5简化了文档类型声明，仅在网页文档第1行用<!DOCTYPE html>（大小写均可）即可完成。

（2）文件开始标签

<html>和</html>文件标签放在网页文档的最外层，表示这对标签间的内容是HTML文档。<html>放在文件开头，</html>放在文件结尾，在这两个标签中间嵌套其他标签。

（3）文件头部标签

文件头用<head>和</head>标签标记，该标签对出现在文件的起始部分。标签内的内容不会直接在浏览器中显示，主要用来说明文件的有关信息，如文件标题、作者、编写时间、搜索引擎、关键词等。

在<head>标签内，最常用的标签是网页主题标签<title>和<meta>标签。<title>标签是双标签，它的格式如下：

```
<title>网页标题</title>
```

网页标题是提示网页内容和功能的文字，它将出现在浏览器的标题栏中。网页的标题是唯一的，搜索引擎在很大程度上依赖于网页标题。

<meta>标签是单标签，一般用于定义页面信息的名称、关键字、作者等，其提供的信息是用户不可见的。

（4）文件主体标签

文件主体用<body>和</body>标签标记，它是HTML文档的主体部分。网页正文中的所有内容（包括文字、表格、图像、声音和动画等）都包含在这个标签对之间。

（5）标签的属性

大部分标签都有属性，其格式如下：

< 23 >

```
<标签属性="属性值">
```

属性值可以省略引号，例如：

```
<input type="checkbox">
<input type='checkbox'>
<input type=checkbox>
```

以上3种写法都可以。当属性值不包括空字符串、"<"">"""="及单引号、双引号等字符时，属性两边的引号可以省略。

> **注意**
>
> 多个属性之间可用空格隔开；属性值可以不加引号，但是建议添加引号。

① 空标签功能比较单一，例如
。

② 在HTML中，标签名和属性名不区分大小写，但是建议使用小写。

（6）关闭标签

HTML5规定可以省略以下部分标签。

① 单标签。常用的单标签包括br、embed、hr、img、input、link、meta、param、source、track等。

② 省略结束符的标签。该类标签包括li、dt、dd、p、rt、optgroup、option、colgroup、thread、tbody、tr、td、th等。

③ 完全省略的标签。该类标签包括html、head、body、colgroup、tbody等。

因此下面的写法虽然省略了<head></head>、<body></body>、<html></html>，但也是标准的HTML5文档。

```
<!DOCTYPE html>
<title>test</title><!--title>
<form>
<input type="checkbox" checked />
</form>
```

> **注意**
>
> 虽然HTML5语法很人性化，但是建议HTML文档编写还是要规范化，遵循开闭原则：①建议用英文小写；②建议使用双引号；③通常情况下，不建议省略<html>、<body>。

2.2.2 <!DOCTYPE>和<meta>标签

1. <!DOCTYPE>标签

<!DOCTYPE>标签是一种标准通用标记语言的文档类型声明，它的目的是要告诉用户标准通用标记语言中，解析器应该使用什么样的文档类型定义（Document Type Definition，DTD）来解析文档。只有确定了一个正确的文档类型，HTML或XHTML中的标签和CSS才能生效，甚至对JavaScript脚本都会有所影响。

<!DOCTYPE>声明必须位于HTML5文档中的第1行，也就是位于<html>标签之前。在所有HTML文档中规定DOCTYPE是非常重要的，这样浏览器才能了解预期的文档类型。

在HTML 4.01中有3种<!DOCTYPE>声明。在HTML5中只有一种<!DOCTYPE>文档类型声明，且<!DOCTYPE>没有结束标签，对英文大小写不敏感。例如：

```
<!DOCTYPE html>
```

HTML 4.01中的DOCTYPE需要对DTD进行引用。因为HTML 4.01基于SGML，而HTML5不基于

< 24 >

SGML，所以不需要对DTD进行引用，但是需要DOCTYPE来规范浏览器的行为（让浏览器按照它们正确的方式来运行）。

> 📋 **说明**
>
> 必须在HTML5文档中添加<!DOCTYPE>声明，这样浏览器才能获知文档类型。

2．<meta>标签

<meta>是HTML<head>标签对中的一个关键标签，它位于HTML文档的<head>和</head>之间。它提供的信息虽然用户不可见，却是文档最基本的元信息。<meta>除了提供文档字符集、使用语言、作者等基本信息外，还涉及对关键词和网页等级的设定。合理利用<meta>标签的description和keywords属性，加上贴切的描述和关键字，可以有效地优化搜索引擎排名，使网站更加接近用户体验预期。

<meta>标签包含3个属性，表2-1所示为<meta>标签各个属性的描述。

表2-1   <meta>标签的属性

属性	描述
http-equiv	以键/值对的形式设置一个HTTP标题信息。"键"指定设置项目，由http-equiv属性设置；"值"由content属性设置
name	以键/值对的形式设置页面描述信息。"键"指定设置项目，由name属性设置；"值"由content属性设置
content	设置http-equiv或name属性所对应的值

（1）http-equiv

http-equiv用于向浏览器提供一些说明信息，以便正确和精确地显示网页内容。http-equiv其实并不仅有说明网页的字符编码这一个作用，常用的http-equiv类型还包括网页到期时间、默认的脚本语言、默认的风格页面语言、网页自动刷新时间等。

①设置网页字符集。

```
<meta http-equiv="Content-Type" content="text/html; charset=某种字符集">
```

上述代码中，charset属性的作用是指定了当前文档所使用的字符编码。charset常用的值有GB2312、BIG5、GBK和UTF-8。根据这一行代码，浏览器就可以识别出这个网页应该用哪种字符集显示。

> ⚠️ **注意**
>
> 当charset取值为"GB2312"时，表示页面使用的字符集是中文简体，如果将"GB2312"换为"BIG5"，就表示页面使用的字符集是中文繁体。"UTF-8"也被称为万国码，其基本包含了全世界所有国家需要用到的字符。

中文操作系统下IE浏览器的默认字符集是GB2312，当页面的编码和显示页面内容编码不一致时，页面中的中文将显示乱码。如图2-3所示，页面编码为"UTF-8"，页面上的中文字符将显示为乱码。

将charset的取值改为"GB2312"后，页面上的中文字符就显示正常了，如图2-4所示。

图2-3 中文以乱码显示

图2-4 中文正常显示

< 25 >

【示例2-2】网页字符集设置（ch2/示例/charset.html）。

```
<!DOCTYPE html>
<html>
<head>
  <meta http-equiv="Content-Type" content="text/html; charset=GB2312">
  <title>网页字符集设置</title>
</head>
<body>
  中文编码示例
</body>
</html>
```

② 设置网页自动刷新。

当需要定时刷新页面内容，例如聊天室、论坛等的信息，或者定时跳转到某个页面时，可以使用<meta>标签来实现。

```
<meta http-equiv="refresh" content="时间间隔;url=跳转页面">
```

关键字refresh表示定时让网页在指定的时间间隔内，跳转到用户指定的页面。如果不设置url，则默认刷新当前自身页面，实现页面定时刷新的效果。

```
<meta http-equiv="refresh" content="时间间隔">
```

【示例2-3】页面定时刷新（ch2/示例/refresh.html）。

```
<!DOCTYPE html>
<html>
<head>
<meta http-equiv="refresh" content="3; url=refresh2.html">
</head>
<body>
页面3秒后跳转到其他页面
</body>
</html>
```

（2）name

① 设置网页描述。

```
<meta name="description" content="meta标签提供的信息虽然用户不可见，却是文档最基本的元信息">
```

"description"中的content="网页描述"是对一个网页概况的介绍。这些信息可能会出现在搜索结果中，因此需要根据网页的实际情况来设计，尽量避免与网页内容不相关的"描述"。另外，最好针对每个网页有其相应的描述（至少是同一个栏目的网页有相应的描述），而不是整个网站都采用同样的描述内容，否则不仅不利于搜索引擎对网页的排名，也不利于用户根据搜索结果中的信息来判断是否单击进入网站以获取进一步的信息。

② 设置网页关键字。

```
<meta name="keywords" content="Web系统设计、客户端编程、HTML5、CSS3">
```

与<meta>标签中的"description"类似，"keywords"也用来描述一个网页的属性，只不过要列出的内容是"关键词"，而不是网页的介绍。在选择关键词时，要考虑以下几点。

- 与网页核心内容相关。
- 应该是用户易于通过搜索引擎检索的，过于生僻的词汇不太适合做<meta>标签中的关键词。
- 不要堆砌过多的关键词，因为罗列大量关键词对于搜索引擎检索工作没有太大的意义，甚至对于一些热门的领域可能起到副作用。

③ 设置用户网页的可视区域。

< 26 >

```
<meta name="viewport" content="width=device-width; initial-scale=1.0;
maximum-scale=1;user-scalable=no;">
```

上述代码是对 "viewport" 中的content="移动设备的屏幕描述"的设置。一般移动设备的屏幕都比PC的显示器小很多，WebKit浏览器会将一个较大的 "虚拟" 窗口映射到移动设备的屏幕上，默认的虚拟窗口为980像素宽（目前大部分网站的标准宽度），然后按一定的比例（3∶1或2∶1）进行缩放。

（3）content

content用于设置http-equiv或name属性所对应的值，描述HTML文档内的元数据。由于content属性的可用值依赖name和http-equiv的属性值，因此在学习这两个属性时，要注意对应的content属性的使用。

> ⚠️ **注意**
>
> *在了解了网页文件的主体结构后，本书后续部分示例中会省略网页文件的基本结构标签，如*
> *<html></html>、<body></body>等，请读者在示例测试时自行补全。*

2.3 基本标签

大多数HTML元素都被定义为块级（block）元素或内联（inline）元素。块级元素在浏览器中显示时，都是从新行开始，如<p>…</p>标记新段落，会产生新行。内联元素在浏览器中显示时，不会创建新行，仍然在文本流中，如…仅表示将内容加粗，并不换行。为避免混淆，HTML5中废除的标签在本节中不再介绍。

HTML文档由元素构成，元素由开始标签、结束标签、属性及元素的内容四部分组成。例如：

```
<h1 align="center">济南大学</h1>
```

其中，<h1>是开始标签，</h1>是结束标签，align是元素的属性，文字 "济南大学" 是元素的内容，<h1 align="center">济南大学</h1>是元素。

2.3.1 块级元素

块级元素主要包括标题标签、长引用、预格式化文本和列表等。

1．<hn>…</hn>标题标签

标题标签<hn>共有6个，分别是<h1>、<h2>、<h3>、<h4>、<h5>和<h6>。其中n用来指定标题文字的大小，n可以取1~6的整数值，取1时文字最大，取6时文字最小。具体演示效果及源码如图2-5所示，源码可查看ch2/示例/h.html。

> ⚠️ **注意**
>
> *建议整个网站采用统一的标题级别。*

2．<blockquote>…</blockquote>长引用

<blockquote>标签适用于引用长文本，特别是跨越多于4行的引用。之间的所有文本都会从常规文本中分离出来，经常会在左、右两边进行缩进（增加外边距），而且有时会使用斜体。也就是说，块引用拥有它们自己的空间，具体演示效果及源码如图2-6所示。可以看出，添加了<blockquote>标签的文本，其左右两边产生了缩

< 27 >

进，源码可查看ch2/示例/blockquote.html。

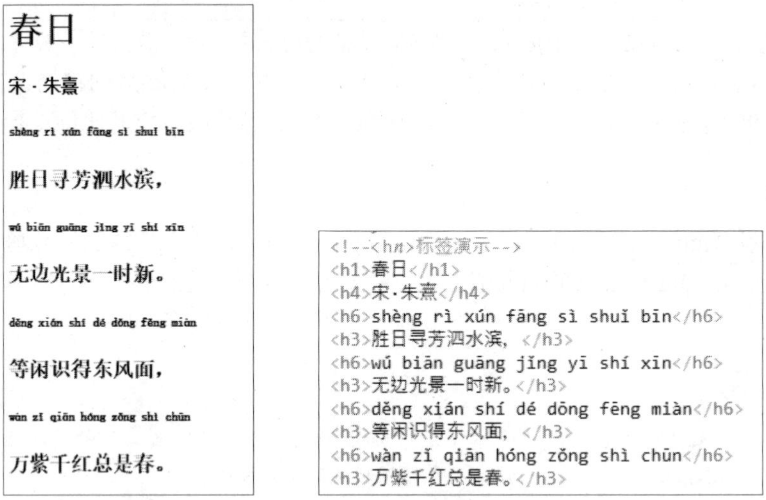

图 2-5　 <h1> ～ <h6> 标签效果及源码

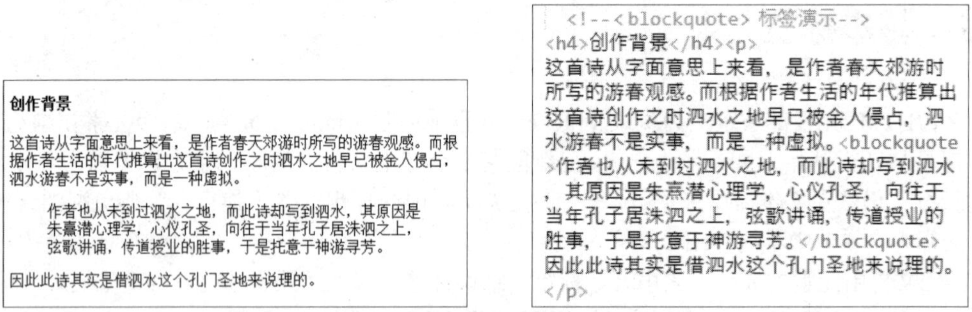

图 2-6　<blockquote> 标签效果及源码

3．<pre>…</pre>预格式化文本

在<pre>标签中的文本通常会保留空格和换行符，而文本也会呈现为等宽字体。它也可以用于表示包括多空格、多空行的内容，如古代诗词（见图2-7）、程序代码等。

4．<hr>水平线

<hr>标签在页面中显示为一条暗色的水平线，一般用于对两个部分的内容进行逻辑分隔。例如，图2-7中横线的作用是将古代诗词与作者名分隔。

5．<address>…</address>地址

<address>标签用于定义文档或文章的作者/拥有者的联系信息。如果<address>标签位于<body>标签内，则它表示文档联系信息。如果<address>标签位于<article>标签内，则它表示文章的联系信息。下面代码介绍了文档联系信息。

【示例2-4】<pre>、<hr>、<address>标签展示（ch2/示例/zh1.html）。

```
<!DOCTYPE html>
<html lang="en">
  <head>
    <meta charset="UTF-8">
    <title>春日</title>
  </head>
<body>
<!--水平线：单位有像素值和百分比两种形式，颜色有3种表达方式-->
```

< 28 >

```
<hr size="2" width="100%" color="#aabbcc" />
<!--<pre>标签演示-->
<pre>
                春        日
          胜 日 寻 芳 泗 水 滨,
          ......
</pre>
<hr size="2" width="100%" color="#aabbcc" align="left"/>
<!--<address>标签演示-->
<address>宋代<a href="zhuxi.html ">朱熹</a></address>
页面3秒后跳转到其他页面
</body>
</html>
```

图 2-7　`<pre>`、`<hr>`、`<address>` 标签效果

`<pre>`、`<hr>`、`<address>`标签效果及源码如图2-7所示。

结合代码和执行效果来看，`<hr>`标签的size属性值为2，表示横线的粗细；宽度width的属性为100%，表示横线将占据整个网页。而`<pre>`标签用来保留唐诗中的回车符和空格，`<address>`标签则能产生斜体效果。

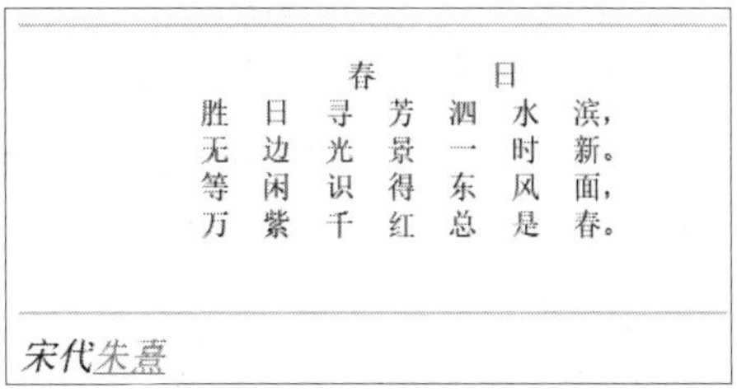

6．列表

列表就是在网页中将项目有序或无序地罗列显示。HTML中有3种列表形式：无序列表、有序列表和自定义列表。

（1）无序列表

无序列表利用`<ul>`标签定义列表，利用`<li>`标签定义列表项。

（2）有序列表

有序列表的各个项目前标有数字来表示顺序。有序列表利用`<ol>`标签定义列表，利用`<li>`标签定义列表项。

（3）自定义列表

自定义列表不仅是一列项目，还是项目及其注释的组合。自定义列表利用`<dl>`标签开始定义，以`<dt>`定义每个自定义列表项，以`<dd>`开始对每一项进行描述。

【示例2-5】无序、有序、自定义列表（ch2/示例/ ul_ol_dl.html）。

为节省篇幅，本例省略了网页文件的部分基本结构代码，如`<html>`、`<head>`、`<body>`等。读者可仿照示例2-4，在测试过程中自行补全。

```
<!--使用无序列表-->
<ul type=disc>朱熹作品
        <li>《四书章句集注》</li>
        <li>《周易读本》</li>
        ...
</ul>
<!--使用有序列表-->
<ol type=A>朱熹作品
        <li>《四书章句集注》</li>
        <li>《周易读本》</li>
        ...
</ol>
<!--使用自定义列表-->
<dl >
      <dt>朱熹作品</dt>
        <dd>《四书章句集注》</dd>
        <dd>《周易读本》</dd>
        ...
</dl>
```

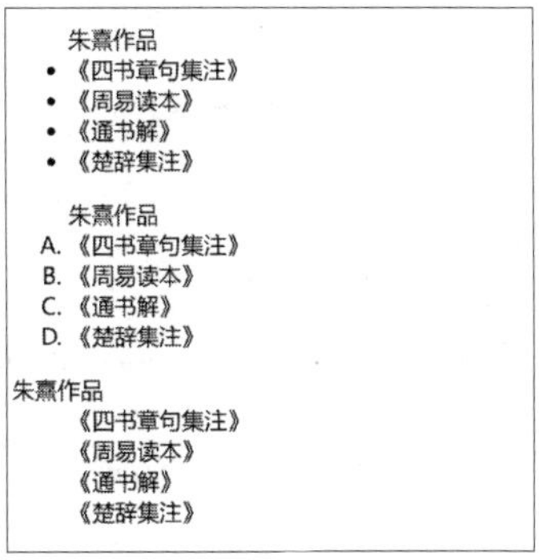

图 2-8　列表标签展示

执行结果如图2-8所示。

< 29 >

2.3.2 内联元素

1．
换行

标签的作用是换行，它属于内联元素。

2．<b>、<i>、<small>

<b>标签的设置是使文本中重要的部分呈粗体显示。

<i>标签的设置目的是把部分文本定义为某种类型，而不只是利用它在布局中所呈现的样式，呈现斜体文本效果。

<small>标签定义旁注信息，并显示为更小的文本。

【示例2-6】<b>、<i>、<small>标签展示（ch2/示例/ b_i_small.html）。

```
<b>粗体展示：碧玉妆成一树高，万条垂下绿丝绦</b>
 <br />
 <i>斜体展示：碧玉妆成一树高，万条垂下绿丝绦</i>
 <br />
 <small>更小体展示：碧玉妆成一树高，万条垂下绿丝绦</small>
 <br />    <br />
```

执行效果如图2-9所示。

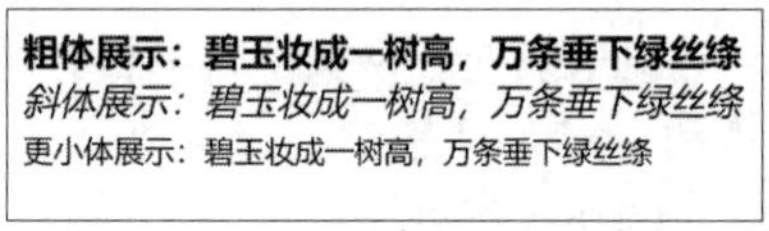

3．<code>、<kbd>、<samp>、<var>、<dfn>、<cite>

此部分标签主要用于描述科技文档相关的文本，会呈现特殊的样式。

粗体展示：碧玉妆成一树高，万条垂下绿丝绦
斜体展示：碧玉妆成一树高，万条垂下绿丝绦
更小体展示：碧玉妆成一树高，万条垂下绿丝绦

图 2-9　<b>、<i>、<small> 标签效果

<code>标签用于定义计算机程序代码文本。

<kbd>标签用于定义键盘文本，常用于与计算机相关的科技文档或手册中。

<samp>标签用于定义样本文本，例如程序的示例输出。

<var>标签用于定义变量或程序参数，常用于科技文档。

<dfn>标签可标记特殊术语或定义短语，通常用斜体来显示。

<cite>标签用于定义引用，以引用另一个文档，例如书或杂志的标题。

【示例2-7】<code>、<kbd>、<samp>、<var>、<dfn>、<cite>标签展示（ch2/示例/ code_kbd_samp_var_dfn_cite.html）。

为节省篇幅，本例省略了网页文件的部分基本结构代码，如<html>、<head>、<body>等。读者可仿照示例2-4，在测试过程中自行补全。

```
<code><code>标签展示: Computer code</code>
 <br />
 <kbd><kbd>标签展示: Keyboard input</kbd>
 <br />
 <samp><samp>标签展示: Sample text</samp>
 <br />
 <var><var>标签展示: Computer variable</var>
 <br />
 <dfn><dfn>标签展示: Definition text</dfn>
 <br />
 <p>Passages of this article were inspired by <br/>
cite<标签>展示: <cite>The Complete Manual of Typography </cite><br/>
by James Felici.</p>
 <p>
 <b>注释: </b>这些标签常用于显示计算机/编程代码。
 </p>
```

执行效果如图2-10所示。

< 30 >

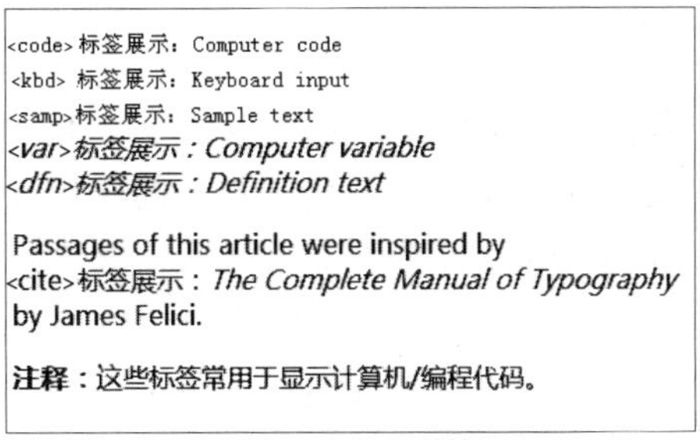

图 2-10　<code>、<kbd>、<samp>、<var>、<dfn>、<cite> 标签效果

4．<strong>、<em>、<del>、<ins>、<sub>、<sup>、<q>、<abbr>

<strong>标签用于定义重要的文本，显示为粗体。

<em>标签用于表示被强调的文本，显示为斜体。

<del>标签用于标记文本的变化，表示对文档的删除。

<ins>标签用于标记文本的变化，表示对文档的插入。

<sub>标签用于定义下标文本。

<sup>标签用于定义上标文本。

<q>标签用于短引用，浏览器在该元素周围自动添加引号。

<abbr>标签用于简写为以句点结束的单词，如etc.。

【示例2-8】<strong>、<em>、<del>、<ins>、<sub>、<sup>、<q>标签（ch2/示例/ em_strong_del_ins_sub_sup_q.html）。

```
<strong>This text is strong</strong>
<br />
<em>This text is emphasized</em>
<br />
<p>一打有<del>二十</del><ins>十二</ins>件。</p>
<p>大多数浏览器会改写为删除文本和下画线文本。一些老式的浏览器会把删除文本和下画线文本显示为普通文本。
</p>
<p>
    This text contains<sup>superscript</sup>
<br />
    This text contains<sub>subscript</sub>
</p>
<p>常用于数学等式、科学符号和化学公式中</p>
<p>
    Matthew Carter says,<q>Our alphabet hasn't changed in eons.</q>
</p>
<p>短引用，浏览器在该元素周围自动添加引号，IE中不显示。</p>
```

程序执行效果如图2-11所示。

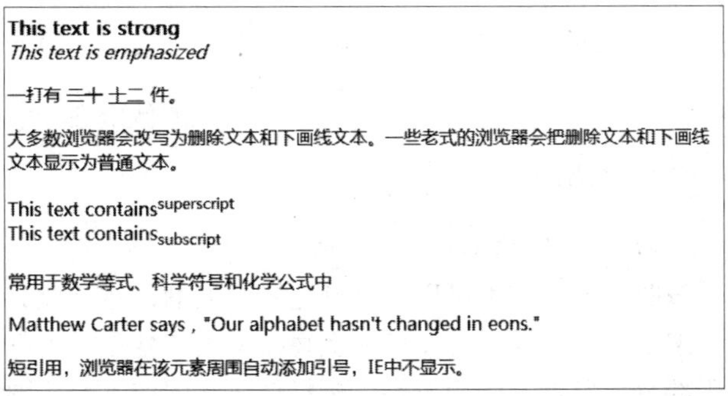

图 2-11　<strong>、<em>、<del>、<ins>、<sub>、<sup>、<q> 标签效果

< 31 >

2.3.3　特殊字符

网页中有两种特殊字符：第一种字符不属于标准ASCII字符集，键盘上没有对应按键，如版权符号©；第二种字符在HTML中有特别的含义，不能以本身的样式进行拼写，如>、<、&等。对这些特殊字符，HTML均采取转义的处理方式，即不拼写字符本身，而是用数字或已命名的字符引用表示，如表2-2所示。

表2-2　　　　　　　　　　　　　　　　常用特殊字符列表

字符	描述	命名表示法	数值表示法
	字符空格		
'	撇号	&apos;	&#039;
&	表示and的符号	&amp;	&#038;
<	小于号	&lt;	&#060;
>	大于号	&gt;	&#062;
©	版权	&copy;	&#169;
®	注册商标	&reg;	&#174;

HTML特殊字符表示法可分为命名表示法和数值表示法。这两种表示法均由3个部分组成：第一部分是"&"；第二部分是预定义的字符名简写或者是"#"加上指定的数值；第三部分是分号";"。命名表示法比较好理解，例如，要显示小于号"<"，就可以使用"<"表示；其中"lt"是less than的简写。

2.4　多媒体

多媒体是组成网页的重要元素，它包括文字、图片、声音、视频和动画等。尽管大部分网页是以文字为主，但适当地增加图片、音乐、动画等多媒体元素会给用户带来更好的浏览效果，提升用户的体验感受。

2.4.1　图像标签<img>

在网页中插入图像可以使用<img>标签。<img>是空标签，它只包含属性，没有闭合标签。要在页面上显示图像，这时需要使用src属性。定义图像的基本语法如下：

```
<img src="url">
```

其中，src属性是必需属性，用来指定图像文件所在的路径。这个路径可以是相对路径，也可以是绝对路径。例如，<img src="xiaoyuan.jpg">表示将当前目录下的图片文件xiaoyuan.jpg插入网页中。

除了必需的src属性，<img>标签还有一些可选属性，用于指定图片的一些显示特性，常用的属性说明如下。

1．alt属性

alt 属性用来为图像定义可替换的文本。例如：

```
<img src="xiaoyuan.jpg" alt="校园美景">
```

在浏览器无法载入图像时，替换文本可以告诉浏览者此处的信息。此时，浏览器将显示这个替代性的文本，而不是显示图像。为页面上的图像加上替换文本属性是一个好习惯，这样有助于更好地显示信息。另外，对于部分浏览器，当用户将鼠标指针放在图像上时，图像旁边也会出现替代文

< 32 >

字。如果需要为图像创建工具提示，在此可使用title属性。

2．width和height属性

width和height属性用来设置图像的宽度和高度。例如：

```
<img src="xiaoyuan.jpg" alt="校园美景" width="400" height="300">
```

默认情况下，在网页中插入的图像会保持原图大小。若想改变图像的尺寸，此时可以通过设置width和height属性的值来实现。图像宽度和高度的单位可以是像素，也可以是百分比。

> **注意**
>
> 如果只改变宽高中一个值，图像会按原图宽高比例显示。若改变了两个值，但没有按原始大小的比例设置，则会导致插入的图像有不同程度的变形。

3．align属性

<img>标签的align属性定义了图像相对周围元素的水平和垂直对齐方式。图像的绝对对齐方式和正文的对齐方式一样，分为左对齐、居中对齐和右对齐；而相对对齐方式指图像相对周围元素的位置。align属性的取值有5个：left、right、top、middle和bottom。当align取left或right时，表示图像在水平方向上靠左或靠右；当align取其他3个值时，表示图像在垂直方向上靠上、居中或靠下。

【示例2-9】插入图片示例（ch2/示例/img.html）。

```
<html>
<head>
  <title>图片插入示例</title>
  <meta charset="UTF-8">
</head>
<body>
  <h1 align="center">望庐山瀑布</h1>
  <img src="images/wanglushanpubu1.jpg" alt="庐山瀑布1" align="left" />
  <img src="images/wanglushanpubu2.jpg" alt="庐山瀑布2" align="right" />
</body>
</html>
```

网页运行后的显示效果如图2-12所示。

图像文件的格式有很多，不是所有格式的图像都适合在网页中使用，网页中常用的图像格式有JPG、GIF和PNG等。

图 2-12　插入图片示例效果

2.4.2　多媒体格式

除了文字和图片，网页中还常插入音频和视频等多媒体元素。多媒体元素存储于媒体文件中，常见的音频、视频文件格式有MP3、MP4、WMV、SWF等。

下面介绍几种常用的音频和视频格式。

1．音频格式

（1）WAV格式：WAV是由微软公司和IBM公司共同开发的PC标准声音格式，其文件扩展名为.wav，是一种通用的音频数据文件格式。通常使用WAV格式保存一些没有压缩的音频，也就是经过PCM编码后的音频，因此该类文件也称为波形文件。但依照声音的波形进行存储，也意味着要占用较大的存储空间。

（2）MP3格式：MP3是一种音频压缩技术，其全称是动态影像专家组压缩标准音频层面3（Moving Picture Experts Group Audio Layer Ⅲ），简称为MP3。它被设计用来大幅度地降低音频数据

< 33 >

量，是网络上常用的一种音频格式，其文件扩展名为.mp3。

（3）WMA格式：WMA是微软公司推出的与MP3格式齐名的一种音频格式。WMA格式以减少数据流量但保持音质的方法来达到更高压缩率的目标，在压缩比和音质方面都超过了MP3，更是远胜于RA。

（4）MIDI格式：MIDI是一种针对电子音乐设备（如合成器和声卡）的格式。MIDI文件不含有声音，但包含可被电子产品（如声卡）播放的数字音乐指令。由于该格式仅包含指令，因此MIDI文件非常小巧，大多数流行的网络浏览器都支持MIDI格式。

（5）OGG Vorbis格式：OGG Vorbis是一种新的音频压缩格式，类似于MP3等现有的音乐格式。有一点不同的是，它是完全免费、开放和没有专利限制的。Vorbis是这种音频压缩机制的名称，而OGG是一个计划的名称，该计划旨在设计一个完全开放源码的多媒体系统。OGG Vorbis文件的扩展名为.ogg。

2．视频格式

（1）AVI格式：AVI格式是由微软公司开发的，所有运行Windows的计算机都支持AVI格式。AVI格式调用方便、图像质量好、压缩标准可任意选择，是应用最广泛、应用时间最长的格式之一。

（2）WMV格式：WMV是微软公司开发的一组数位视频编解码格式的通称，一种采用独立编码方式且可在Internet上实时传播多媒体的技术标准。WMV的主要优点有：可扩充的媒体类型、本地或网络回放、可伸缩的媒体类型、流的优先级化、多语言支持、扩展性等。

（3）OGG格式：带有Theora视频编码和Vorbis音频编码的一种文件格式。

（4）MPEG4格式：带有H.264视频编码和AAC音频编码的一种文件格式。

（5）WebM格式：带有VP8视频编码和Vorbis音频编码的一种文件格式。

2.4.3　多媒体嵌入标签<embed>

要想在网页中插入音乐、视频或动画，开发者可以使用HTML的<embed>标签。其语法格式如下：

```
<embed  src="url" width="" height="" >
```

<embed>标签的各属性及其取值说明如下。

（1）src属性：指定插入的音乐、视频或动画文件的路径及文件名。路径可以是相对路径，也可以是绝对路径，如<embed src="jiangnan.mp3">。

（2）width和height属性：规定控制面板的宽度和高度，单位为像素。

下面举例说明用<embed>标签实现在网页中播放音乐。

【示例2-10】播放音频效果（ch2/示例/embed.html）。

```
<h2>播放音乐</h2>
<embed src="jiangnan.mp3" width="300" height="50">
<p>出现控制面板了，你可以控制它的开与关，还可以调节音量的大小</p>
```

网页运行后显示效果如图2-13所示。

图 2-13　<embed> 标签播放音频效果

< 34 >

2.4.4　视频标签<video>

<video>标签可用于定义视频，如电影片段或其他视频流等。<video>标签支持的视频格式及浏览器如表2-3所示。

表2-3 <video>标签支持的视频格式及浏览器

格式	浏览器				
	IE	Firefox	Opera	Chrome	Safari
OGG	No	3.5+	10.5+	5.0+	No
MPEG4	9.0+	No	No	5.0+	3.0+
WebM	No	4.0+	10.6+	6.0+	No

其基本语法如下：

```
<video src="./video/bear.ogg" controls="controls">
</video>
```

其中，src属性用于指定视频的地址；controls属性用于向浏览器指明当前页面没有使用脚本生成播放控制器，需要浏览器启用本身的播放控制面板。控制面板包括播放暂停控制、播放进度控制、音量控制等。每个浏览器默认的播放控制栏在界面上可能会不一样。

此外，还可以添加width、height属性来改变播放器控制面板的大小。

【示例2-11】视频播放展示（ch2/示例/video.html）。

```
<!DOCTYPE HTML>
<html>
<body>
    <video src="video/bear.ogg" width="320" height="240" controls="controls">
    </video>
</body>
</html>
```

由于Chrome浏览器不支持.ogg视频格式，因此运行代码后的效果如图2-14（a）所示。

下面介绍<video>标签的常用属性。

（1）poster属性

poster属性用于指定一张图片，在当前视频数据无效时显示（预览图）。视频数据无效可能是由于视频正在加载，也可能是由于视频地址错误等原因。

（2）preload属性

preload属性用于定义视频是否预加载。此属性有3个可供选择的值：none、metadata、auto。如果不使用此属性，默认为auto。

- none：不进行预加载。使用此属性值，可能是页面制作者认为用户不期望此视频，或者为了减少HTTP请求。
- metadata：部分预加载。使用此属性值，代表页面制作者认为用户不期望此视频，但为用户提供了一些元数据（包括尺寸、第一帧、曲目列表、持续时间等）。
- auto：全部预加载。

（3）loop属性

loop属性用于指定视频是否循环播放，同样是一个布尔属性。

（4）<source>标签

<source>标签与<video>标签的src属性作用不同，它用于给媒体指定多个可选择的（浏览器最终只能选一个）文件地址。浏览器按<source>标签的顺序检测标签指定的视频是否能够播放，如果不能播放（可能是由于视频格式不支持或视频不存在等），换下一个。此方法多用于兼容不同的浏览

< 35 >

器。<source>标签本身不代表任何含义，不能单独出现。

注意

<source>标签和媒体标签的src属性不能同时使用。

此标签包含src、type、media这3个属性。

- src属性：用于指定媒体的地址。
- type属性：用于说明src属性指定媒体的类型，帮助浏览器在获取媒体前判断是否支持此类别的媒体格式。
- media属性：用于说明媒体在何种媒介中使用。不设置时默认值为all，表示支持所有媒介。

【示例2-12】综合多个属性的视频标签（ch2/示例/videoall.html）。

```html
<!DOCTYPE HTML>
<html>
<body>
  <video width="320" height="240" controls="controls" preload="metadata" poster= "./images/
  poster.png" loop>
  <source src="./video/bear.ogg" type="video/ogg" media="screen">
  <source src="./video/bear.mp4" type="video/mp4">
  </video>
</body>
</html>
```

以上这段代码在页面中定义了一个视频，此视频的预览图为poster的属性值，显示浏览器的默认媒体控制栏，预加载视频的元数据，自动循环播放，宽度为320像素，高度为240像素。多种视频格式保障正常播放如图2-14（b）所示。

（a）.ogg格式无法播放

（b）多种视频格式保障正常播放

图 2-14　<video> 标签播放视频效果

<video></video>中有两种选择：第一种，选择视频地址为第一个<source>标签的src属性值，视频类别为.ogg格式；第二种，选择视频类别为.mp4格式，支持所有媒介。

2.4.5　音频标签<audio>

当前，<audio>标签支持的音频格式及浏览器如表2-4所示。

表2-4　　　　　　　　　　　<audio>标签支持的音频格式及浏览器

格式	浏览器				
	IE	Firefox	Opera	Chrome	Safari
OGG Vorbis	No	3.5+	10.5+	5.0+	No
MP3	9.0+	No	No	5.0+	3.0+
WAV	No	4.0+	10.6+	6.0+	No

<audio>标签的基本语法如下：

< 36 >

```
<audio src=" " controls="true/false"></audio>
```

【示例2-13】音频播放展示（ch2/示例/audio.html）。

```
<audio controls>
  <source src="song.ogg" type="audio/ogg">
  <source src="song.mp3" type="audio/mpeg">
  您的浏览器不支持audio元素。
</audio>
```

<audio>标签的属性与<video>的属性相同，这里不再赘述。

2.5　超链接

超链接是指从一个网页指向一个目标的链接关系。这个目标可以是另一个网页，也可以是相同网页上的不同位置，还可以是图片、电子邮件地址、文件，甚至是应用程序。而在网页中用来超链接的对象可以是一段文本或者是一张图片。当浏览者单击已加链接的文本或图片后，链接目标将显示在浏览器上，并且根据目标的类型来打开或运行。

超链接是构成整个互联网的基础，它能够让浏览者在各个独立的页面之间灵活地跳转。各个网页链接在一起后，才能真正构成一个网站。

2.5.1　超链接标签<a>

要在网页中创建超链接可以使用<a>标签，其语法如下：

```
<a href="url" target="target-windows">链接标题</a>
```

- href属性定义了链接标题所指向的目标文件的URL地址。
- target属性指定用于打开链接的目标窗口，默认方式是原窗口。

1．链接到网页

```
<a href="http://www.ujn.edu.cn">济南大学</a>
```

以上这段代码为文本"济南大学"创建了超链接。在浏览器中打开含有该链接的页面后，用户用鼠标单击链接文本"济南大学"，就可以在当前窗口打开济南大学的主页。

2．链接到图片

链接标题不仅可以是文字，还可以是图片，也就是说可以为图片创建超链接，此时用<img>标签代替链接标题文字。

```
<a href="xiaoyuan.jpg"><img src="xiaoyuan.jpg" width="300" height="200"></a>
```

以上这段代码为300px×200px的图片xiaoyuan.jpg创建了超链接，用户在页面中单击小图，即可链接到尺寸较大的原图。

3．链接到文件

```
<a href="第1章.ppt">下载课件</a>
```

以上这段代码可实现单击链接标题文字"下载课件"就下载PPT文件的效果。

> ⚠️ 注意
>
> 通过上面的3个例子可以发现，链接目标不仅可以是网站的某个页面，还可以是图片，或者是任何类型的文件，如 .doc、.ppt、.mp3、.rar和.exe等。

< 37 >

2.5.2 超链接类型

按照链接路径的不同，网页中的超链接一般分为以下3种。

1．内部链接

内部链接是指网站内部文件之间的链接，即在同一个站点下不同网页页面之间的链接。将超链接标签<a>中href属性的值设置为相对路径，就可以在HTML文件中定义内部超链接。

2．外部链接

外部链接是指网站内的文件链接到站点内容以外文件的链接。要定义外部链接可以将<a>标签中href属性的值设置为绝对路径。

3．书签链接

书签链接是指跳转到文章内部的链接，它可以实现段落间的任意跳转。用户上网浏览网页时，发现有的网页内容特别多，需要不断翻页才能看到想要的内容，这时可以在页面中定义一些书签链接。这里的书签相当于方便用户查看内容的目录，用户单击书签时，就会跳转到相应的内容。在需要指定到页面的特定部分时，定义书签链接是理想的方法。

2.5.3 超链接路径

在网页中创建超链接时，通过<a>标签的href属性指定链接目标，这个链接目标也是路径。HTML文件提供了以下3种路径。

1．绝对路径

绝对路径是指文件的完整路径，包括文件传输的协议HTTP、FTP等，一般用于网站的外部链接。

2．相对路径

相对路径是指相对当前文件的路径，它包含了从当前文件指向目标文件的路径（见表2-5）。相对路径一般用于网站内部链接，只要链接源和链接目标在同一个站点里，即使不在同一个目录下，也可以通过相对路径创建内部链接。采用相对路径建立两个文件之间的相互关系可以不受站点和服务器位置的影响。

表2-5　　　　　　　　　　　　　　相对路径的使用方法

相对路径	使用方法	举例
链接到同一目录	直接输入要链接的文件名	news.html
链接到低层目录	先输入目录名，再加"/"	image/tu.jpg
链接到高层目录	"../"表示父目录	../css/main.css

3．根路径

根路径的设置以"/"（代表根目录）开头，后面书写文件夹名，最后书写文件名，例如：/web/download/show.html。根路径的设置也适用于内部链接的建立，它必须在配置好的服务器环境下才能使用，一般情况下不使用根路径。

2.5.4 内部书签

在浏览网页时，大家是不是有过这样的体会：有的页面内容很多、页面很长，用户想快速地找到自己想要的内容就需要不断地拖动滚动条翻页，很不方便。这种情况可以通过在页面中建立内部书签链接来解决。实现这样的链接需要先定义一个书签作为目标端点，再定义到书签的链接。链接到书签分为两种：链接到同一页面中的书签和链接到不同页面中的书签。

< 38 >

1．定义书签

通过设置超链接标签<a>的name属性来定义书签，同样也可以使用id属性定义。基本语法如下：

```
<a name="anchorname">书签标题</a>
```

name属性的值是定义书签的名称，供书签链接引用。超链接<a>…</a>之间的内容为书签标题。

2．定义书签链接

通过设置超链接标签<a>的href属性来定义书签链接。基本语法如下：

```
<a href="#anchorname">书签标题</a><!--同一页面内-->
<a href="URL#anchorname">书签标题</a><!--不同页面内-->
```

链接到同一页面的书签，只要设置href属性为"#书签名称"，这里的书签名称是定义书签中已经建好的。链接到不同页面的书签，我们需要在"#书签名称"前面加上目标页面的URL地址。

下面以介绍春天的古诗为例，说明书签链接的应用。

【示例2-14】书签链接的应用（ch2/示例/a.html）。

```
<body>
<font color="green" size="6" face="隶书"><span id="home">春天的古诗</span></font><p>
<a href="#shiju" >诗句</a>   
<a href="#yiwen">译文&注释</a>   
<a href="#chuangzuo">创作背景</a>   <!--使用书签链接-->
<a href="#zuozhe">作者简介</a>
<h4 id="shiju">春　日</h4>
胜　日　寻　芳　泗　水　滨，</br>
无　边　光　景　一　时　新。</br>
等　闲　识　得　东　风　面，</br>
万　紫　千　红　总　是　春。</br>
<a href="#home">返回</a>
<h4 id="yiwen"><sup>[1]</sup>译文&注释：</h4>
风和日丽游春在泗水之滨，无边无际的风光焕然一新。谁都可以看出春天的面貌，
春风吹得百花开放、万紫千红，到处都是春天的景致。<p>
……
东风：春风。<br/>
<a href="#home">返回</a>
<h4 id="chuangzuo">创作背景</h4><!--定义书签链接-->
这首诗从字面意思上来看，是作者春天郊游时所写的游春观感……
</p>
<a href="#home">返回</a>
<h4 id="zuozhe">作者简介：</h4>
<h5>朱熹</h5>
徽州婺源（今属江西）人，生于建州尤溪（今属福建）。14岁丧父，随母定居崇安（今武夷山市），依父友刘子羽生活，
受业于胡宪、刘勉之、刘子翚三先生……<p>
朱熹一生著述宏富，主要著作有《四书章句集注》《四书或问》《周易本义》《易学启蒙》《诗集传》……<p>
<a href="#home">返回</a>
</body>
```

页面的部分浏览效果如图2-15所示，拖动滚动条可以查看整个页面内容。

以"创作背景"为例，创建书签链接的步骤如下。

① 定义书签链接，代码如下：

```
<h4 id="chuangzuo">创作背景</h4>
```

在导航部分，用id为<h4>标签标题"创作背景"定义书签链接"chuangzuo"，见图2-16中代码注释部分。

② 使用书签链接，代码如下：

```
<a href="#chuangzuo">创作背景</a>
```

在正文将<a>标签的href属性赋值为"#chuangzuo"，当单击该链接即可跳转到同id名的网页位

< 39 >

置，见图2-16代码中注释部分。

在本例中介绍了古诗《春日》的基本信息，在页面上方的目录部分分别用"诗句""译文&注释""创作背景""作者简介"作为标题建立了书签链接（或者称为超级链接锚点）；在每一部分的结尾，用"返回"作为标题建立了书签链接。单击相应的链接，就会跳转到相应的具体内容处。例如，当单击"创作背景"书签链接时，运行效果如图2-16所示。当单击"返回"书签链接的时候，将回到图2-15所示的网页效果。

图 2-15　书签链接示例页面初始运行效果图

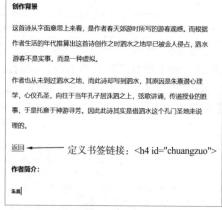

图 2-16　单击"创作背景"书签链接效果图

2.5.5　target属性

超链接标签<a>的target属性可以定义被链接的文档在何处显示，即目标窗口，默认是当前窗口。target属性的取值及其含义如下。

- _blank：浏览器总在一个新打开、未命名的窗口中载入目标文档。
- _self：这个目标的值对所有没有指定目标的<a>标签是默认目标，它使得目标文档载入并显示在相同的框架或者窗口中作为源文档。
- _parent：在当前框架的上一层打开链接。
- _top：在顶层框架中打开链接，或者说在整个浏览器窗口中载入目标文档。
- framename：在指定的框架内打开链接，框架名称可以自定义。

例如，下面的代码表示在新的窗口中打开百度页面。

```
<a href="http://www.baidu.com" target="_blank">百度一下</a>
```

2.6　表格

表格是网页设计中不可或缺的元素。使用表格不仅可以在网页上显示二维表格式的数据，还可以将相互关联的信息元素集中定位，从而实现页面布局，使浏览页面一目了然、赏心悦目。

2.6.1　表格标签

在HTML语法中，表格主要通过<table>、<tr>、<td>3个标签构成。

1. 基本语法

表格的基本语法如下。

< 40 >

```
<table>
<tr>
        <td>…</td>
        <td>…</td>
        …
</tr>
<tr>
        <td>…</td>
        <td>…</td>
        …
</tr>
    …
</table>
```

2. 语法说明

- 表格标签<table>是双标签，<table>表示表格的开始，</table>表示表格的结束。
- 标签<tr>用来定义表格的行，它也是双标签，<tr>、</tr>分别表示一行的开始和结束。
- 表格的单元格用<td>定义，<td>、</td>分别表示一个单元格的开始和结束。

⚠️ **注意**

在一个表格中可以插入多个<tr>标签，表示多行。<tr>的个数代表表格的行数，每对<tr>…</tr>之间<td>的个数代表该行单元格的个数。单元格里的内容可以是文字、数据、图像、超链接、表单元素等。

表格的定义中，除了基本标签<table>、<tr>、<td>以外，还可以用<th>定义表头，用<caption>定义表格的标题，默认在表格上方。

下面的代码定义了一个3行3列的表格，为表格添加了标题"学生成绩表"，表格的第1行表头用<th>标签定义，文字自动加粗、居中显示。

【示例2-15】 插入表格演示（ch2/示例/table-normal.html）。

```
<table border="1" width="300">
<caption>学生成绩表</caption>
 <tr>
    <th>学号</th><th>姓名</th><th>成绩</th>
 </tr>
 <tr>
    <td>1701</td><td>张三</td><td>88</td>
 </tr>
 <tr>
    <td>1702</td><td>李四</td><td>92</td>
 </tr>
</table>
```

运行效果如图2-17所示。

学生成绩表		
学号	**姓名**	**成绩**
1701	张三	88
1702	李四	92

图 2-17　插入表格

2.6.2 表格属性

表格具有丰富的属性，创建表格行的标签<tr>和创建单元格的标签<td>也有各自的一些属性。开发者通过设置这些属性，可以对表格进行一些修饰，使表格更美观，内容显示更合理。

1. 表格标签<table>的属性

表格属性很多，如边框（border）、宽度（width）、高度（height）等属性，但是本着结构层与表现层分离的原则，这里主要介绍以下两个属性。

（1）cellspacing属性：该属性可以设置表格中两个单元格之间的距离，即单元格间距。适当增加间距可以使表格不会显得过于紧凑。

< 41 >

（2）cellpadding属性：设置单元格的内容与内部边框之间的距离，即单元格边距。适当增加边距可以使单元格内容看上去不紧贴边框。

2．行标签<tr>的属性

（1）align属性：设置行内容的水平对齐方式，取值可以为left、center和right，分别表示居左、居中和居右。

（2）valign属性：设置行内容的垂直对齐方式，取值可以为top、middle和bottom，分别表示靠上、居中和靠下。

3．单元格标签<td>的属性

（1）rowspan属性：设置单元格跨越的行数。如果要设置跨两行的单元格，即rowspan="2"，那么下一行的单元格就要少定义一个，即少一个<td>标签。如果要设置跨3行的单元格，即rowspan="3"，那么下面两行的单元格都要少定义一个，依此类推。

（2）colspan属性：设置单元格跨越的列数。如果要设置跨两列的单元格，即colspan="2"，那么该行的单元格就要少定义一个，即少一个<td>标签。如果要设置跨3列的单元格，即colspan="3"，那么该行的单元格要少定义两个，依此类推。

下面的示例展示了表格的创建和表格属性的应用。

【示例2-16】表格及其属性应用（ch2/示例/table-center.html）。

```
<table border="5" width="550" height="350" cellspacing="5" cellpadding="5" bgcolor="#ffccff">
<tr>
    <th>佳句欣赏</th><th>出自</th><th>作者</th>
</tr>
<tr align="center" valign="middle">
    <td>长风破浪会有时，直挂云帆济沧海。</td><td>行路难</td>
    <td rowspan="2">李白</td>
</tr>
<tr align="center" valign="middle">
    <td>天生我材必有用，千金散尽还复来。</td><td>将进酒</td>
</tr>
<tr align="center" valign="middle">
    <td>会当凌绝顶，一览众山小。</td><td>望岳</td>
    <td rowspan="2">杜甫</td>
</tr>
<tr align="center" valign="middle">
    <td>无边落木萧萧下，不尽长江滚滚来。</td><td>登高</td>
</tr>
</table>
```

运行效果如图2-18所示。

佳句欣赏	出自	作者
长风破浪会有时，直挂云帆济沧海。	行路难	李白
天生我材必有用，千金散尽还复来。	将进酒	
会当凌绝顶，一览众山小。	望岳	杜甫
无边落木萧萧下，不尽长江滚滚来。	登高	

图 2-18　表格及其属性应用示例

2.6.3 表格嵌套和布局

表格嵌套就是根据插入元素的需要,在一个表格的某个单元格里再插入一个具有若干行和列的表格。对嵌套表格可以像对任何其他表格一样进行格式设置,但是其宽度受它所在单元格宽度的限制。利用表格的嵌套,一方面可以编辑出复杂而精美的效果,另一方面可根据布局需要来实现精确的编排。不过,需要注意的是,嵌套层次越多,网页的载入速度就会越慢。

下面的示例使用表格实现了网页布局,其中导航栏使用了嵌套的表格。

【示例2-17】表格嵌套和布局(ch2/示例/table-nest-mix.html)。

```html
<table width="780" height="472" border="0" align="center" cellpadding="0" cellspacing="0">
<tr>
    <td width="780" height="175"><img src="top.jpg" width="780" height="175" /></td>
</tr>
<tr>
    <td height="38">
    <table width="100%" height="36" border="0" bgcolor="#66FFFF">
    <tr>
        <td width="160" align="center">大赛简介</td>
        <td width="160" align="center">评审细则</td>
        <td width="160" align="center">大赛报名</td>
        <td width="160" align="center">奖项设置</td>
        <td width="160" align="center">作品展示</td>
    </tr>
    </table>
    </td>
</tr>
<tr>
    <td>为了提高我校大学生的网页设计和制作水平,促进校园文化发展,充分利用网络资源,更好地服务于教学、
科研、管理等各项工作,整体推进学校教育信息化进程,举办首届"学生网页设计大赛"活动。<br />
一、大赛宗旨<br />
倡导时代文明,丰富校园文化;培养创新能力,加强网络建设。<br />
……
六、奖励办法<br />
本次大赛由组委会评出一等奖一名,二等奖三名,三等奖六名,并为所有获奖作品颁发个人证书。<br />
    </td>
</tr>
</table>
```

网页运行效果如图2-19所示。

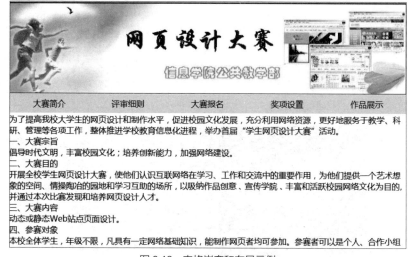

图 2-19 表格嵌套和布局示例

< 43 >

2.7 其他标签

2.7.1 <marquee>

网页的多媒体标签一般包括动态文字、动态图像、声音以及动画等，其中最简单的就是添加一些滚动的文字。使用<marquee>标签就可以将文字设置为动态滚动的效果。它是双标签，其基本语法如下：

```
<marquee>滚动内容</marquee>
```

只要在标签之间添加要滚动的文字即可，并且标签还提供了属性来实现更多的显示效果。现对主要属性介绍如下。

① direction：用于设置活动字幕的滚动方向，向左（left）、向右（right）、向上（up）、向下（down）。

② behavior：用于设置滚动的方式，主要有以下3种方式。

- behavior="scroll"表示由一端滚动到另一端。
- behavior="slide"表示由一端快速滑动到另一端，且不再重复。
- behavior="alternate"表示在两端之间来回滚动。

③ bgcolor：用于设置活动字幕的背景颜色。

④ scrollamount：用于设置活动字幕的滚动速度。

⑤ width：用于设置滚动字幕的宽度。

⑥ height：用于设置滚动字幕的高度。

⑦ loop：用于设置滚动的次数。当loop=-1时表示一直滚动下去，直到页面更新。

【示例2-18】应用<marquee>（ch2/示例/marquee.html）。

滚动字幕的高度为400px、宽度为370px，采用滚动速度为2的无限向上循环滚动方式。

```
<body>
<img src="images/zhongqiu.jpg" width="400px" height="300px" >
<marquee bgcolor=#ffff00 direction=up behavior=scroll height=400 width=370 scrollamount=2 loop=-1>
<font size=6 color=blue face="隶书">
<b>海上生明月，<br>天涯共此时。<br>时值中秋之夜，<br>身在太平盛世，<br>人们共赏美景，<br>共享佳肴，<br>千千万万个家庭在这团圆的时刻<br>体会幸福的感觉。<br>但是我们祖国这个大家庭<br>还没有真正团圆，<br>我们只能隔海遥望着台湾，<br>让月光带去我们对台湾同胞的思念。海峡两岸的中国人<br>此时此刻表达出同样真切的心声：<br>盼望亲人团圆，<br>祖国统一！
</b></font>
</marquee>
</body>
```

运行后的初始效果如图2-20所示。

图 2-20　应用 <marquee> 的网页初始效果

< 44 >

<marquee>标签默认是向左滚动无限次，字幕高度是文本高度。水平滚动的宽度是当前位置的宽度；垂直滚动的高度是当前位置的高度。需要注意的是，由于<marquee>标签只能作用于一段文本，因此多行活动字幕分行时只能用
标签，不能用<p>标签。

2.7.2　<iframe>

框架是一种在一个浏览器窗口中可以显示多个HTML文档的网页制作技术。使用框架可以把一个浏览器窗口划分为若干个小窗口，每个小窗口可以显示不同的网页内容。通过超链接可以使框架之间建立内容之间的联系，从而实现页面导航的功能。由于HTML5已经不再支持frameset框架，而与框架相比，内嵌框架iframe更容易对网站的导航进行控制，它最大的优点在于其更具灵活性。

使用<iframe>标签可以在网页中插入内嵌框架，其基本语法如下：

```
<iframe src="url"></iframe>
```

其中，src属性用于设置在内嵌框架中显示的网页源文件。

<iframe>标签的其他几个常用属性如下。

- name属性：设置内嵌框架的名称。在设置超链接的target属性时，通过该名称，可以使链接目标显示在内嵌框架中。
- width属性：设置内嵌框架的窗口宽度。
- height属性：设置内嵌框架的窗口高度。
- scrolling属性：设置内嵌窗口是否显示滚动条，默认为auto。

下面的示例代码说明了内嵌框架的使用方法。

【示例2-19】应用内嵌框架的网页（ch2/示例/iframe.html）。

```
<body>
    <p>这是一个内嵌框架应用示例。</p>
    <p>尝试链接项目一的结果页面—"李白简介"页面</p>
    <p>单击这里的链接文字<a href="introduction-libai.html" target="iframename">李白简介</a>，
小窗口里显示李白简介页面。</p>
    <iframe  src="./marquee.html" name="iframename" width="435" height="600"> </iframe>
</body>
```

运行后的初始效果如图2-21所示。

单击页面中的文字超链接"李白简介"后，所链接目标页面在当前窗口的内嵌框架中打开显示，效果如图2-22所示。

图 2-21　应用内嵌框架的网页初始效果

图 2-22　单击超链接后的页面效果

< 45 >

2.7.3 <div>和<span>

<div>和<span>标签自身没有实际意义，主要功能是结合样式表CSS来格式化内容。

<div>是块级元素、块容器标签，在<div></div>之间可以放置各种HTML元素。其作用主要有两个：一是与CSS一同使用时，<div>元素可用于对大的内容块设置样式属性；二是文档布局，它取代了使用表格定义布局的老式方法。

<span>元素是内联元素，可用作文本的容器，与CSS结合可为部分文本设置样式属性。

1. 文档布局

在网页设计中，对于较大的块可以使用<div>标签完成，而对于具有独特样式的段内内容可以使用<span>标签完成，如图2-23所示。我们可以将网页分为header、content和footer这3个部分，其中header由logo和nav组成，如图2-24所示。

整理后的文档结构图如图2-25所示。

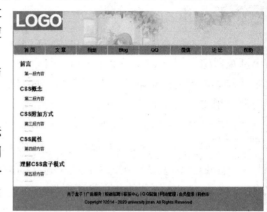

图 2-23　文档布局示例

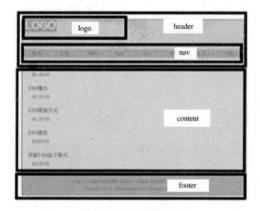

图 2-24　区块划分示例

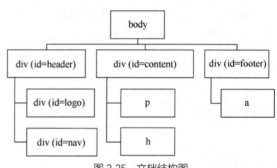

图 2-25　文档结构图

2. <div>

<div>元素本身没有特定的含义和样式，常用于划分一个块级文本区。我们可将<div>当作网页上的容器使用，里面是根据逻辑组合起来的元素，并赋予了一个描述性的名称，从而将内容分组，这样可使文档的结构更加清晰。

为了上下文和布局的需要，这里将网页分隔为几个部分。在以下示例中，只列举了nav部分的代码。

```
<div id="nav">
<ul>
    <li class="first"><a href="#">首页</a></li>
    <li><a class="hide" href="#">关于我们</a></li>
    <li><a class="hide" href="#">精彩案例</a></li>
    <li><a class="hide" href="#">网站导航</a></li>
    <li><a class="hide" href="#">联系我们</a></li>
</ul>
</div>
```

3. <span>

<span>…</span>是内联元素，没有特定的含义，可用作文本的容器，用来组合文档中的行内元素。当与CSS一同使用时，<span>元素可用于为部分文本设置样式属性。

> **! 注意**
>
> <span>只能包含文本和其他内联元素，不能将块级元素放入其中。

下面的示例中，<span>中的文本内容将显示为粗体的橘红色。

HTML部分代码如下：

```
<ul>
    <li>Joan:<span class="phone">999.8282</span></li>
    <li>Lisa:<span class="phone">888.4889</span></li>
</ul>
```

CSS部分代码如下：

```
.phone {
        font-weight:bold;
        color:#ff9955;
}
```

4．id属性

id属性一般用于标识文档中的唯一元素。下面代码将文档分为3个部分，分别为header部分、content部分和footer部分。

```
<div id="header">
  <!-- masthead and navigation here-->
</div>
<div id="content">
  <!-- main content elements here -->
</div>
<div id="footer">
  <!-- copyright information here -->
</div>
```

5．class属性

class属性用于组合相似的元素。多个元素可以共用同一个class，这些元素可使用同一个样式表，一次性将样式应用到所有定义此class的元素中。

```
<div class="listing">
<img src="felici.gif" alt=" " />
<p class="description"><cite>The Complete Manual……</cite>,James Felici</p>
</div>
<div id="ISBN881792063" class="listing book">
<img src="bringhurat.gif" alt=" " />
<p class="description"><cite>The Elements of ……</cite>,James Felici</p>
</div>
```

本例中展示了两本书，内容均为书名、封面图片和作者。其中第2本书同时拥有class和id标识符，并有多个class名。

> **! 注意**
>
> id属性与class属性的区别在于，id属性用于识别，class属性用于归类。

2.7.4　语义元素

在Web页面中，如果使用一些带有语义性的标签，可以加速浏览器解释页面中元素的速度。因此，为了使文档的结构更加清晰、明确，在HTML5中新增了几个与

< 47 >

页眉、页脚、内容区块等文档结构相关联的元素，如<header>表示页眉、<footer>表示页脚。

这些语义元素多用于页面的整体布局，大多数为块级元素，替代了<div>，其自身没有特别的样式，还是需要搭配CSS使用。

1．<header>元素

<header>元素是一种具有引导和导航作用的语义元素。通常，<header>元素可以包含一个区块的标题，也可以包含网站logo图片、搜索条件等其他内容。基本语法如下：

```
<header>
  <h1>我是标题</h1>
  <img src="logo.png">
  ...
</header>
```

2．<article>元素

<article>元素在页面中用来表示结构完整且独立的内容部分，里面可包含独立的<header>、<footer>等语义元素，如论坛的一个帖子、杂志或者报纸的一篇文章等。

<article>元素是可以嵌套使用的，内层的内容在原则上需要与外层内容相关联。例如，一篇博客文章与针对该文章的评论一起可以使用嵌套<article></article>的方式，这时用来呈现评论的<article>元素被包含在文章内容的<article></article>里面。例如：

```
<article>
  <header>我是博客文章标题</header>
  <p>我是博客内容</p>
  <article>
    我是评论
  </article>
</article>
```

3．<footer>元素

<footer>元素可以作为其直接父级内容区块或是一个根区块的尾部内容，通常包括其相关区块的附加信息，如文档的作者、文档的创作日期、相关阅读链接以及版权信息等。

4．<section>元素

该元素可用来表现普通的文档内容区块或者应用区块，一个区块通常由内容及其标题组成。基本语法如下：

```
<header>
  <h1>标题</h1>
  ...
</header>
<section>
  <h1>第1章</h1>
  <p>第1章的内容</p>
</section>
<section>
  <h1>第2章</h1>
  <p>第2章的内容</p>
</section>
```

5．<aside>元素

<aside>元素可用来表示当前页面或者文章的附属信息部分。它可以包含与当前页面或者主要内容无关的引用、侧边栏、广告、导航元素组，以及其他类似的有别于主要内容的部分。

6．<nav>元素

<nav>元素通常作为页面导航的链接组、侧边栏导航。

下面通过示例对语义元素的用法进行演示。

< 48 >

【示例2-20】语义元素的用法（ch2/示例/semanticelement.html）。

```
<table border="1">
    <tr><td colspan="2"><header>描写春天的诗词</header></td></tr>
    <tr>
        <td width="100">
            <aside>
            <nav><ul>
                <li><a href="#"> 春晓</a></li>
                <li><a href="#"> 春日</a></li>
                <li><a href="#"> 咏柳</a></li>
                <li><a href="#"> 春雪</a></li>
            </ul></nav>
            </aside>
        </td>
        <td width="200">
        <article>《春日》是宋代思想家、教育家朱熹的诗作。……</article>
        </td>
    </tr>
    <tr>
        <td colspan="2"><footer>版权@济南大学Web前端教学团队</footer></td>
    </tr>
</table>
```

语义元素页面显示效果如图2-26所示。

7．<details>元素

　　<details>和<summary>元素提供了一个可显示和隐藏文字的"小工具"。<summary>元素的含义就像其元素名的含义一样，它是一个标题、摘要说明。默认<details></details>里的内容是隐藏的，单击<summary></summary>中间的文字才可显示内容。将一个布尔属性open加在<details>元素上，可以使它的内容默认显示。

　　【示例2-21】<details>元素和<summary>元素的页面显示（ch2/示例/details.html）。

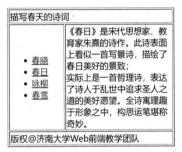

图 2-26　语义元素页面显示效果

```
<details>
    <summary>咏柳</summary>
    <p>碧玉妆成一树高，</p>
    <p>万条垂下绿丝绦。</p>
    <p>不知绿叶谁裁出，</p>
    <p>二月春风似剪刀。</p>
</details>
```

页面显示效果如图2-27和图2-28所示。

图 2-27　显示 <summary> 元素效果　　　图 2-28　单击 <summary></summary> 中间文字后的显示效果

　　在早期的网页中，常用<div>和<span>标签划分页面，但它们无法提供其包含内容的信息。HTML5提供语义元素，以便开发者清晰地定义其内容。除了本节讲解的元素外，HTML5还提供了<main>元素规定文档的主内容，提供<mark>元素定义重要的或强调的文本，提供<time>元素定义日期/时间。

< 49 >

2.8 表单

表单是HTML页面与浏览器端实现交互的重要手段。利用表单，服务器可以收集客户端浏览器提交的相关信息。例如要在某网站申请一个电子邮箱，就必须按要求填写完成网站提供的表单注册信息，其内容包括姓名、年龄、联系方式等个人信息。当单击表单中的"提交"按钮时，输入在表单中的信息就会传送到服务器，然后由服务器的相关应用程序进行处理；处理后或者将用户提交的信息存储在服务器端的数据库中，或者将有关信息返回到客户端的浏览器上。本节主要介绍与表单相关的知识。

2.8.1 表单定义标签<form>

表单是包含表单元素的一个特定区域，这个区域由一对<form>标签定义和标识。<form>标签在网页中主要有以下两个作用。

（1）可以限定表单的作用范围，其他的表单对象标签都要插入表单中。例如单击"提交"按钮时，提交的也是表单范围之内的内容，而表单之外的内容不会被提交。

（2）包含表单本身所具有的相关信息，例如处理表单的脚本程序的位置、提交表单的方法等。

表单的基本语法如下：

```
<form>
表单元素
</form>
```

2.8.2 输入标签<input>

<input>标签是在表单中经常使用的输入标签，用于接收用户输入的信息。输入类型是由属性type定义的。

1. 常用的输入类型

（1）文本框text

文本框通过<input type="text" />标签来定义，当用户要在表单中输入字母、数字等内容时，就会用到文本框。例如：

```
<form>
    First name: <input type="text" name="firstname" /><br>
    Last name: <input type="text" name="lastname" />
</form>
```

页面显示效果如图2-29所示。

> ⚠️ **注意**
>
> 在大多数浏览器中，文本框的默认宽度是20个字符。

（2）密码框password

密码框通过标签<input type="password" />来定义，密码框字符不会明文显示，而是以星号或圆点替代。例如：

```
<form>
    Password: <input type="password" name="pwd" />
</form>
```

页面显示效果如图2-30所示。

< 50 >

图 2-29　文本框　　　　　　　　　　　　图 2-30　密码框

（3）单选按钮 radio

\<input type="radio"\>标签定义了表单单选按钮选项，用于在一组互斥的选项中选择一项用户的输入。例如：

```
<form>
    <input type="radio" name="sex" value="male" />男<br>
    <input type="radio" name="sex" value="female" />女
</form>
```

页面显示效果如图 2-31 所示。

> ⚠ **注意**
>
> 　　为了实现多个单选按钮只有一个被选中，我们需要将划分为一组的单选按钮的 name 属性设置为相同的值。

（4）复选框 checkbox

当用户需要从若干给定的选择中选取一个或多个选项时，可以用\<input type="checkbox"\>定义复选框。例如：

```
<form>
    您喜欢的水果: <br>
    <input type="checkbox" name="fruit1" value="apple" />苹果<br>
    <input type="checkbox" name="fruit1" value="orange" />橘子<br>
    <input type="checkbox" name="fruit1" value="banana" />香蕉<br>
    <input type="checkbox" name="fruit1" value="peach" />桃子
</form>
```

页面显示效果如图 2-32 所示。

图 2-31　单选按钮　　　　　　　　　　　图 2-32　复选框

（5）提交按钮 submit

\<input type="submit" /\>定义了提交按钮。当用户单击"提交"按钮时，表单的内容会被传送到另一个文件。表单的动作属性 action 定义了目的文件的文件名。由动作属性定义的这个文件通常会对接收到的输入数据进行相关的处理。例如：

```
<form action="receive.php">
    First name:<br>
    <input type="text" name="firstname" value="Mickey" />
    <br>
    Last name:<br>
    <input type="text" name="lastname" value="Mouse" />
```

< 51 >

```
    <br><br>
    <input type="submit" />
</form>
```

页面显示效果如图2-33所示。

假如在图2-33的文本框内输入内容，然后单击"提交"按钮，那么输入的数据会传送到receive.php的页面。该页面将显示出输入的结果。

图 2-33　提交按钮

（6）文件类型file

<input type="file" accept multiple />表示用户可以选择一个或多个文件提交到服务器上。file包括了两个属性，具体如下。

① accept属性

该属性列出服务器端可以接收的文件类型。如果限制多个，该属性值则为一个以逗号分隔的MIME 类型字符串。

- accept="image/png"或accept=".png"：表示服务器端只接收PNG格式的图片文件。
- accept="image/png,image/jpeg"或accept=".png,.jpeg"：表示服务器端可以接收PNG和JPEG两种类型的文件。
- accept="image/*"：表示可以接收任何图片文件类型，"audio/*""video/*"分别表示可以接收任意音频、视频文件类型。

注意

accept属性只在Firefox和Chrome两个浏览器中有效。

② multiple属性

该属性规定可以选择多个文件。如果是多个文件时，其value值为第一个文件的虚拟路径。

```
<input id="fileId2" type="file" multiple="multiple" name="file" />
```

综合上面的内容，我们用一个例子来展示input元素的用法。

【示例2-22】input元素综合应用（ch2/示例/input.html）。

```
<form method="post" target="_blank" >
<table border="1">
    <caption>会员注册登记表</caption>
    <tr>
        <td>姓名：</td>
        <td><input type="text" name="T1" size="10"></td>
    </tr>
    <tr>
        <td>性别：</td>
        <td>男<input type="radio" value="V1" name="r1" checked>
        女<input type="radio" value="V2" name="r1" ></td>
    </tr>
    <tr>
        <td>年龄：</td>
        <td><input type="text" name="T2" size="3"></td>
    </tr>
    <tr>
        <td>头像：</td>
        <td><input type="file" name="f1" multiple accept="image/png"></td>
    </tr>
    <tr>
        <td>兴趣爱好：</td>
        <td>
```

< 52 >

```
        <input type="checkbox" value="on" name="c1">运动 
        <input type="checkbox" value="on" name="c2" checked>上网 
        <input type="checkbox" value="on" name="c3" checked>汽车 
        <input type="checkbox" value="on" name="c4" checked>旅游
      </td>
    </tr>
  </table>
</form>
```

页面显示效果如图2-34所示。

2．新的输入类型

HTML5中的表单标签<input>除了提供了以上的输入类型，还提供了一些新的表单输入类型。这些新特性提供了更好的输入控制和验证，从而丰富了表单，使其更方便开发者的使用，也给用户带来了更好的交互体验。

图 2-34 input 的应用效果

HTML5中的<input>标签主要提供了以下几个新的输入类型。

（1）数值输入域number

将<input>标签中的type属性设置为number（见表2-6），可以在表单中插入数值输入域。提交表单时，会自动检查该输入框中的内容是否为数字。如果输入的内容不是数字或者数字不在限定范围内，则会出现错误提示。基本语法如下：

```
<input name=" " type="number" min=" " max=" " step=" " value=" " />
```

表2-6 数值输入域的属性、取值及说明

属性	取值	说明
max	number	定义允许输入的最大值
min	number	定义允许输入的最小值
step	number	定义步长（如果step="2"，则允许输入的数值为-2、0、2、4、6等或-1、1、3、5等）
value	number	定义默认值

下面通过一个例子来演示数值输入域number的用法。

【示例2-23】数值输入域number的用法（ch2/示例/number.html）。

```
<form>
<p>请输入数字：<input type="number" name="no1" value="3"/></p>
<p>请输入大于或等于1的数字：<input type="number" name="no2" min="1"/></p>
<p>请输入1~10的数字：<input type="number" name="no3" min="1" max="10" step="3"/> </p>
</form>
```

在上面示例中设置了3个数值输入域number，并分别设置了min、max、step属性的值。页面显示效果如图2-35所示。

（2）滑动条range

将<input>标签中的type属性设置为range，可以在表单中插入表示数值范围的滑动条，还可以限定可接受数值的范围。基本语法如下：

图 2-35 数值输入域

```
<input name="" type="range" min="" max="" step="" value="">
```

range的属性与number的属性类似，下面通过示例来演示滑动条range的用法。

【示例2-24】滑动条range的用法（ch2/示例/range.html）。

```
<form>
  <p>请输入大于或等于1的数字：
```

< 53 >

```
    <input type="range" name="r1" min="1" value="1"/></p>
    <p>请输入1~10的数字：
    <input type="range" name="r2" min="1" max="10" step="3" value="3"/></p>
</form>
```

页面显示效果如图2-36所示。

在上面的示例中设置了两个滑动条，第一个每次滑动step
为1，第二个每滑动一次step为3，默认value设置为3。

（3）电子邮件输入域email

将<input>标签中的type属性设置为email，可用于验证文
本框中输入的内容是否符合email的格式。当用户提交表单时

图2-36 滑动条

会自动验证email域中输入的值是否符合电子邮件地址格式，如果不符合，将提示相应的错误信息。
email类型的文本框具有一个multiple属性，它允许在该文本框中输入一串以逗号分隔的email地址。
其基本语法如下：

```
<input name="emaill" type="email" value=×××@163.com />
```

（4）url输入域

url类型的<input>标签是一种专门用来输入url地址的文本框。提交时如果该文本框中的内容不
是url地址格式的文字，则不允许提交。其基本语法如下：

```
<input name="u1" type="url" value=http://www.ujn.edu.cn />
```

（5）日期选择器

将<input>标签中的type属性设置为以下几种类型中的一种就可以完成网页中日期选择器的
定义。

date——选取日、月、年。

month——选取月、年。

week——选取周和年。

time——选取时间（小时和分钟）。

datetime——选取时间、日、月、年（UTC时间）。

datetime-local——选取时间、日、月、年（本地时间）。

下面通过一个例子来演示日期选择器的用法。

【示例2-25】日期选择器的用法（ch2/示例/date.html）。

```
<form>
    日期选择器的使用:<br/>
    选取日、月、年: <input name="userdate" type="date" /><br/>
    选取月、年: <input name="userdate" type="month" /><br/>
    选取周和年: <input name="userdate" type="week" /><br/>
    选取时间: <input name="userdate" type="time" /><br/>
    UTC时间: <input name="userdate" type="datetime" /><br/>
    本地时间: <input name="userdate" type="datetime-local" /><br/>
</form>
```

运行后的效果如图2-37和图2-38所示。

（6）颜色选择器color

color类型会提供一个颜色选择器，供用户从中选择颜色。

下面通过一个例子来演示颜色选择器的用法。

【示例2-26】颜色选择器的用法（ch2/示例/color.html）。

```
<form>
    请您选择颜色: <input name="mycolor" type="color" />
```

< 54 >

```
</form>
```

运行效果如图2-39所示。单击颜色框，将弹出图2-40所示的颜色选择器。

图 2-37　日期选择前

图 2-38　日期选择后

图 2-39　颜色框

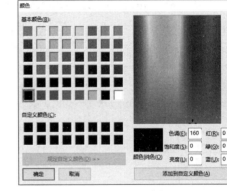

图 2-40　颜色选择器

2.8.3　列表框标签<select>

<select>标签可创建单选或多选选项列表。当用户提交表单时，浏览器会提交选定的项目，或者收集用逗号分隔的多个选项，将其合成为一个单独的参数列表。

在<select>标签中必须使用<option>标签来设置选择列表中的各个选项。下面介绍<select>和<option>标签的使用。

【示例2-27】<select>和<option>标签的使用（ch2/示例/select.html）。

```
<form>
  <select   name="fruits">
    <option value="apple">苹果</option>
    <option value="orange">橘子</option>
    <option value="peach">桃子</option>
    <option value="pear">梨</option>
  </select>
</form>
```

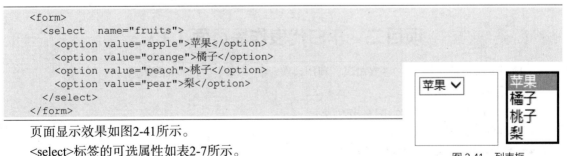

页面显示效果如图2-41所示。

<select>标签的可选属性如表2-7所示。

图 2-41　列表框

表2-7　　　　　　　　　　　　　　　<select>可选属性

属性	取值	描述
disabled	true/false	是否禁用该下拉列表
multiple	true/false	是否可选择多个选项
size	数字	规定下拉列表中可见选项的数量
name	—	定义下拉列表的名称

< 55 >

应用表2-7中的属性，测试效果。

【示例2-28】为列表框标签\<select\>添加multiple属性（ch2/示例/select2.html）。

```
<form>
 <select name="fruits" multiple="true" size="2">
  <option value="apple">苹果</option>
  <option value="orange">橘子</option>
  <option value="peach">桃子</option>
  <option value="pear">梨</option>
 </select>
</form>
```

页面显示效果如图2-42所示。

图 2-42　增加 multiple 属性的列表框

2.8.4　文本域输入标签\<textarea\>

当需要在页面上输入多行文字时，可以使用\<textarea\>文本域元素定义多行输入字段。

【示例2-29】文本域输入标签\<textarea\>的使用（ch2/示例/textarea.html）。

```
<form>
    我是一个文本域：<br />
    <textarea name="message" rows="10" cols="30">
        可以在这里输入信息
    </textarea>
</form>
```

页面显示效果如图2-43所示。

图 2-43　文本域

项目二　李白代表作品页面（1）

本项目要求灵活运用2.1~2.3节知识，利用块级、行内标签进行页面结构化。

【项目目标】

- 熟练掌握网页结构代码的使用方法。
- 掌握HTML块级元素的使用方法。
- 掌握HTML内联元素的使用方法。

【项目内容】

- 利用Sublime Text编辑环境创建和编辑网页。
- 灵活运用块级元素和内联元素对页面结构化。

【项目步骤】

1．内容输入

将项目二中素材文件夹中的"李白代表作品素材.txt"文件重命名为libai-representativeworks1.

< 56 >

html。用浏览器打开，查看显示结果。本书中所示的效果均为Microsoft Edge浏览器中显示的效果，如果使用其他浏览器可能会有差异。

2．文档结构定义

用Sublime Text打开libai-representativeworks1.html文件，根据HTML网页结构规则，在合理的位置添加<html>、<head>、<title>、<body>等标签。

3．文档结构化

本项目的最终效果如项目图2-1所示，结构分析如项目图2-2所示。读者可以不看提示，直接根据项目图2-1的效果，自行选择标签来对网页进行结构化，再与项目图2-2进行对比，如有出入，思考使用不同标签的原因及差别。

项目图 2-1　效果图

（1）根据项目图2-1所示添加段落<p>、标题<hn>、列表<ul>、<li>等块级标签，保存并用浏览器查看结果。

（2）<blockquote>标签：用于显示长引用，cite属性设置为李白的百度百科页面网址。

4．行内元素添加

根据项目图2-1的效果添加行内元素，效果如项目图2-2所示。

（1）"[唐]李白"部分：设置小字体<small>。

（2）注释部分："渡荆门送别""荆门""楚国""月下飞天镜""海楼"5个部分文字设置为<strong>加粗。

（3）特殊符号：特殊符号的具体设置如下。

① 在"渡荆门送别""[唐]李白"之前加入特殊符号空格 。

< 57 >

② 在"联系我们 |""关于我们 |""隐私声明 |""意见反馈"之前加入特殊符号空格，如项目图2-3所示。

③ 在"Copyright"和"济南大学Web前端课程团队"之间，加入版权符号。

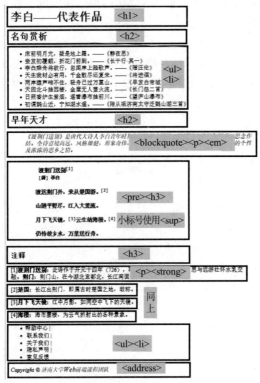

项目图 2-2　块级元素效果图

项目图 2-3　页尾部分的列表设置

5．代码提示

不需要提示的读者可忽略此部分。

```html
<!DOCTYPE html>
<html lang="en">
<head>
    <meta charset="UTF-8">
    <meta http-equiv="X-UA-Compatible" content="IE=edge">
    <meta name="viewport" content="width=device-width, initial-scale=1.0">
    <title>李白-代表作品1</title>
</head>
<body>
    <h1>李白——代表作品</h1>
    <h2>名句赏析</h2>
    <ul>
        <li>床前明月光，疑是地上霜。——《静夜思》</li>
        <li>妾发初覆额，折花门前剧。——《长干行·其一》</li>
        <li>李白乘舟将欲行，忽闻岸上踏歌声。——《赠汪伦》</li>
        <li>天生我材必有用，千金散尽还复来。——《将进酒》</li>
        <li>两岸猿声啼不住，轻舟已过万重山。——《早发白帝城》</li>
        <li>天回北斗挂西楼，金屋无人萤火流。——《长门怨二首》</li>
        <li>日照香炉生紫烟，遥看瀑布挂前川。——《望庐山瀑布》</li>
        <li>初谓鹊山近，宁知湖水遥。——《陪从祖济南太守泛鹊山湖三首》</li>
    </ul>
    <h2>早年天才</h2>
    <blockquote cite="https://……（实际网址）">
```

< 58 >

```
        <p><em>《渡荆门送别》是唐代大诗人李白青年时期在出蜀漫游的途中创作的律诗。此诗由写远游点题始，
继写沿途见闻和观感，后以思念作结。全诗意境高远，风格雄健，形象奇伟，想象瑰丽，以其卓越的绘景取胜，景象雄浑壮
阔，表现了作者年少远游、倜傥不群的个性及浓浓的思乡之情。</em></p>
        </blockquote>
        <pre><h3>
             渡荆门送别<sup>[1]</sup>
             <small>[唐] 李白</small>
            渡远荆门外，来从楚国游。<sup>[2]</sup>
            山随平野尽，江入大荒流。
            月下飞天镜，<sup>[3]</sup>云生结海楼。<sup>[4]</sup>
            仍怜故乡水，万里送行舟。
        </h3></pre>
        <h3>注释</h3>
        <p>[1]<strong>渡荆门送别</strong>：此诗作于开元十四年（726），李白沿长江出蜀东下时。描绘出一幅
渡荆门的长江长轴山水图，将深挚乡思与远游壮怀水乳交融。<strong>荆门</strong>：荆门山，在今湖北宜都北，长江
南面，为楚蜀交界之地。</p>
        <p>[2]<strong>楚国</strong>：长江出荆门，即属古时楚国之地，故称。</p>
        <p>[3]<strong>月下飞天镜</strong>：江中月影，如同空中飞下的天镜。</p>
        <p>[4]<strong>海楼</strong>：海市蜃楼，为云气折射出的各种景象。</p>
        <ul>
            <li> 帮助中心  |</li>
            <li>  联系我们  |</li>
            <li>  关于我们  |</li>
            <li>  隐私声明  |</li>
            <li>  意见反馈 </li>
        </ul>
        <address>Copyright &copy; 济南大学Web前端课程团队</address>
    </body>
</html>
```

项目三　李白代表作品页面（2）

本项目要求使用2.4~2.7节知识，利用超链接、多媒体、表格和框架等标签进行页面结构化。

【项目目标】

- 熟练运用相对路径的表示方法。
- 熟练操作锚元素进行网页内部、网页之间的链接。
- 熟练运用图片、音频、视频的插入方法。
- 熟练掌握网页中表格的制作方法。
- 了解<iframe>的基本使用方法。

【项目内容】

- 在个人简介页面利用锚元素设置目录。
- 利用<img>、<audio>、<video>元素在网页中添加图像、音频、视频等。
- 利用<iframe>元素在网页中添加框架。

【项目步骤】

项目三中素材文件夹中的"libai-representativeworks1.html"文件是项目二的结果文件，将其另存为"libai-representativeworks2.html"。"李白代表作品素材.txt"文件分为5个部分，均用注释做出编号，其中"蹉跎岁月"和"赋歌而终"又细分为3个部分。完成下列步骤，实现项目的最终效果。扫描二维码可查看项目的最终效果。

1．导航部分

（1）将images文件夹下的图片logo.png添加到<body>标签之后，再将素材"李白代表作品素材.txt"文件中"<!--主导航部分-->"文本粘贴到图片之后，设置为无序列表，作为主导航栏。代码参

< 59 >

考项目图3-1所示。

（2）将"李白代表作品素材.txt"文件中<!--2子导航部分-->的文字粘贴到"李白——代表作品"与"名句赏析"之间。

① 在"李白——代表作品"之上，插入"images"文件夹中提供的图片mount.png，注意使用相对路径。

②"目录"两字用<h2>标签格式化。

③ 将从"李白简介"到"相关视频"7段文字，设置为无序列表，作为子导航栏。

（3）添加下列HTML标签：

```
<h2>李白简介</h2>
<h2>题材介绍</h2>
```

以上效果如项目图3-2所示。

项目图 3-1　logo 及主导航部分

项目图 3-2　导航部分

2."早年天才"部分

本网页中列举了李白的3个人生阶段：早年天才、蹉跎岁月和赋歌而终。每个阶段又分为说明、诗句和注释部分。其中早年天才的文字内容已具备。

（1）将"注释"部分<h3>标签的类名设置为"comments"。

（2）将"说明"部分<p>标签的类名设置为"text"。

3."蹉跎岁月"和"赋歌而终"部分

将素材文件中两个部分的文字内容粘贴到网页文件的相应位置，模仿"早年天才"部分，根据项目图3-3所示，为"蹉跎岁月"和"赋歌而终"两个部分添加相应的HTML标签，效果如项目图3-4所示。

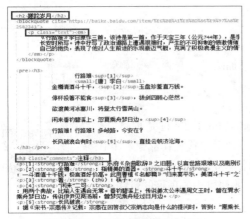

项目图 3-3　新增"蹉跎岁月"内容

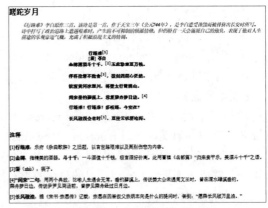

项目图 3-4　"蹉跎岁月"效果图

< 60 >

4．相关视频

在素材网页文件"libai-representativeworks2.html"中<!--5 相关视频部分-->部分，文字"相关视频"前后，添加<h2>标签。

```
<h2>相关视频</h2>
```

将素材视频libai.mp4插入相应的位置，设置其宽度为600px、高度为300px，显示视频播放控件，循环播放，效果如项目图3-5所示。

项目图 3-5　新增"相关视频"部分

5．锚元素设置

（1）内部锚点的使用

① 为子目录部分第一条"题材介绍"与标题"题材介绍"之间建立链接，单击目录中的"题材介绍"链接，即可跳转到"题材介绍"标题。

② 为子目录部分第二条"名句赏析"与标题"名句赏析"之间建立链接，单击目录中的"名句赏析"链接，即可跳转到"名句赏析"标题。

后面的段落依此类推，完成后保存文件libai-representativeworks2.html并在浏览器中打开，进行测试。

（2）外部锚点的使用

① 在网页的页脚部分，为"联系我们"添加<a>标签。设置该标签为邮件链接mailto:ise_webteam@ujn.edu.cn，当单击"联系我们"链接时则可以向网站开发团队发送邮件。

② 将尾部导航的其他列表项设置为空链接。

```
<li><a href="#"> 帮助中心</a> |</li>
```

③ 实现单击"济南大学Web前端课程团队"链接时跳转到济南大学首页。

6．表格制作

在"题材介绍"标题下方添加表格，其id设置为"themeIntro"。为了清晰显示，利用HTML属性将边框设置为粗细为1px，如项目图3-6所示。

7．<iframe>的使用

在"李白简介"下方尝试用<iframe>框架展示另一个网页，实现项目图3-7所示的效果。

题材介绍

部分作品	
分类	诗名
怀古咏史类	登金陵凤凰台
	苏台览古
边塞征战类	关山月
咏物类	白鹭鹚

项目图 3-6　表格样式

项目图 3-7　<iframe> 效果

（1）将<iframe>设置宽度为700px、高度为300px，无边框。

（2）展示网页文件为项目一的结果文件introduction-libai.html，该文件已在素材文件夹中给出，注意使用相对路径。

8．页面结构划分

根据项目图3-8所示，将页面划分，特别注意语义元素的使用，以及id和class的命名。切记按图

< 61 >

示给id和class赋值，以便后期进行页面布局。

```html
<header>
    <nav>
        <img src="./images/logo.png">          logo图片和主目录部分作为
        <ul>
            <li><a href="#">首页</a></li>
            <li>李白</li>                         <header>部分
            —
        </ul>
    </nav>
</header>
<div id="guidance">
    <img src="./images/mount.png" alt="">
    <h1>李白一代表作品</h1><h2>目录</h2>        子目录部分作为
    <ul>
        <li><a href="#introduction">李白简介</a></li>
        <li><a href="#theme">题材介绍</a></li>    <div id="guidance">
        —
    </ul>
</div>
<main>
    <section id="introduction">
        <h2>李白简介</h2>
        <iframe src="./introduction-libai.html" frameborder="0" width="700" height="300"></iframe>
    </section>
    <section id="theme">          【注意】：不要遗忘此处嵌入section的id
        <h2>题材介绍</h2>
        <table id="themeIntro" border="1">
            <tr><th colspan="2">部分作品</th></tr>
            <tr><td><strong>分类</strong></td><td><strong>诗名</strong></td></tr>
            —
        </table>
    </section>
    <section id="Appreciation">   主体部分设置为<main>，包括了李白简介、题材介绍等
        <h2>名句赏析</h2>
                                     部分。
    </section>
    <section id="start">          【注意】：每个部分均用section划分，以
        <h2>早年天才</h2>
        —                           不同的id命名，在图中以箭头标出
    </section>
    <section id="middle">
        <h2>蹉跎岁月</h2>
        —
    </section>
    <section id="end">
        <h2>赋歌而终</h2>
        —
    </section>
    <section id="video">
        <h2>相关视频</h2>
        <video src="./video/libai.MP4" width="600" height="300" controls="controls" loop></video>
    </section>
</main>
<footer>
    <nav>
        <ul>
            <li>帮助中心 |</li>          页尾设置为<footer>
            —
        </ul>
    </nav>
    <address><a href="http://www.ujn.edu.cn" style="font-size: 12px;">Copyright &copy; 济南大学web前
</footer>
```

项目图 3-8   网页结构划分

到这里，李白代表作品页面的HTML部分就完成了。

项目四　古诗词调查问卷（1）

本项目要求使用2.8节知识，进行表单设计。

【项目目标】
- 熟练掌握表单<form>的标签及属性。
- 熟练掌握表单常用控件及属性。

【项目内容】
- 练习使用表单常用控件。
- 练习使用HTML5新的input类型。

< 62 >

【项目步骤】

新建网页文件questionnaire1.html，将素材文件"调查问卷素材.txt"中的全部内容复制到questionnaire1.html的<body>部分，按项目图4-1所示的效果完成下列任务。

（1）设置表单<form>的action属性，将用户填写的内容以post方式提交到ok.html页面。

（2）利用表格<table>标签进行表单布局，利用表格的background属性设置tableBg.jpg为背景图片。

（3）注意图中注释文字，是设置表单控件的注意事项。

（4）①在网页的页脚部分，为"联系我们"添加<a>标签。设置该标签为邮件链接mailto:ise_webteam@ujn.edu.cn，当单击"联系我们"链接时则可以向网站开发团队发送邮件。

②将尾部导航的其他列表项设置为空链接。

```
<li><a href="#"> 帮助中心</a> |</li>
```

③实现单击"济南大学Web前端课程团队"链接时跳转到济南大学首页。

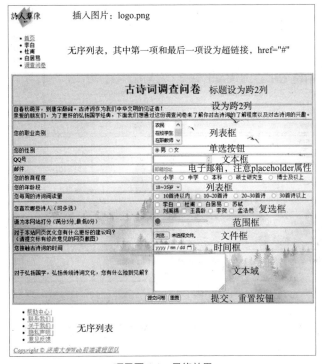

项目图 4-1　最终效果

项目五　李白个人生平（1）

本项目要求读者利用整章所讲HTML标签进行页面结构化。

【项目目标】

- 灵活运用HTML基本标签。
- 掌握在HTML页面中嵌入多媒体对象的方法。

【项目内容】

- 利用HTML标签对网页进行结构化。
- 培养对网页结构的理解，提升网页结构审美水平。

< 63 >

【项目步骤】

本项目素材包括音频、图片和文本，新建HTML文件，命名为libai-experience1.html。将"李白生平经历素材.txt"文件的所有内容粘贴到<body></body>标签间。

1．网页总体结构化

素材"李白生平经历素材.txt"文件分为13个部分，分别是<!--header-->、<!--背景音乐-->、<!--标题李白-->、<!--页面尾部-->、<!--1 导读-->……<!--10 story故事3-->。在本部分做页面结构化是为了在后续项目中进行页面布局，参照项目图5-1所示。

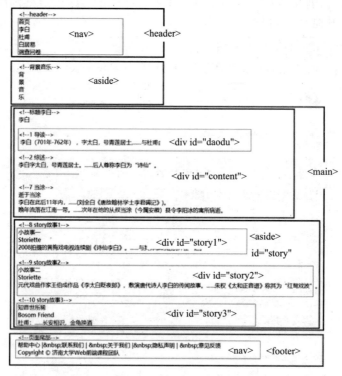

项目图 5-1　页面总体结构划分

（1）<header>及<nav>标签：页面头部将作为页面的主导航，因此将注释的页面头部部分"首页……调查问卷"内容添加到指定标签内。

（2）<aside>标签：将注释背景音乐部分，即文字"背景音乐"，将添加到<aside>标签内。此部分将作为背景音乐。

（3）<main>标签：此部分包括了从"1导读"到"10story故事3"的10个主题，将其加入<main></main>标签中。主体main将划分为两个部分，分别是content和aside。

①<div id="content">：根据注释，将"标题李白"～"7当涂"划分到此部分。

②<aside id="story">：根据注释，将"8story故事1"～"10story故事3"划分到此部分。

③<div id="daodu">：根据注释，将"1导读"划分到此部分。

（4）<footer>标签：将注释"页面尾部"划分到此部分。

2．网页细分

（1）<header>部分细分：此部分用来做主导航，因此需要用<nav>、<ul>、<li>标签将header部分划分为导航和列表，参照项目图5-2所示进行结构化。

（2）<div id="content">部分细分，参照项目图5-3所示。

< 64 >

```
<!--header-->
<header>
    <nav>
        <!--图片插入位置-->
        <ul>
            <li><a href="#">首页</a></li>
            <li>李白</li>
            <li>杜甫</li>
            <li>白居易</li>
            <li><a href="#">调查问卷</a></li>
        </ul>
    </nav>
</header>
```

项目图 5-2　<header> 部分细分

```
<div id="content">
    <!--标题李白-->
    <h1>李白</h1>
    <!--1 导读-->
    <div id="daodu">
        <!--图片插入位置-->
        <pre>李白（701年-762年），字太白，号青莲居士，又号"滴仙人"，唐代伟大的
        浪漫主义诗人，被后人誉为"诗仙"，与杜甫合称为"大李杜"。</pre>
```

项目图 5-3　<div id="content"> 部分的添加

① <h1>：根据注释，将<!--标题李白-->中的内容用<h1>标签结构化。

```
<h1>李白</h1>
```

② "1 导读"：将注释<!--1 导读--> 部分的内容用<pre>标签结构化。

③ 注释2～注释7：主体内容的标题使用<h2>标签，所有段落使用<p>标签，参照项目图5-4所示。

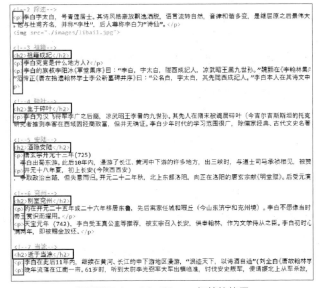

项目图 5-4　<h2> 和 <p> 标签的使用

（3）<aside id="story">部分细分。

① 将"小故事—Storiette"设置<h3>标签，"小故事一"后换行，"Storiette"设置斜体。

② 其他段落加入<p>标签。

"小故事二"和"小故事三"均参照项目图5-5所示。

项目图 5-5　<aside id="story"> 部分细分

（4）<footer>部分细分。

此部分作为页面的尾部导航，因此将使用<nav>、<ul>、<li>等标签，版权等使用<address>标签，参照项目图5-6所示，设置超链接。

< 65 >

```
<!--页面尾部-->
<footer>
    <nav>
        <ul>
            <li><a href="#"> 帮助中心 </a> |</li>
            <li> <a href="mailto:ise_webteam@ujn.edu.cn"> 联系我们 </a>|</li>
            <li><a href="#">  关于我们  </a>|</li>
            <li><a href="#">  隐私声明  </a>|</li>
            <li><a href="#">  意见反馈  </a></li>
        </ul>
    </nav>
    <address><a href="http://www.ujn.edu.cn" >Copyright &copy; 济南大学Web前端课程团队</a></address>
</footer>
```

项目图 5-6　<footer> 部分细分

3. 插入图片、音频、链接与其他效果

（1）插入图片。

图片位于"素材"文件夹中的"images"文件夹中。

① 在页面头部的<nav>标签下，添加图片"logo.png"，如项目图5-2所示。

② 在"1 导读"部分插入图片daodu.png，在"2 综述"部分插入图片libai1.jpg，如项目图5-7所示。

```
<!--2 综述-->
<p>李白字太白，号青莲居士。其诗风格豪放飘逸洒脱，语言流转自然
，是继屈原之后最伟大的积极浪漫主义诗歌的新高峰，李白也成为中
时期的杰出代表。现存诗作990余首，著有《李太白集》。他与杜甫才
，后人尊称李白为"诗仙"。</p>
<!--图片插入位置-->

<!--3 祖籍-->
```

项目图 5-7　图片插入位置

③ 在"story"部分，如项目图5-8所示，在对应位置分别添加图片"libai2.jpg"与"libai3.jpg"。

（2）如项目图5-9所示，对"背景音乐"添加
标签。

（3）插入音频。音频文件位于"素材"文件夹中的"audio"文件夹内。如项目图5-10所示，在对应位置添加音频"bgm.mp3"。

（4）添加滚动的文本字幕。用<marquee>标签对"背景音乐"部分添加一个自上而下滚动的文本字幕。扫描二维码可查看项目五的最终效果。

```
<!--8 故事1-->
<div id="story1">
    <h3>
        小故事一<br/><em>Storiette</em>
    </h3>
    <!--图片libai2.jpg插入位置-->
    <p>2008拍摄的黄梅戏电视连续剧《诗仙李白》。</p>
    <p>该故事讲述了李白因李璘案被流放，途中遇
    怨李白，到爱慕李白的才华，自愿在李白身边陪
    霸占晓月，以让李白的大儿子服役为要挟，拿到
    白惊闻朝廷又任命投降安禄山的张忠志等人为节
</div>

<!--9 故事2-->
<div id="story2">
    <h3>
        小故事二<br/><em>Storiette</em>
    </h3>
    <!--图片libai3.jpg插入位置-->
    <p>元代戏曲作家士伯成作品《李太白贬夜郎》，
    <p>杂剧前两折写李白在宫廷备受恩宠，后两折
    的诗人气质。他的醉意朦胧，表现出向往、追求
</div>
```

项目图 5-8　图片添加位置

背
景
音
乐

项目图 5-9　"背景音乐"部分的代码演示

```
<aside>
    <!--音频添加位置-->
    <marquee direction="down">背<br>景<br>音<br>乐</marquee>
</aside>
```

项目图 5-10　音频添加位置

扩展阅读　媒介素养之信息检索

开发者要想开发网站，就要搜索匹配网站主题的信息。当今社会，互联网已经成为全球化的信息集散地，人们可以通过网络更便捷地获取信息。网络作为一种信息源具有哪些特点呢？

< 66 >

一、网络信息源

（1）数量巨大、内容丰富：网络作为开放的数据传播平台，其信息资源类型丰富。

（2）实时更新、传播迅捷：网络信息具有实时性，几乎在事件发生的同时就在世界范围传播。

（3）无序、不可控制性：信息源不规范，缺乏监管机制，导致网络信息良莠不齐。

但信息浩瀚万千，且毫无秩序，如何在互联网找到我们所需的信息？搜索引擎就像连接信息孤岛的"桥梁"为用户提供了友好的平台，辅助人们进行知识索引。

二、搜索引擎

1. 搜索引擎的概念

搜索引擎，就是根据用户需求与一定算法，运用特定策略从互联网检索出指定信息并反馈给用户的一门检索技术。搜索引擎依托于多种技术，如网络爬虫技术、检索排序技术、网页处理技术、大数据处理技术、自然语言处理技术等，为信息检索用户提供快速、高相关性的信息服务。

2. 搜索引擎的发展

搜索引擎大致经历了四代的发展。

（1）第一代目录搜索引擎

1994年，第一代真正基于互联网的搜索引擎Lycos诞生，其代表厂商是雅虎（Yahoo）。它的特点是以人工分类存放网站的各种目录，支持简单的数据库查询，形成早期的目录导航系统。用户按分类目录查找信息，不依靠关键词查询，由于网站收录/更新都要靠人工维护，因此它很难适应网络爆炸的时代。

（2）第二代内容搜索引擎

用户希望对内容进行查找，全文搜索引擎应运而生，其代表是Google引擎。它拥有自己的检索程序，俗称蜘蛛（spider）、机器人（robot），能自建网页数据库，搜索结果从自身数据库中调用。另有一类则租用其他搜索引擎的数据库。该技术支持在分析网页的重要性后，将重要的结果呈现给用户。谷歌引擎包括网站、图像、新闻组和目录服务4个功能模块，其主页如图2-44所示。

图 2-44　谷歌主页

（3）第三代搜索引擎

用户希望能快速且准确地查找到自己所要的信息，因此出现了第三代搜索引擎。相比前两代搜索引擎，该代搜索引擎更加注重个性化、专业化、智能化使用自动聚类、分类等人工智能技术，采用区域智能识别及内容分析技术，利用人工介入，实现技术和人工的完美结合，增强了搜索引擎的查询能力。

第三代搜索引擎的代表是百度，其核心技术"超链分析"就是通过分析链接网站的数量来评价被链接的网站质量。2017年，百度搜索推出的惊雷算法能严厉打击通过刷点击来提升网站搜索排序的作弊行为，以促进搜索内容生态良性发展。

（4）第四代搜索引擎

随着信息多元化的快速发展，通用搜索引擎在目前的硬件条件下要得到互联网上比较全面的信息是不太可能的。这时，用户就需要数据全面、更新及时、分类细致的面向主题搜索引擎。这种搜索引擎采用特征提取和文本智能化等策略，相比前三代搜索引擎更准确、有效，被称为第四代搜索引擎。

< 67 >

三、信息检索及评估

网络信息具有信息量大、传播范围广、内容杂乱、缺乏监管等特点，真真假假难以分辨。用户如果自身又缺乏信息检索技能及信息识别能力，又应如何从信息知识的海洋里准确找到自己需要的内容？如何分辨信息的真伪？这时，帮助用户掌握判断信息可信度的方法，同时主动搜集有价值的网络信息供用户选用，显然是非常必要的。

1．确定关键字

尽管用户可以用搜索引擎来对网络信息进行组织和检索，但必须明确自己的需求，给出明确的关键字（关键字就是用户在使用搜索引擎时，输入的能够最大程度概括用户所要查找的信息内容），否则必须在杂乱无章的检索结果中挑选出信息，无形中又增添了更多的负担。

例如，我们使用百度搜索引擎来搜索"Web"这个关键词，将会得到图2-45所示的结果。

通过检索结果，我们可以看到里面Web教程、Web的百度翻译、Web的百度百科……那么用户到底需要什么样的资源呢？仅检索"Web"这一个关键字是否太单一？是需要关注Web的英文解释，还是需要查询Web相关技术？我们往往会根据查找的信息，提取出一个到两个关键字。例如要检索的是"Web前端技术"，我们可以将索引的关键词定为"Web前端技术"；如果要检索的是"Web在Java方向的应用"，索引的关键词可以定为"Java Web"，检索结果如图2-46所示，这样看起来检索结果比上例明确、清晰。

总之，要想获得较满意的检索结果，我们就要从想要检索的信息中抽取出较精确的关键词，才能收到事半功倍的效果。

图 2-45　百度搜索"Web"关键字

图 2-46　百度搜索"java web"关键字

另外，用户在进行英文关键字搜索时，需要注意两点：一是忽略大小写，二是正确拼写关键字。

2．信息评估方法

网络的开放性和自由性导致网上内容交叉重复、质量参差不齐，因此检索者需要进一步分辨检索结果的真伪。评价检索内容可以从以下几个方面来考虑。

① 权威性。权威性包括网站的性质和知名度、出版商或生产商的权威性和规模、作者、编辑或出版者的背景与声望。

② 客观性。引用其他信息来源时应注明出处、文章内容是对客观事实的描述还是介绍作者的观点、文章内容是否存在偏见、作者的观点是否有事实支撑。

< 68 >

③ 独特性。网站提供的信息内容是否具有自己的特色、信息的提供形式（信息服务）有无特色。

④ 时效性。创建期、最近更新或修改日期、是否具有较高的更新频率、信息的内容及链接是否新颖。

⑤ 有序性。有序性反映该网站是怎样组织和分类信息的，访问者是否容易找到所需的信息。有序性讲求科学性和针对性。

⑥ 交互性。在线帮助信息、数据库查询、BBS公告牌系统、联络方式。

⑦ 费用。网上免费的信息是否为过期的信息、免费信息是否止于文摘信息、看全文是否需注册或购买。

⑧ 写作质量。标题：明确、概括、全面；信息表述：清晰、具备逻辑性；英文：拼写、语法；中文：错别字、句子的通顺。

例如，从图2-47所示"java web"的检索结果可以看出，检索结果标有"广告"字样，一般是代表培训机构的付费课程。

图 2-47　百度搜索中"java web"关键字的结果分析

检索结果标有"百度百科"字样，一般是表示百度百科对关键字进行的详尽解释，具有一定的可信性；检索结果标有"博客园""相关博客"字样，一般是表示技术专业爱好者所书写的技术博客，值得借鉴。相信读者可以在日积月累的学习过程中，逐步掌握检索信息的方法和技巧，辅助自己的学习和工作。

习题

一、选择题

1. 如果在catalog.html中包含代码"<a href="#novel">小说</a>"，则该HTML文档在浏览器中打开后，用户单击此链接将（　　　）。

< 69 >

    A. 使页面跳转到同一文件夹下名为 "novel.html" 的HTML文档

    B. 使页面跳转到同一文件夹下名为 "小说.html" 的HTML文档

    C. 使页面跳转到catalog.html包含名为 "novel" 的锚点处

    D. 使页面跳转到同一文件夹下名为 "小说.html" 的HTML文档中名为 "novel" 的锚点处

2. 想要使用户在单击超链接时，弹出一个新的网页窗口，代码是（　　　）。

    A. `<a href="right.html" target="_blank">新闻</a>`

    B. `<a href="right.html" target="_parent">新闻</a>`

    C. `<a href="right.html" target="_top">新闻</a>`

    D. `<a href="right.html" target="_self">新闻</a>`

3. 阅读以下代码段，则可知（　　　）。

```
<input type="text" name="textfield">
<input type="radio" name="radio" value="女">
<input type="checkbox" name="checkbox" value="checkbox">
<input type="file" name="file">
```

    A. 上面代码表示的表单元素类型分别是文本框、单选按钮、复选框、文件域

    B. 上面代码表示的表单元素类型分别是文本框、复选框、单选按钮、文件域

    C. 上面代码表示的表单元素类型分别是密码框、多选按钮、复选框、文件域

    D. 上面代码表示的表单元素类型分别是文本框、单选按钮、下拉列表框、文件域

4. （　　　）用于使HTML文档中表格里的同一行单元格进行合并。

    A. cellspacing   B. cellpadding   C. rowspan   D. colspan

5. （　　　）可以产生带有数字列表符号的列表。

    A. `<ul>`   B. `<dl>`   C. `<ol>`   D. `<list>`

6. 下面的特殊符号（　　　）表示的是空格。

    A. "   B.   C. &   D. ©

7. 在HTML中，`<form method="post">`中的method表示（　　　）。

    A. 提交的方式   B. 表单所用的脚本语言

    C. 提交的URL地址   D. 表单的形式

8. 要使单选按钮或复选框默认为已选定，此时要在`<input>`标签中加（　　　）属性。

    A. selected   B. disabled   C. type   D. checked

9. meta元素的作用是（　　　）。

    A. meta元素用于表达HTML文档的格式

    B. meta元素用于指定关于HTML文档的信息

    C. meta元素用于实现本页的自动刷新

    D. 以上都不对

10. 以下标签中，（　　　）用于设置页面标题，且内容不在浏览器上显示。

    A. `<title>`   B. `<caption>`   C. `<p>`   D. `<head>`

二、讨论题

以小组为单位，认真体会"扩展阅读　媒介素养之信息检索"，完成以下内容。

（1）选择一个自己喜欢的搜索引擎，检索一下Web工作原理，了解客户端和服务器端的概念，并从客户端的角度，讨论你作为客户，最关心网站的哪些内容？是页面是否美观、提供的知识水平和范围，还是访问的速度？

（2）尝试检索去年在网络中传播的虚假信息：选择一种搜索引擎，在搜索栏中输入"年份 假信

< 70 >

息"，选择某感兴趣标题仔细阅读，尝试解释怎样来分析、辨别这条信息的真伪。

（3）查阅HTML的发展历程，尝试列举哪些HTML标签在HTML5阶段已经基本不再使用。

三、拓展题

徐志摩（1897年1月15日—1931年11月19日），原名章垿，字槱森，浙江嘉兴海宁硖石人，现代诗人、散文家，新月派代表诗人，代表作有《再别康桥》《翡冷翠的一夜》等。苏雪林如此评价他："这位才气横溢，有如天马行空的诗人；这位活动文坛不过十年，竟留下许多永难磨灭的瑰丽果实的诗人；这位性情特别温厚，所到处，人们便被他吸引、胶固、凝结在一起，像一块大引铁磁石的诗人。"

请搜索有关徐志摩的相关素材，模仿并完成如习题图2-1所示的网页设计。难点分析如下。

- 本例利用<table>进行布局，实现图文混排。该网页布局可以使用一个表格完成，也可使用表格嵌套设计。基于本章知识无法实现文字颜色、表格边框和图片大小的设置，建议查阅W3school网站尝试解决。
- 本例应用标签包括<table>、<tr>、<td>、<img>、
、<p>等。

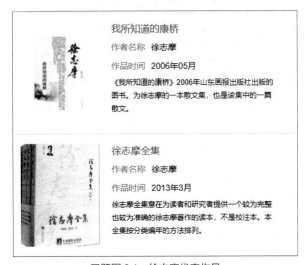

习题图 2-1　徐志摩代表作品

< 71 >

第3章 CSS常用属性

知识目标
- 能够描述CSS编写规则，识别CSS的选择器。
- 能够概述创建CSS文件的一般步骤。
- 能够运用常用文本、表格和背景属性设置页面。

能力目标
- 能够理解网页内容与表现分离的意义。
- 能够运用优先级规则，计算优先级权重，解释CSS层叠产生的样式冲突。
- 能够综合运用HTML标签和CSS属性，设计静态页面。

素养目标
- 能够解释设计者利用视觉符号传递的各种信息。
- 能够通过欣赏、分析知名网站设计作品，分辨、评估网页作品的优劣。

项目
- 项目六　杜甫个人成就页面（1）：针对3.1～3.6节练习。
- 项目七　李白代表作品页面（3）：针对3.7～3.10节练习。

CSS主要用于设置HTML文档的格式，即网页风格的设计，包括字体大小、背景颜色、图片及元素定位等。本章主要介绍CSS选择器和常用属性，并通过赏析CSS禅意花园网站的经典案例，培养读者对网页中视觉信息的理解、获取、分析和创作的能力。

3.1 CSS概述

在HTML迅猛发展的20世纪90年代，为了让网页更为美观，Netscape和IE两种主流的浏览器不断地将新的HTML标签和属性添加到HTML规范中，使得网站规则混乱、代码臃肿。

例如，关于HTML标签<p>的align属性，<p align="center">，其作用就是设置段落文本居中，这一代码与CSS代码p{text-align:center;}功能完全相同。用HTML中的属性设置样式的弊病有很多，其主要问题体现为：①设计复杂，改版时工作量巨大；②表现代码与内容混合，可读性差；③不利于数据的调用与分析；④网页文件多，浏览器解析速度慢。

3.1.1　CSS发展历史

为了解决这些问题，非营利的标准化联盟——万维网联盟（W3C）肩负起了HTML标准化的使命，并在HTML 4.0之外创造出了样式（Style）。1996年，W3C推出了CSS规范的第一个版本CSS 1.0，主要用于字体、颜色等设置。1998年发布的2.0版本添加了用于定位的属性，还扩展了对其他媒体的显示控制。2001年发布的CSS3在颜色、字体、动画和布局等模块中，都有丰富的属性加以支持。

CSS属性既能在多个页面之间复用，也能根据不同用户来分别定义外观，但是目前依然有极少数低版本的浏览器对CSS3的支持不太理想。因此开发者在使用CSS3时，应该先评估用户的浏览器环境是否支持相应的CSS版本。

3.1.2　CSS的优势

CSS的主要优势如下。

1．表现和内容相分离

HTML文件用于内容的存放，CSS用于将内容更好地表现出来，内容和表现的分离使得代码结构更加清晰，对非可视化或移动设备（如手机、打印机、电视机、游戏机等）更容易实现兼容。

2．减少开发和维护成本

CSS3功能强大，包括了常用的图片处理、动画等功能，从而将开发者从Photoshop、Flash和部分JavaScript开发中解脱出来。

3．提高页面性能

统一的样式表文档应用到网站所有网页中，减少了冗长的标签和属性。更少的脚本和Flash文件减少了HTTP请求数，能够有效提升页面加载速度。

4．便于信息检索

简洁、结构化的代码更加有利于突出重点，更适合搜索引擎抓取。

3.2　CSS的创建

我们可以这样形象地比喻：如果HTML是房子，CSS就是对这个房子的装修，把所有的装修内容放到一起，修改起来就会简单很多，不用通篇去修改HTML代码；使用CSS的最大优点就是房子可以有很多个装修风格（CSS），可以任意更替，却无须破坏房子（HTML）。下面以我国传统文化瑰宝唐诗、宋词和元曲为例来展示。

图3-1所示为未引用CSS的HTML页面。

使用CSS进行修饰，可以产生图3-2所示的4种完全不同的页面效果。

HTML是网页内容的载体。网页内容就是网页制作者放在页面上想要让用户浏览的信息，可以包含文字、图片、视频等，属于结构层。

CSS样式是表现，就像网页的外衣。例如，标题字体、颜色变化或为标题加入背景图片、边框等。所有这些用来改变内容外观的部分都可称之为表现，属于表现层。

表现层应用在结构层之上，因此创建CSS分为以下3步。

（1）创建HTML标记文档。

（2）编写样式规则。

（3）将样式规则附加到文档。

下面按照这3个步骤来介绍CSS的建立方法。

< 73 >

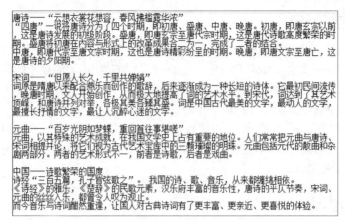

图 3-1　未引用 CSS 的 HTML 页面

图 3-2　4 种页面效果

3.2.1　标记文档

以图3-3所示的"登鹳雀楼"页面为例，先了解几个重要的概念。

图 3-3　"登鹳雀楼"页面

1. 内容

内容是页面实际要传达的真正信息，包括数据、文本、图片或音视频等内容，不包括辅助信

< 74 >

息，如导航菜单、背景图片等。

图3-3所示的"登鹳雀楼"效果中，文字内容部分如图3-4所示。

> 登鹳雀楼 作者：王之涣 白日依山尽，黄河入海流。欲穷千里目，更上一层楼。

图 3-4　"登鹳雀楼"页面的文本内容

2．结构

结构就是对网页内容进行整理和分类，对应标准语言为HTML。实现网页结构化的思路并不唯一，本例"登鹳雀楼"的HTML代码如下，效果如图3-5所示。

```
<h3>登鹳雀楼</h3>
<p>作者：王之涣</p>
<ul>
    <li>白日依山尽，</li>
    <li>黄河入海流。</li>
    <li>欲穷千里目，</li>
    <li>更上一层楼。</li>
</ul>
```

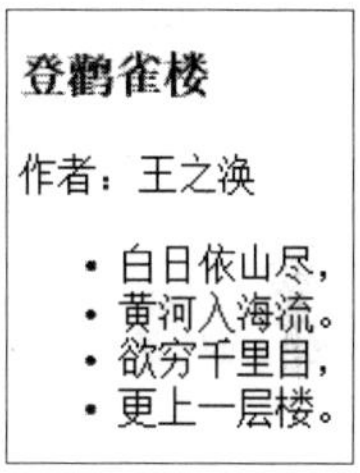

3．表现

表现是对结构化的信息进行样式上的控制，如对颜色、大小、背景等外观进行控制，所有这些用来改变内容外观的均称为"表现"。其对应标准语言为CSS，如下CSS代码即可实现图3-3所示的效果。

> **登鹳雀楼**
>
> 作者：王之涣
>
> - 白日依山尽，
> - 黄河入海流。
> - 欲穷千里目，
> - 更上一层楼。

图 3-5　页面结构图

【示例3-1】"登鹳雀楼"的CSS代码（ch3/示例/dgql.html）。

通过本例，开发者体会网页在编写过程中要注意结构与内容分离。

```
<style>
body{
    font:bold 25px "黑体";
    color:#220000;
    background:url(images/timg.jpg) no-repeat;
    text-align:center;
    position:relative;
}
p{margin:5px 0px 5px 0px; font-style:italic;}
ul li{list-style-type:none;}
div{position:absolute; top:10px; left:380px;
background-color:rgba(220,220,220,0.5);}
</style>
```

4．行为

行为是对内容的交互及操作效果。使用JavaScript就可以控制网页行为逻辑，实现网页的智能交互。

3.2.2　编写规则

样式表由样式指令（又叫规则）组成，这些指令描述了元素或元素组将如何显示。CSS语法由3个部分构成：选择器、属性和值。

```
selector{property:value;}
```

- selector，即选择器。它表明大括号中的属性设置将应用于哪些HTML元素，例如"body"。
- property，即属性。它表明将设置哪个元素，例如设置背景色的属性"background- color"。
- value，即值。它表明将指定的元素样式设置为什么值，例如"background-color"属性的值可以是"FF0000"，代表红色。

< 75 >

因此，将红色作为网页的背景色，CSS规则为：

```
body {background-color:#FF0000;}
```

具体CSS规则如下。

（1）如果要定义不止一个声明，则需要用分号将每个声明分开。规则中包含的大括号和所有声明常被统称为声明块。

```
p {text-align:center;color:red;}
```

（2）如果值为若干单词，则要给值加引号。

```
p{font-family:"sans serif";}
```

（3）CSS忽略语句块中的空白和回车操作。通常每行只描述一个属性，这样可以增强样式定义的可读性。

```
p{text-align:center;
    color:red;
    font-family:Arial;}
```

注意

> CSS规则的每个声明都必须以分号结束，表示与下一个声明进行分隔；如果省略了分号，该声明和下条声明都会被忽略。

3.2.3　附加方式

将CSS样式和HTML标签结合起来的方式很灵活，按照其书写的不同位置分为3种：内联（行内）样式表、文档样式表和外部样式表。在同一HTML文档中可以使用一种或多种样式表。

1．内联样式表

内联样式表是连接样式和标签的最简单方式，只需在HTML标签中包含一个style属性，后面再跟一系列属性及属性值即可。例如：

```
<p style="color:red; margin-left:20px;">
  This is a paragraph
</p>
```

上述代码的作用是改变段落的前景色和左外边距。

注意

> 内联样式表只应用于它们所在的元素。虽然这种方法比较直接，在制作页面的时候需要为很多的标签设置style属性，因此会导致HTML页面不够纯净，文件体积过大，不利于网络爬虫抓取信息，从而导致后期维护成本高。所以这里不提倡频繁使用内联样式表。

2．文档样式表

当单个文档需要特殊样式时，就应该使用文档样式表（也叫嵌入样式表）。文档样式表放在<head>与</head>内的<style>标签和</style>标签之间，例如：

```
<head>
 <style>
    h1{color:green;}
    p{font-size:12px;}
 </style>
</head>
```

上述代码是将h1的内容设置前景色为绿色，将p内的文字大小设置为12px。

< 76 >

> **注意**
>
> 文档样式表对整个文档有效，例如h1 {color: green;}语句会影响本文档中所有h1的前景色设置。

3．外部样式表

把样式表保存在一个独立的、纯文本文档中，由浏览器通过网络进行加载，这就是外部样式表。外部样式表必须使用.css作为文件扩展名。

我们可以用以下两种方式将外部样式表加载到文档。

（1）链接式外部样式表

将CSS代码写好后，保存在扩展名为.css的文件中。在文档的head部分，使用<link>标签创建一个指向.css文档的链接。链接方式没有用到<style>标签。例如：

```
<head>
    <title>Titles are required.</title>
    <link rel="stylesheet" href="css/stylesheet.css" type="text/css" />
</head>
```

> **注意**
>
> rel="stylesheet"：定义被链接的文档与当前文档的关系。链接到样式表时，属性值往往是stylesheet。
>
> href="css/stylesheet.css"：提供.css文件的位置。
>
> type="text/css"：表示样式表的数据类型是text/css。

（2）导入式外部样式表

在文档head部分的<style></style>标签里，可以使用@import导入外部的CSS文档，例如：

```
<head>
    <title>Titles are required.</title>
        <style >
            @import url("/path/stylesheet.css");
            h1 {color:green;}
        </style>
</head>
```

> **说明**
>
> （1）在@import语句中也可以不用url()函数，而是直接写出文件路径，例如@import "/path/stylesheet.css"。
> （2）@import规则如果与其他规则同时使用，它必须写在其他规则之前。

总之，在一个HTML文档中，内联、文档和外部3种样式表均可设置样式，这样就导致同一元素可能有多种样式叠加而引起冲突。如何解决此问题，将在3.10节中详细讲述。

4．各类样式表的优缺点

表3-1列出三类样式表的优缺点，读者可根据实际情况选择合适方式来设置。

表3-1　　　　　　　　　　　　　　　　　　样式表比较

样式表	优点	缺点	使用情况	控制范围
内联样式表	效率高，优先级高	结构混乱，不利于爬虫检索	较少	控制一个标签
文档样式表	部分实现结构与样式分离	没有完全实现分离	较多	控制一个页面
外部样式表	完全实现结构与样式分离	需要引入，增加HTTP请求	常用	控制整个网站

建议将网站中各页面的共同样式抽取出来，并放在外部样式表中，这样可以有效降低代码量和维护工作量，实现网站观感的统一性。

< 77 >

3.3 基本选择器

CSS语法分为3个部分，就是指出对哪个"对象"、哪个方面的"属性"来设置"值"。选择器用来完成第一部分，用于选择需要添加样式的对象。CSS提供非常丰富的选择器，我们可将其分为4类：基本选择器、层次选择器、属性选择器和伪类选择器。本书选择最常用的选择器进行介绍，如表3-2所示。

表3-2 选择器分类列表

基本选择器	层次选择器	属性选择器	伪类选择器	
element	element element	[attribute]	:link	:first-line
.class	element>element	[attribute=value]	:visited	:first-letter
#id	element+element	[attribute~=value]	:hover	:before
element,element	element.class	—	—	—
*	element#id	[attribute|=value]	:active	:after

为了便于知识理解，基本选择器将在本节进行讲解；后3类选择器统称为复杂选择器，将在3.9节中详细介绍。

1．element

element称为元素选择器、类型选择器或标签选择器。element是标签名，适用于设置页面中某个标签的CSS样式。如设置所有的p元素字体大小为14px：

```
p{font-size:14px;}
```

2．.class

.class称为类选择器，class是在HTML标签中事先定义的类名，它适用于设置相同样式的多个元素对象。如定义类名为special的选择器，设置字体大小为14px，注意类名前加圆点：

```
.special{font-size:14px;}
```

3．#id

#id称为ID选择器，id是在HTML标签中事先定义的id名。ID选择器用于选择指定ID属性值的任意类型元素。如设置id名为intro元素的字体大小为14px，注意id名前加#号：

```
#intro{font-size:14px;}
```

⚠️ 注意

ID与类不同，在一个HTML文档中可以为任意多个元素指定同一类名，但是ID名应该是独一无二的。ID选择器不能结合使用，因为ID属性不允许有以空格分隔的词列表。

4．element,element

element,element称为组合选择器，它是由多个选择器（包括元素选择器、类选择器、ID选择器等）通过逗号连接而成的，适用于多个选择器使用同一组样式，以得到更为简洁的样式表。如将类名为special的元素和所有的段落元素均设置字体大小为14px：

```
.special,p{font-size:14px;}
```

5．*

*称为通配选择器，该选择器可以与任何元素匹配，就像是一个通配符。*等价于列出了文档中所有元素的一个组合选择器。如将页面所有元素均设置字体大小为14px：

```
*{font-size:14px;}
```

< 78 >

【示例3-2】基本选择器综合示例（ch3/示例/base_selector.html）。

本例通过唐诗《钱塘湖春行》验证各类基本选择器的使用规则，将所有内容均设置为文本居中。

```
<!DOCTYPE html>
<html>
<head>
 <meta charset='UTF-8'>
 <style>
  * { text-align:center;}    /*通用选择器，设置页面中所有元素文本居中*/
  h1,p { font-family:"Microsoft YaHei"; } /*组合选择器，设置h1和p元素的字体为微软雅黑*/
  h1 {font-size: 25px;  }
  p {  font-style:italic; }        /*元素选择器，设置p元素的字体形状为斜体*/
  #author{font-size:20px;}         /*ID选择器，设置id名为author的部分字号为20px*/
  .special{font-weight:bold;}      /*类选择器，设置类名为special的部分文字加粗*/
 </style>
</head>
<body>
   <h1>钱塘湖春行</h1><hr>
      <p id="author">唐 白居易</p>
      <p> 孤山寺北贾亭西，水面初平云脚低。<br> …… </p>
      <p>【说明】此诗为作者任杭州刺史时作。……</p>
</body>
</html>
```

基本选择器的效果如图3-6所示。

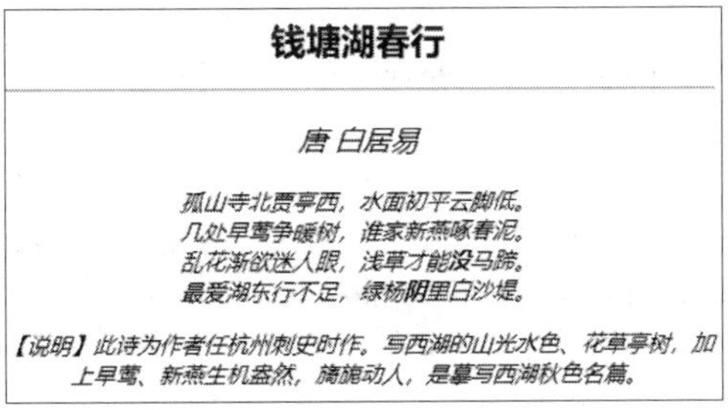

图 3-6 基本选择器的效果

> **注意**
>
> 类选择器可以单独使用，也可以结合元素选择器使用。一个class属性还可能包含多个属性值，各个值之间用空格分隔，用于将多个类的样式同时应用到一个标签中。例如：
>
> ```
> p.special {  color: orange;   }
> .small { font-size: small; }
> .lighter { font-weight:lighter; }
> …
> <p class="small  lighter">
> ```
>
> 标签<p>会同时应用small、lighter两种类的格式设置，font-size被设置为small，font-weight被设置为lighter。

3.4 字体属性及继承

本节开始学习CSS属性，主要包括字体、文本、颜色和背景，以及表格、列表和边框等属性。所有的属性均有一个共同的特征——继承，它是依赖于HTML文档结构树的祖先后代关系。

< 79 >

3.4.1 字体属性

字体属性用于控制网页文本字符的显示方式，例如控制字体类型、文字的大小、加粗、倾斜等。CSS中，字体样式通过一个与字体相关的属性系列来指定。字体属性包括font-family、font-size、font-weight、font-style、font-variant和font等。

1．字体font-family

font-family属性用于指定网页中文字的字体，取值可以是字体名称，也可以是字体系列名称，值之间用逗号分隔。例如，下面的代码设置了p的字体属性。

```
p{   font-family:"微软雅黑","楷体_GB2312","黑体";}
```

在CSS中，有两种字体系列名称，分别是通用字体系列和特定字体系列。通用字体系列是指拥有相似外观的字体系统的组合，共有5种，分别是"Serif""Sans-serif""Monospace""Cursive"和"Fantasy"。例如，Serif字体系列的特点是字体成比例，而且有上下短线，该字体系列中典型的字体包括Times New Roman、Georgia、宋体等。特定字体系列就是具体的字体系列，例如"Times"或"Courier"。

使用font-family属性设置字体时，要考虑字体的显示问题，可能用户的计算机上不能正确显示用户设置的某种字体，因此建议预设多种字体类型，每种字体类型之间用逗号隔开，且将最基本的字体类型放在最后。这样，如果前面的字体类型不能够正确显示，系统将自动选择后一种字体类型，依此类推。例如：

```
body {   font-family:Verdana, Arial, Helvetica, sans-serif;}
```

> **!** 注意
>
> 指定字体时要注意除了通用字体系列，其他字体的首字母均必须大写，例如"Arial"。若字体名称中间有空格，此时需要为其加上引号，例如"Times New Roman"。

2．字体尺寸font-size

font-size属性用于设置文字的大小，它的值可以是绝对值或相对值。

使用绝对值指定文字的大小时，可以使用关键字xx-small、x-small、small、medium、large、x-large、xx-large依次表示字体越来越大，默认值是medium。另外还有pt点也属于绝对单位。

使用相对值指定文字的大小时，可以用关键字smaller、larger、em及百分比值，它们都是相对周围的元素来设置文字大小。px（像素）是相对显示器屏幕分辨率而言的。

在没有规定文字大小的情况下，普通文字（例如段落）的默认大小是16px，1em等于当前的字体尺寸，也就是16px=1em。在设置字体大小时，em的值会相对父元素的字体大小改变。例如，若有body{font-size:12px;}，则下面对标题h1的大小设置是相同的，都被设置为18px。

```
h1{font-size:1.5em;}
h1{font-size:150%;}
```

3．字体粗细font-weight

font-weight属性用于设置文字的粗细，取值可以是关键字normal、bold、bolder和lighter，也可以是数值100～900。默认值为normal，表示正常粗细，数值上相当于400。bold表示粗体，相当于700。下面的代码设置了3个段落不同的font-weight属性。

```
p.normal{font-weight:normal;}
p.thick{font-weight:bold;}
p.thicker{font-weight:900;}
```

4．字体样式font-style

font-style属性用于定义文字的字形，取值包括normal、italic和oblique，分别表示正常字体、斜

< 80 >

体和倾斜字体，默认值是normal。

italic是一种简单的字体风格，对每个字母的结构都有一些小改动，以反映外观的变化。与此不同，oblique则是正常竖直文字的一个倾斜版本。通常情况下，italic和oblique文本在Web浏览器中看上去完全一样。下面的代码设置了3个段落文本不同的字形。

```
p.normal {font-style:normal;}
p.italic {font-style:italic;}
p.oblique {font-style:oblique;}
```

5．字体变量font-variant

font-variant属性可以设置小型大写字母，其取值有3种：normal、small-caps和inherit。默认值是normal，表示使用标准字体；small-caps表示小型大写字母，这意味着所有的小写字母均会被转换为大写字母，不过尺寸比标准的大写字母要小一些。例如，下面的代码把段落设置为小型大写字母字体。

```
p.small{font-variant:small-caps;}
```

6．字体快捷属性font

使用font属性可以在一个声明中设置所有字体属性，各分属性值用空格隔开。font属性的用法如下所示。

```
p {font: bold italic 12px/20px Arial,sans-serif;}
```

> **！注意**
>
> - font属性的取值顺序为：font-weight、font-style、font-variant、font-size/line-height、font-family。其中，前三个属性的顺序是可以改变的，但是后两个设置字号和字体的属性，顺序不能改变。
> - 如果有行高line-height，必须放在font-size后面，用斜杠分隔。

3.4.2　继承

继承是一种机制，它允许样式不仅可以应用于某个特定的元素，还可以应用于它的后代。要想了解CSS样式表的继承，先从文档树（HTML DOM）开始讲解。文档树由HTML元素组成。各个元素之间呈现"树"状关系，处于最上端的<html>标签被称为"根"，它是所有标签的源头，往下层层包含。在每一个分支中，上层标签为其下层标签的"父"标签，相应的下层标签为上层标签的"子"标签。如图3-7所示，<p>标签是<body>标签的子标签，同时它也是<em>的父标签。

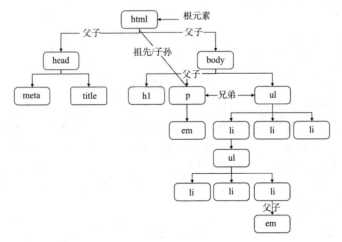

图 3-7　文档树

< 81 >

文档树和家族树类似，也有祖先、后代、父亲、孩子和兄弟。CSS样式表继承就是指特定的CSS属性向下传递到子孙后代元素。

【示例3-3】继承特性1（ch3/示例/inherit-1.html）。

```
<p>
    CSS样式表<em>继承特性</em>的示例代码
</p>
```

要注意，<em></em>是包含在<p></p>之内的元素。p和em关系如图3-8所示。

当给p指定了CSS样式时，em会有什么变化呢？

```
<style>
  p {  font-weight : bold; }
</style>
```

继承的效果如图3-9所示。

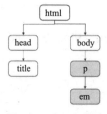

图 3-8　p 和 em 关系

图 3-9　继承的效果

在浏览器中p和em字体同时变粗，我们并没有指定em的样式，但em继承了它的父元素p的样式特性，这就是继承。字体的font-style、font-family、font-size、font-variant、font-weight属性均能被继承。不是父元素的所有属性均能被子元素继承，有些不能被继承，有些能部分被继承，这项特性可以给网页设计者提供更理想的发挥空间。但同时继承也有很多规则，应用的时候容易让人迷惑。

1．属性的继承规则

（1）不能被继承的属性

有些属性是不能被继承的。例如border属性，其作用是设置元素的边框，是没有继承性的。下面的代码为p元素添加border属性。

【示例3-4】继承特性2（ch3/示例/inherit-2.html）。

```
p {  border: 1px solid red; }
```

border无法被继承，效果如图3-10所示。

p元素的border属性没有被em继承。多数边框类的属性、背景的相关属性都是没有继承性的。

（2）可以被继承的属性

在某些时候继承也会带来一些错误，例如下面这条CSS规则。

图 3-10　无法被继承效果

```
body{  color:blue}
```

这个规则定义了body中的文本颜色为蓝色。如果body中含有表格，在有些浏览器中这个定义会使除表格之外的文本都变成蓝色，而表格内部的文本颜色并不是蓝色。从技术上来说，这是不正确的，但它确实存在。因此经常需要借助于某些技巧，例如将CSS定义成这样：

```
body,table,th,td{  color:blue}
```

此时表格内的文字也会变成蓝色了。

（3）有选择性地被继承的属性

值得一提的是font-size，很显然font-size是可以被继承的，但它被继承的方式有一些特别。font-

< 82 >

size的子类继承的不是实际值，而是计算后的值。示例代码如下所示。

【示例3-5】 继承特性3（ch3/示例/inherit-3.html）。

```
<p>字体大小属性<em>继承特性</em>的示例代码</p>
```

为p定义字体大小为默认字体的80%。

```
p {  font-size : 80%; }
```

如果font-size继承的是相对值，那么结果会怎么样呢？依照这样的逻辑，em的font-size为80%×80%=64%，但实际情况却不是如此。em内的文字并没有改变大小，而是与p保持一致，如图3-11所示。

图 3-11　字体大小

2．示例说明

（1）若有规则p { font-size : 14px; }

由于浏览器默认字体大小为16px，而p定义了字体大小为14px，因此子元素em继承了p的字体大小属性，其字体大小也为14px，如表3-3所示。

表3-3　　　　　　　　　　　　　　　　字体大小示例1

元素	取值	计算后的值	元素	取值	计算后的值
默认字体大小	约16px	—	p	14px	14px
body	未指定	约16px	em	未指定	继承值=14px

（2）若有规则p { font-size : 85%; }

由于浏览器默认字体大小为16px，而p定义了字体大小为85%（16px×85%=13.6px），因此13.6px这个值将被子元素em继承，如表3-4所示。

表3-4　　　　　　　　　　　　　　　　字体大小示例2

元素	取值	计算后的值	元素	取值	计算后的值
默认字体大小	约16px	—	p	85%	16px×85%=13.6px
body	未指定	约16px	em	未指定	继承值=13.6px

（3）若有规则p { font-size : 0.85em; }

由于浏览器默认字体大小为16px，而p定义了字体大小为0.85em（16px×0.85em=13.6px），因此13.6px这个值将被子元素em继承，如表3-5所示。

表3-5　　　　　　　　　　　　　　　　字体大小示例3

元素	取值	计算后的值	元素	取值	计算后的值
默认字体大小	约16px	—	p	0.85em	16px×0.85em=13.6px
body	未指定	约16px	em	未指定	继承值=13.6px

上面的例子比较简单，再看一个复杂一些的例子。

```
body {font-size: 85%;}
h1 {font-size: 200%;}
h2 {font-size: 150%;}
```

浏览器默认字体大小为16px，而body定义了字体大小为85%（16px×85%=13.6px），如果子元素没有指定字体大小，13.6px这个值将被子元素继承，如表3-6所示。

表3-6　　　　　　　　　　　　　　　　复杂字体大小示例

元素	取值	计算后的值	元素	取值	计算后的值
默认字体大小	约16px	—	h2	150%	继承值=13.6px×150%=20.4px
body	85%	16px×85%=13.6px	p	未指定	继承值=13.6px
h1	200%	继承值=13.6px×200%=27.2px	em	未指定	继承值=13.6px

< 83 >

> **说明**
> - 在CSS的继承中不仅仅是子元素可以继承父元素，只要是后代元素都可以继承其前辈元素。
> - 并不是所有的属性都可以继承，例如，超链接标签<a>的文字颜色和下画线是不能继承的，超链接标签<h>的文字大小是不能继承的。

3.5 文本属性

CSS文本属性可定义文本的外观。通过文本属性，开发者可以改变文本的颜色、字符间距，对齐文本，装饰文本，对文本进行缩进等。CSS常用的文本属性有text-align、text-indent、line-height、word-spacing、letter-spacing、text-decoration和text-transform等。

1. 文本对齐

text-align属性用于设置所选元素的对齐方式，它是可继承属性，其取值可以是left（左对齐）、center（居中）、right（右对齐）、justify（两端对齐）。此属性的默认值为left，如果采用从右到左的阅读语言方式时则此属性设置为right。text-align属性的适用对象是块元素和表格的单元格。与center元素不同，text-align属性不会控制元素的对齐，而只影响元素内部内容。text-align属性的用法如下所示。

```
th {text-align: right;}
```

2. 文本缩进

text-indent属性可以方便地将选定元素的第1行都缩进一个给定的长度，该属性是可继承属性。例如，下面的规则会使所有段落的首行缩进2em，即首行缩进2个字符。

```
p {text-indent: 2em;}
```

text-indent属性还可以设置为负值，由此实现"悬挂缩进"的效果，即第1行悬挂在元素中余下部分的左边。例如，下面的代码表示将首行悬挂缩进5em。

```
p {text-indent: -5em;}
```

text-indent属性可以使用所有长度单位，包括百分比值。取百分数时，表示相对父元素缩进一定比例。例如，下面的代码表示段落相对div缩进20%，即100px。

```
div {width: 500px;}
p {text-indent: 20%;}
<div>  <p>this is a paragraph</p>  </div>
```

3. 行高

line-height属性用于设置行间的距离（行高），它是可继承属性，其取值可以是数字、长度或百分比值。当以数字指定该值时，行高就是当前字体高度与该数字的乘积。line-height 与font-size的计算值之差分为两半，分别加到一个文本行内容的顶部和底部。例如，下面用3种方法将行高设置为字体尺寸的两倍。

```
p{line-height: 2;}
p{line-height: 2em;}
p{line-height: 200%;}
```

上面的3条语句，依次利用2、2em和200%均可设置两倍行高。

4. 字间隔

word-spacing属性可以用于改变字（单词）之间的标准间隔，它是可继承属性，其取值可以

< 84 >

是normal或具体的长度值，也可以是负值。其默认值是normal，与设置值为0时的效果是一样的。word-spacing取正值时会增加单词之间的间隔，取负值时会缩小间隔，即将它们拉近。例如，下面的代码增加了标题单词间隔，减少了段落中单词间隔，注意此属性对中文无效。

```
h1 {  word-spacing: 6px; }
p {  word-spacing: -3px; }
```

5．字符间隔

letter-spacing属性用于设置字符之间的间隔，它是可继承属性，其取值可以是正值或者负值，表示使字符之间的间隔增加或减少的量。下面以唐代王维的《杂诗》为例，演示文本属性，效果如图3-12所示。

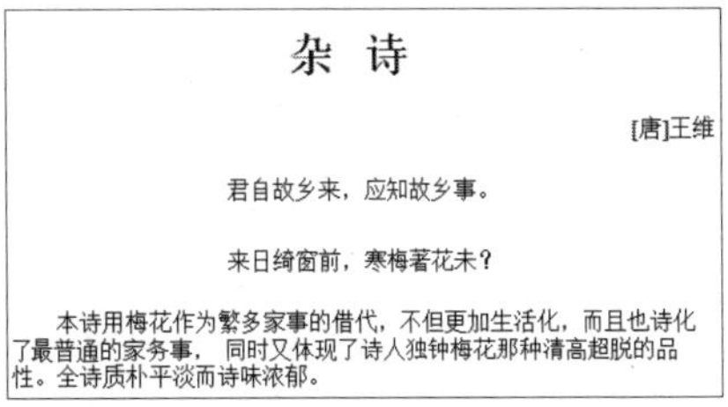

【示例3-6】杂诗——文本居中、行高、字符间隔展示（ch3/示例/text.html）。

图 3-12　字符间隔等文本属性设置效果

```
<!DOCTYPE html>
<html>
<head>
<meta charset="UTF-8">
<style>
  h1 { text-align:center; letter-spacing:20px;} /*设置h1文本居中，"杂诗"两字间距为20px */
  p#author{  text-align:right;  }  /*设置id名为"author"的p文本居右*/
  p#poem1{ line-height:2em;text-align:center;}
  p#poem2{ line-height:2;text-align:center;}
  p#note{ text-indent:2em; }
</style>
</head>
<body>
<h1>杂诗</h1>
<p id="author">[唐]王维</p>
<p id="poem1">君自故乡来，应知故乡事。</p>
<p id="poem2">来日绮窗前，寒梅著花未？</p>
<p id="note">本诗用梅花作为繁多家事的借代，……。</p>
</body>
</html>
```

6．文本装饰

text-decoration属性可以用于为文本添加装饰效果，该属性不可继承，其取值有5个：none、underline、overline、line-through和blink。默认值为none，表示不加任何修饰；underline表示对元素添加下画线；overline表示添加上画线；line-through表示在文本中间画一个贯穿线；blink表示添加闪烁效果（有的浏览器不支持该值）。例如，下面的代码分别为3个标题设置了不同的装饰效果。

```
h1{  text-decoration: underline; }
h2{  text-decoration: overline; }
h3{  text-decoration: line-through; }
```

none 值会删除原本应用到一个元素上的所有装饰。通常，无装饰的文本是默认外观，但链接默认会有下画线。我们可以使用以下样式去掉超链接的下画线。

```
a {  text-decoration: none; }
```

7．字母大小写转换

text-transform属性用于控制文本中字母的大小写，该属性可继承。它可以取4个值：none、uppercase、lowercase、capitalize。默认值none对文本不做任何改动，网页将使用源文档中的原有字母大小写形式；uppercase和lowercase分别会将文本转换为全大写和全小写字符；capitalize只对每个单词的首字母进行大写。例如，下面的代码表示把所有h1元素变为大写，把列表项中每个单词的首

< 85 >

字母变为大写。

```
h1 {  text-transform: uppercase; }
li {  text-transform: capitalize; }
```

【示例3-7】字母大小写转换等属性展示（ch3/示例/texttransform.html）。

```
<!DOCTYPE html>
<html>
<head>
<style>
    h1 {  text-transform: uppercase; /*设置h1中字母为大写*/
          text-decoration: underline; /*设置h1中下画线*/
          letter-spacing: 6px; } /*设置h1中字符间隔为6px*/
    li {  text-transform: capitalize; /* 设置li中首字母为大写*/
          text-indent: 2em; } /* 设置li中首行缩进两个字符*/
</style>
</head>
<body>
  <h1>标题字母全部大写abcd</h1>
  <ul>
    <li>peter hanson </li>
    <li>max larson </li>
    <li>joe doe </li>
  </ul>
  <p>注意，我们用CSS实现了令所有人名的首字母大写。</p>
</body>
</html>
```

对标题设置了大小写转换、下画线和字符间隔加宽后，效果如图3-13所示。

图 3-13　字母大小写转换等属性设置效果

8．文本溢出处理

white-space属性用来规定段落中的文本是否进行换行，该属性可继承。white-space属性值及功能描述如表3-7所示。

表3-7　　　　　　　　　　　　　　　　　white-space属性值及功能描述

值	描述
normal	（默认值）空白会被浏览器忽略
pre	空白会被浏览器保留，其行为方式类似HTML中的<pre>标签
nowrap	文本不会换行，文本会在同一行上继续，直到遇到
标签为止
pre-wrap	保留空白符序列，但会正常地进行换行
pre-line	合并空白符序列，但会保留换行符

设置p元素为文本不换行（完整代码见ch3/示例/white-space.html），例如：

```
p {  white-space: nowrap;  }
```

text-overflow属性用来设置是否使用一个省略标记（...）标示对象内文本的溢出，该属性不可继承。text-overflow属性值及功能描述如表3-8所示。

表3-8　　　　　　　　　　　　　　　　　text-overflow属性值及功能描述

值	描述
clip	修剪文本
ellipsis	使用省略符号来代替被修剪的文本
string	使用给定的字符串来代替被修剪的文本

< 86 >

【示例3-8】文本溢出中修剪方式展示（ch3/示例/text-overflow.html）。

```
<!DOCTYPE html>
<html>
<title>文本溢出，修剪方式</title>
<meta charset="utf-8">
<head>
<style>
    div{
        white-space:nowrap;
        width:250px;
        overflow:hidden; /*该元素的内容若超出了给定的宽度和高度，则超出的部分将会被隐藏，不占位*/
        border:1px solid #000000;
        }
    .test1{   text-overflow:ellipsis; }
    .test2{   text-overflow:clip;   }
</style>
</head>
<body>
<p>文本的不同修剪方式：</p>
<p>text-overflow取ellipsis值：</p>
<div class="test1" >long long long text long long long long long long</div>
<p>text-overflow取clip值：</p>
<div class="test2" >long long long text long long long long long long</div>
</body>
</html>
```

本例分别显示了两种文本修剪方式，对不同的text-overflow值进行对比，效果如图3-14所示。

!注意

text-overflow的使用条件如下。

● 内容自适应的布局中，容器宽高会随着文本内容的增加而撑大，有溢出条件被破坏了，导致text-overflow属性不会生效，因此需为该属性设置一个宽高受限的容器。

● 若想达到溢出部分以"..."省略显示效果，text-overflow必须与"white-space:nowrap"和"overflow:hidden"一起使用。

图 3-14　文本溢出中修剪方式的效果

9．文本阴影

text-shadow属性可以用来设置文本的阴影效果，该属性可继承。text-shadow属性值及功能描述如表3-9所示。

表3-9　　　　　　　　　　　　text-shadow属性值及功能描述

值	描述
h-shadow	（必需）设置水平阴影的位置，允许负值
v-shadow	（必需）设置垂直阴影的位置，允许负值
blur	（可选）设置模糊的距离
color	（可选）设置阴影的颜色

设置文本阴影（完整代码见ch3/示例/text-shadow.html），例如：

```
h1{   text-shadow: 10px 10px 5px #777;   }
```

以上代码设置的文字阴影为：水平阴影10px，垂直阴影10px，模糊距离5px，颜色#777，效果如图3-15所示。

图 3-15　文本阴影效果

< 87 >

3.6 颜色与背景

3.6.1 颜色

CSS提供多种颜色表示方法，如颜色名称、十六进制颜色值、RGB()函数和RGBA()函数等。我们可以在W3Cschool网站的HTML颜色值页面中看到图3-16所示的色样表，由于该表较大，本图仅列出小部分作为示例。在表中选择一种颜色（Color），可以通过颜色名（Color Name）或十六进制（HEX）数值来对其进行表示。

图 3-16　HTML 色样表

1．颜色名

颜色名便于记忆，容易使用，只需要放到任意颜色相关属性的属性值处即可。例如，设置p元素的前景色为深蓝色，如图3-16所示最后一行DarkBlue，颜色名忽略大小写，CSS代码为：

```
p{ color: darkblue; }
```

2．十六进制的颜色值

6位的十六进制颜色值也利用了三原色的混合原理。例如#FF00FF，其中前两位FF表示红色最大值，中间两位00表示绿色值为0，后面两位FF表示蓝色最大值，纯正的红色和蓝色混合出来的是洋红。

如果颜色值恰好是用3对两位数表示，我们可以把每对数缩成一位，也就是把红、绿、蓝分成[0,15]个色阶，这样使用3位十六进制数即可。例如#F0F，等同于#FF00FF，同样表示洋红色。

3．RGB(red,green,blue)函数

RGB()函数利用红、绿、蓝三原色混合原理，每种颜色的色阶范围为[0,255]，具体设置如表3-10所示。

表3-10　　　　　　　　　　　　　　　　三原色设置

颜色	设置项		
	表示的颜色	值范围	百分比范围
R	红色	0～255	0%～100%
G	绿色	0～255	0%～100%
B	蓝色	0～255	0%～100%

例如，RGB(255,0,0)表示红色值为255（即红色的最大值）、绿色值为0、蓝色值为0，混合出来的颜色是红色。用百分比来表示每种颜色值，如RGB(100%,0,0)也可以表示红色。

> ⚠ 注意
>
> 十六进制的RGB值必须要用#作为前缀。

4．RGBA(red,green,blue,alpha)函数

RGBA()函数的前3个参数与RGB()函数的前3个参数相似，alpha参数用于指定该颜色的透明度，

< 88 >

其取值可以是0~1的任意数，0表示完全透明。

【示例3-9】RGBA ()函数的使用（ch3/示例/rgbacolor.html）。

本例中分别用数值和百分比作为RGB()和RGBA()函数的参数来设置背景色，注意对比效果。

```html
<!DOCTYPE html>
<html>
<head>
<title>RGB</title>
    <style>
        .background{  background-color:#808080;  }
        .percent-color{  background-color:rgb(50%,50%,50%);  }
        .transparent{ background:rgba(255, 0, 0, 0.3);}
        .opacity{ background:rgb(255, 0, 0);}
    </style>
</head>
<body>
    <ul>
      <li class="background">灰色的背景</li>
      <li class="percent-color">能看到此行灰色背景说明你的浏览器支持RGB记法使用百分比值</li>
      <li class="transparent">此行的背景色为30%透明度的红色</li>
      <li classs="opacity">此行的背景色为不透明的红色</li>
    </ul>
</body>
</html>
```

RGB()函数及RGBA()函数的使用效果如图3-17
所示。

3.6.2 背景

图 3-17　RGB() 函数及 RGBA() 函数的使用效果

我们可以给任何HTML元素指定前景色和背景色。通过CSS背景属性的设置，可以为HTML元素指定背景颜色及背景图片，可以设置背景图片的各种显示方式，另外CSS3还提供了对多背景图片的支持。

1. 前景色

元素的前景色主要指的是文本和边框等元素的颜色，通过color属性可指定前景色。例如：

```css
h1{  color:red;}
```

表示h1的文字为红色。color属性适用于所有元素，可以被继承。

2. 背景色

background-color属性用来设置背景色，该属性不可继承。

【示例3-10】背景色的使用（ch3/示例/backgroundcolor.html）。

```css
<style>
  body { background-color: yellow; }
  h1 { background-color: #00ff00; }
  h2 { background-color: transparent; }
/*此部分设置背景颜色透明（transparent），因此h2部分背景色显示为body的背景色黄色*/
  p { background-color: rgb(250,0,255); }
  p.no2 { background-color: gray;  padding: 20px;}
</style>
```

3. 背景图片

background-image属性用于设置背景图片，该属性不可继承。该属性使用URL指定图片地址，该地址可以是相对地址或绝对地址。由于网站在部署时会改变存放位置，因此这里建议使用相对地址。

< 89 >

【示例3-11】背景图片的使用（ch3/示例/ background_image.html）。

```html
<!DOCTYPE html>
<html>
<head>
  <title>背景图片</title>
  <style type="text/css">
      body{background-image: url(images/back1.png);}
      h4,pre{text-align:center;}
      pre{background-image: url(images/back2.png);
          padding: 2em;
          border: 4px dashed;}
  </style>
</head>
<body>
  <p>唐朝是诗歌的盛世；是歌舞升平的、霓裳羽衣的唐朝；…… </p>
  <h4>琵琶行</h4>
  <pre>浔阳江头夜送客，枫叶荻花秋瑟瑟。……</pre>
</body>
</html>
```

在选择背景图片时，希望背景图片文件尽可能小；使用一个简单的图片，不要干扰文本的清晰度，并选择一个与背景主色调相配的background-color属性值。

在本例中为body和pre分别设置了背景图片，效果如图3-18所示。

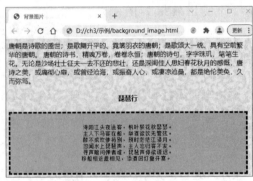

图 3-18　背景图片设置效果

> **注意**
>
> 　如果同时设置了背景色和背景图片，则背景图片将覆盖背景色；URL是图片相对当前HTML文档的位置，而不是相对样式表的位置。

4．背景图片拼贴

background-repeat属性用于设置对象的背景图片是否平铺，该属性不可继承。在指定该属性前，必须先指定background-image属性。background-repeat属性有repeat、repeat-x、repeat-y和no-repeat这4个属性值。

- repeat：默认值，表示x、y方向均重复显示图片。
- repeat-x：表示仅x方向重复显示图片。
- repeat-y：表示仅y方向重复显示图片。
- no-repeat：图片只显示一次，x、y方向均不重复显示图片。

【示例3-12】背景图片拼贴的使用（ch3/示例/background_repeat.html）。

本例中body的背景图片只显示一次，而blockquote部分的图片为默认值，双方向重复。CSS部分代码如下所示。

< 90 >

```
<style type="text/css">
    body{background-image: url(images/back1.gif);
        background-repeat: repeat-y;
        padding: 4em;}
    blockquote{background-image: url(images/back2.gif);
                padding: 2em;
                line-height:2;
                border: 4px dashed;}
</style>
```

以上代码效果如图3-19所示，背景图像的位置是根据background-position属性设置的。如果未规定background-position属性，图像会被放置在元素的左上角。

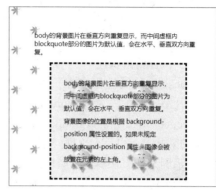

图 3-19　背景图片拼贴设置效果

5. 背景位置

background-position属性用来指定背景中图片的位置，该属性不可继承。它采用键值left、right、top、bottom和center来定义原图相对元素边缘的位置。可以使用长度计量法和百分比值法来作为属性值的单位，指定与元素左上角位置的距离。该属性使用灵活，可能的取值很多，如表3-11所示。

表3-11　　　　　　　　　　　　　　　　　背景位置取值

值		描述
left top	center top	如果用户仅规定了一个关键词，那么第二个值将是"center" 默认值为0% 0%
right top	left center	
center center	right center	
left bottom	center bottom	
right bottom		
x% y%		分别指水平位置和垂直位置 左上角用0% 0%表示；右下角用100% 100%表示 如果仅规定一个值，则另一个值是50%
xpos ypos		分别指水平位置和垂直位置 左上角用0 0表示，单位是像素（0px 0px）或任何其他的CSS单位 如果仅规定一个值，则另一个值将是50%，可以混合使用%和position值

【示例3-13】背景位置的使用（ch3/示例/background_position.html）。

在示例textalign.html的基础上，加入本例的CSS代码，其作用是将寒梅图放置在页面左上角，如图3-20所示。

```
<style>
    body{ background-image: url(images/
        wintersweet.jpg);
        background-position: left top;
        background-repeat: no-repeat;
        padding: 4em;
    }
</style>
```

6. 背景附加方式

图 3-20　背景位置设置效果

background-attachment属性用来设置背景图片是否固定或者随着页面的其余部分滚动，该属性不可继承，所有浏览器都支持该属性。该属性有以下3个取值。

- scroll：默认值。背景图片会随着页面其余部分的滚动而移动。

< 91 >

- fixed：当页面的其余部分滚动时，背景图片不会移动。
- Inherit：规定应该从父元素继承background-attachment属性的设置。

【示例3-14】背景附加方式的使用（ch3/示例/background_attachment.html）。

本例中设置背景图片不随页面滚动，CSS代码如下。

```
<style>
      body{  background-image: url(images/back3.jpg);
             padding: 4em;
             background-attachment: fixed;}
   </style>
```

7. 快捷背景属性

background属性用来在一个声明里指定所有的背景样式，该属性不可继承。我们可以通过此属性一次性设置background-color、background-position、background-size、background-repeat、background-origin、background-clip、background-attachment、background-image等属性。如果不设置其中的某些值，也不会出现问题。

【示例3-15】快捷背景属性的使用（ch3/示例/ background.html）。

本例利用快捷背景属性为body设置了在x方向重复的背景图片，为h5设置了背景颜色lightyellow。

CSS部分代码如下：

```
<style type="text/css">
    body{ background: rgba(6,249,213,0.3) url(images/bg1.jpg) repeat-x;
          padding-top:40px; }
    h5{background: lightyellow;}
</style>
```

HTML部分代码如下：

```
<h1>唐朝是诗歌的盛世</h1>
<h5>唐朝的诗书，精魂万卷，卷卷永恒；</h5>
<h5>唐朝的诗句，字字珠玑，笔笔生花。</h5>
```

> ⚠ 注意
>
> 语句h5{background: lightyellow;}中，h5的背景色设置将body的背景图片覆盖。效果如图3-21所示。

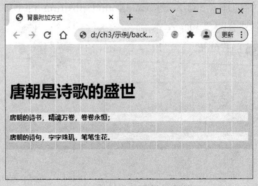

图 3-21　快捷背景属性设置效果

8. 背景大小属性

CSS3提供了background-size属性，用来规定背景图像的尺寸，该属性不可继承。语法格式如下：

< 92 >

```
background-size: length|percentage|cover|contain;
```

其中length是指直接设置背景图像的宽度和高度，注意先宽度后高度，两值用空格隔开；percentage是指以父元素的百分比来设置背景图的宽高，如果只有一值，则只设宽度，高度会被设置为auto；cover是指把背景图像扩展至足够大，以使背景图像完全覆盖背景区域；contain是指把图像扩展至最大尺寸，以使其宽度和高度完全适应内容区域。示例代码见background-size.html文件。

```
div{
width:300px;height:300px;border:1px solid lightblue;
background-image:url(images/back2.gif);
background-repeat:no-repeat;
background-size:cover;  }
```

IE 9以上版本支持background-size属性。

9．背景混合模式

background-blend-mode属性用来实现背景图片间的混合，也可以实现背景图片和背景色之间的混合，该属性不可继承。语法格式如下：

```
background-blend-mode: normal|multiply|lighten|color-dodge|saturation|color|…;
```

background-blend-mode属性功能强大，属性值众多，常用属性值如表3-12所示。

表3-12　　　　　　　　　　　　　背景混合模式的属性值及功能

属性值	功能	属性值	功能	属性值	功能
normal	默认方式，无混合	lighten	变亮	multiply	正片叠底
screen	滤色	overlay	叠加	darken	变暗
color-dodge	颜色减淡	saturation	饱和度	color	颜色
luminosity	亮度	—	—	—	—

【示例3-16】背景混合模式的使用（ch3/示例/background-blend-mode.html）。

本例设置两张背景图片采用正片叠底的叠加方式，CSS代码如下。

```
#myDIV {
  width: 500px;
  height: 500px;
  background-repeat: no-repeat, repeat;
  background-image:url("images/bdd.jpg") ,url("images/bx.jpg") ;
  background-blend-mode:multiply;  }
```

10．背景绘制区域

规定背景绘制区域的属性是background-clip，该属性不可继承。其语法格式如下：

```
background-clip: border-box|padding-box|content-box;
```

其中border-box是指背景被裁剪到边框；padding-box是指背景被裁剪到内边距框；content-box是指背景被裁剪到内容框。示例代码见background-clip.html，运行效果如图3-22所示。

（a）border-box的使用效果　　　　（b）padding-box的使用效果　　　　（c）content-box的使用效果

图 3-22　背景绘制区域对比效果

< 93 >

11. 背景定位属性

background-origin属性的功能是相对于内容框来定位背景图像，规定了background-position属性相对于什么位置来定位，该属性不可继承。其语法格式如下：

```
background-origin: padding-box|border-box|content-box;
```

其中padding-box用来设置背景图像相对于内边距框来定位；border-box用来设置背景图像相对于边框来定位；content-box用来设置背景图像相对于内容框来定位。示例代码见background-origin.html，运行效果如图3-23所示。

（a）padding-box的使用效果　　　　（b）content-box的使用效果　　　　（c）border-box的使用效果

图 3-23　background-origin 属性对比效果

3.6.3　渐变

CSS渐变指的是背景由两种或多种颜色之间的渐进过渡组成。渐变有3种类型：线性渐变、径向渐变和圆锥渐变；另外，CSS还提供了repeating-linear-gradient()和repeating-radial-gradient()函数来创建重复渐变。下面主要介绍线性渐变和径向渐变。

1. 线性渐变

线性渐变通过linear-gradient()函数来完成，由参数来指定方向和颜色。

（1）基础线性渐变

该渐变只需要指定两种颜色，这两种颜色被称为色标，色标至少有两个。默认渐变的方向是从上到下。

```
background:linear-gradient(blue, pink);
```

（2）改变渐变方向

linear-gradient()函数的第一个参数用来设置渐变的方向。

```
linear-gradient(to right, blue, pink);  /*渐变方向从左向右*/
background: linear-gradient(to bottom right, blue, pink);  /*渐变方向从左上到右下*/
background: linear-gradient(70deg, blue, pink);  /*渐变角度为70° */
```

> **注意**
>
> 在使用角度的时候，0deg代表渐变方向为从下到上，90deg代表渐变方向为从左到右，诸如此类正角度都属于顺时针方向。而负角度意味着逆时针方向。

（3）设置多种颜色

使用多种颜色时，默认情况下，各颜色会均匀分布在渐变路径中。我们可以通过给每种颜色设置0、1%、2%或其他的绝对数值来调整它们的位置。

```
background: linear-gradient(red, yellow, blue, orange);/*自上而下，以红、黄、蓝、橙顺序创建
色带平均渐变*/
background: linear-gradient(to left, lime 28px, red 77%, cyan);/*自右向左，创建三色渐变，
其中酸橙色占28px、红色渐变至77%、蓝绿至末尾*/
```

< 94 >

【示例3-17】创建色带（ch3/示例/linear-gradient-colourbar1.html）。

本例中创建了以酸橙、红、蓝绿、黄顺序渐变的色带，并用百分比控制其位置。渐变色带效果可扫描二维码查看。

```
div{
    width:300px;height:100px;
    background: linear-gradient(to left, lime 20%, red 30%, red 45%, cyan 55%, cyan
70%, yellow 80% );/*上下两行代码功能相同，都是按比例分配四色色带*/
    background: linear-gradient(to left, lime 20%, red 30% 45%, cyan 55% 70%, yellow
80% );  }
```

（4）重复线性渐变

repeating-linear-gradient()函数用于重复线性渐变。

```
background-image: repeating-linear-gradient(red, yellow 10%, green 20%);
background-image: repeating-linear-gradient(45deg,red,yellow 7%,green 10%);
```

【示例3-18】重复线性渐变（ch3/示例/repeating-linear-gradient.html）。

本例分别设置了0°和45°的红、黄、绿重复渐变，对比效果可扫描二维码查看。

（5）设置透明度

借助RGBA()函数来定义颜色节点，CSS3的linear-gradient()函数还能够实现从不透明到透明的渐变。

```
background-image: linear-gradient(to right, rgba(255,0,0,0), rgba(255,0,0,1));
```

【示例3-19】透明度渐变（ch3/示例/linear-gradient- transparent.html）。

本例将div的背景色设置为从左向右、红色变为全透明的渐变。透明度渐变效果可扫描二维码查看。

 注意

RGBA()函数的最后一个参数值，取0表示完全透明，取1表示不透明。

2．径向渐变

径向渐变使用radial-gradient()函数来实现，渐变的中心、形状、大小和颜色均可以通过参数来指定。语法格式如下：

```
background-image: radial-gradient(shape size at position, start-color, ..., last-color);
```

（1）设置颜色节点

设置颜色节点，例如：

```
background-image: radial-gradient(red, yellow, green);/*颜色节点均匀分布*/
background-image: radial-gradient(red 5%, yellow 15%, green 60%);/*利用百分比控制颜色节点*/
```

（2）设置渐变大小

通过size参数可以定义渐变的大小，该参数可以有4个取值：closest-side、farthest-side、closest-corner、farthest-corner。示例代码见radial-gradient.html文件。

```
background-image: radial-gradient(closest-side at 60% 55%, red, yellow, black);
```

（3）设置形状

shape参数有两个取值：ellipse是默认值，表示椭圆形；circle表示圆形。

```
background-image: radial-gradient(circle, red, yellow, green);
```

< 95 >

（4）重复径向渐变

repeating-radial-gradient()函数用于重复径向渐变。

【示例3-20】重复径向渐变（ch3/示例/radial-gradient.html）。

本例用红、黄、绿三色创建重复径向渐变，效果可扫描二维码查看。

```
background-image: repeating-radial-gradient(red, yellow 10%, green 15%);
```

3.7 表格、列表及边框

表格、列表、边框是网页上最常见的元素。表格除了显示数据外，还擅长局部排版。列表可以用来显示系列数据，也常常用来设置导航栏。边框的功能是突出文本，开发者可以利用圆角矩形、图片边框来设计、丰富页面元素。

3.7.1 表格样式

CSS表格属性可以极大地改善表格的外观。

1．表格边框

在CSS中，开发者可使用border属性设置表格边框，该属性不能继承。下面的代码为table、th及td设置了蓝色边框。

```
table, th, td  {  border: 1px solid blue;  }
```

> **注意**
>
> 上面代码中的表格具有双线条边框，这是由于table、th及td元素都有独立的边框。如果需要把表格显示为单线条边框，我们可以使用border-collapse属性。

2．折叠边框

表格的边框有分散（separate）和折叠（collapse）两种，默认是分散的，即表格和单元格分别显示各自的边框。要想将表格边框折叠显示为单一边框，我们可以用border-collapse属性更改设置，该属性可以继承。border-collapse属性的语法如下：

```
border-collapse: separate | collapse
```

下面的代码为表格设置了单线条的蓝色单线框。

```
table  {  border-collapse: collapse;  }
table, th, td  {  border: 1px solid blue;  }
```

下面的代码为表格设置了单线条的蓝色双线框。

```
table  {  border-collapse: separate;  }
table, th, td  {  border: 1px solid blue;  }
```

3．表格的宽度和高度

通过width和height属性可以分别定义表格的宽度和高度。

下面的代码将表格宽度设置为500像素，同时将行的高度设置为50像素。

```
table  {  width: 500px ;  }
tr  {  height: 50px;  }
```

< 96 >

4．表格文本对齐

text-align和vertical-align属性可以设置表格中文本的对齐方式。

（1）text-align属性

text-align属性用来设置水平对齐方式，该属性可以继承，其可以取值为left、center和right，分别表示左对齐、居中对齐和右对齐。下面的代码将单元格中的文本设置为右对齐。

```
td {  text-align: right ;  }
```

（2）vertical-align属性

vertical-align属性用来设置垂直对齐方式，该属性不能继承。它支持10种属性值，常见取值为top、middle和bottom，分别表示顶部对齐、居中对齐和底部对齐。下面的代码将单元格的高度设置为50像素，将单元格中的文本设置为垂直居中对齐。

```
td {  height: 50px ;  vertical-align: middle ;  }
```

5．表格内边距

如需控制表格中内容与边框的距离，我们可以为td和th元素设置padding属性。下面的代码为单元格设置了10像素的填充。

```
td {  padding: 10px ;  }
```

6．表格颜色

使用color、background-color、border-color等属性可以为表格中的文本、背景和边框线设置颜色。下面的代码为表格设置了绿色的边框线，并设置表头的背景颜色为绿色，设置文字为白色。

```
table, td, th {  border: 1px solid green ;  }
th {  background-color: green ;  color: white ;  }
```

【示例3-21】表格CSS属性（ch3/示例/table.html）。

本例选择4首描写春的诗句，以表格样式展示。

CSS部分代码如下：

```
<style>
table#test {  font-family:"Trebuchet MS", Arial;
              width:100%;
              border-collapse:collapse;
  }
#test th, #test td {  font-size:1em;
                      border:1px solid #98bf21;
                      padding:3px 7px 2px 7px;
  }
#test th {  font-size:1.1em;
            text-align:left;
            padding-top:5px;
            padding-bottom:4px;
            background-color:#A7C942;
            color:#ffffff;
  }
#test tr.even td {  color:#000fff;
                    background-color:#EAF2D3;
  }
```

HTML部分代码如下：

```
<table id="test">
<tr> <th>诗名</th><th>诗句</th></tr>
<tr> <td>苏溪亭</td><td>燕子不归春事晚，一汀烟雨杏花寒。</td></tr>
<tr class="even"><td>城东早春</td><td>若待上林花似锦，出门俱是看花人。</td></tr>
<tr> <td>春思</td><td>燕草如碧丝，秦桑低绿枝。</td></tr>
```

< 97 >

```
<tr class="even"> <td>晚春</td><td>草树知春不久归，百般红紫斗芳菲。</td></tr>
</table>
```

表格样式应用效果如图3-24所示。

诗名	诗句
苏溪亭	燕子不归春事晚，一汀烟雨杏花寒。
城东早春	若待上林花似锦，出门俱是看花人。
春思	燕草如碧丝，秦桑低绿枝。
晚春	草树知春不久归，百般红紫斗芳菲。

图 3-24　表格样式应用效果

3.7.2　列表样式

HTML中常用的列表有无序列表和有序列表。CSS提供了一些属性，允许设置列表标志符号的类型和位置，或者用自定义图像替换列表符号。

1. 列表项的标志类型

在一个无序列表中，列表项的标志（marker）是指出现在各列表项旁边的圆点或其他符号。list-style-type属性用于修改列表项的标志类型，该属性可继承。

list-style-type属性可以取的值如下所示。

```
none|disc|circle|square|decimal|decimal-leading-zero|lower-alpha|upper-alpha|lower-
latin|upper-latin|lower-roman|upper-roman
```

📋 **说明**

> 取none值时，列表项前不显示列表符号，这一点在将列表作为导航栏时非常有用；默认值是disc（实心圆）；其他各项分别表示空心圆、实心方块、数字、0开头的数字标记、小写英文字母、大写英文字母、小写拉丁字母、大写拉丁字母、小写罗马数字、大写罗马数字。

下面的代码分别设置了4种列表的样式：前两组是无序列表，列表项的标志分别是空心圆和实心方块；后两组是有序列表，列表项的标志分别是大写罗马数字和小写英文字母。

```
ul.circle {  list-style-type:circle;}              /*空心圆*/
ul.square {  list-style-type:square;}              /*实心方块*/
ol.upper-roman {  list-style-type:upper-roman;}    /*大写罗马数字*/
ol.lower-alpha {  list-style-type:lower-alpha;}    /*小写英文字母*/
```

2. 列表项的标志位置

list-style-position属性用来规定列表中列表项标志的位置，该属性可继承。语法格式如下：

```
list-style-position: inside | outside
```

📋 **说明**

> 默认取outside。取inside时，列表项的标志被拉回内容区域，也就是标志符号进入列表内容中。

3. 列表项图像

列表项的标志不仅可以是常规符号，也可以是自定义图像。利用list-style-image属性可以将自己设置的图像作为列表符号，该属性可继承。语法格式如下：

```
list-style-image: url(图像文件) ;
```

< 98 >

【示例3-22】列表样式的综合应用（ch3/示例/list.html）。

本例综合展示了设置列表项的标志、标志位置和列表项图像的方法。

CSS部分代码如下：

```
ul#square{   list-style-type: square;   }
ol#inside{   list-style-position: inside;   }
ul#image {   list-style-image: url(images/coffee.gif);   }
```

HTML部分代码如下：

```
<ul id="square"> <li>唐诗</li><li>宋词</li><li>元曲</li></ul>
<ol id="inside"> <li>天净沙·秋思</li><li>山坡羊·潼关怀古</li><li>四块玉·别情</li> </ol>
<ul id="image"> <li>马致远</li><li>张养浩</li><li>关汉卿</li></ul>
```

列表样式应用效果如图3-25所示。

- 唐诗
- 宋词
- 元曲

1. 天净沙·秋思
2. 山坡羊·潼关怀古
3. 四块玉·别情

- 马致远
- 张养浩
- 关汉卿

图 3-25　列表样式应用效果

3.7.3　边框

边框（border）是围绕元素内容区和内边距的一条或多条线。每个边框都有3种属性：边框样式（border-style）、边框宽度（border-width）和边框颜色（border-color）。我们既可以单独设置边框的每种属性，又可以在border属性中一次设置所有属性。其中，边框样式是最重要的，不设置边框样式，边框将无法显示。边框相关的所有属性均不可继承。

1．边框样式

边框样式的属性是border-style，它可以取的值有：none（无边框、默认值）、dotted（点线边框）、dashed（虚线边框）、solid（实线边框）、double（双线边框）、groove（凹槽边框）、ridge（山脊状边框）、inset（内嵌效果边框）和outset（外凸效果的边框）等。

我们可以用border-style为4个边框同时设置不同的样式，顺序是上、右、下、左。例如，下面的示例代码就为段落定义了4种边框样式：实线上边框、点线右边框、虚线下边框和双线左边框。

```
p {   border-style: solid dotted dashed double ;}
```

此外，也可以用单边样式属性为单个边框设置样式，它们是border-top-style（上边框样式）、border-right-style（右边框样式）、border-bottom-style（下边框样式）和border-left-style（左边框样式），取值同border-style属性。

2．边框宽度

边框宽度的属性是border-width，它可以取长度值和关键字。关键字有3个：thin（细线）、medium（中等宽度、默认值）和thick（粗线）。

与边框样式类似，我们既可以同时设置4个边的边框宽度，又可以通过单边宽度属性border-top-width、border-right-width、border-bottom-width和border-left-width进行单独设置。下面的示例代码为段落设置上下边框为10px、左右边框为细边框。

```
p {   border-width: 10px thin ;}
```

3．边框颜色

边框颜色的属性是border-color，其取值同color属性的取值，可以是颜色名称、RGB值或带有#前缀的十六进制数。与边框样式和边框宽度类似，我们既可以用border-color同时设置4条边的颜色，又可以用单边颜色属性border-top-color、border-right-color、border-bottom-color和border-left-color分别设置各条边的颜色。

< 99 >

4．border属性

边框的设置除了可以使用上面的border-style、border-width和border-color属性外，还可以使用复合属性border同时设置边框的样式、宽度和颜色。border属性的语法如下：

```
border: border-width border-style border-color
```

下面的代码为div设置了一个2像素的蓝色虚线边框。

```
div {  border: 2px dashed blue; }
```

border属性有border-top、border-right、border-bottom和border-left这4个子属性，它们分别表示上、右、下、左边框。

【示例3-23】边框属性示例（ch3/示例/border.html）。

```
<style>
 p#A{   padding: 1em 3em;
        border: 2px solid red; /* 设置A段落为2px的红色实线边框*/
        background: #D098D4;
     }
/* 设置B段落为6px的实线边框，上下边线为褐红色（maroon），左右边线为青色（aqua）*/
 p#B{   width: 400px;
        height: 100px;
        background: #C2F670;
        border-color: maroon aqua;
        border-style: solid;
        border-width: 6px;
     }
</style>
```

如图3-26所示，由于颜色设置，段落B的边框呈现出3D效果。

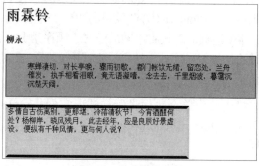

图 3-26　边框属性示例

5．圆角边框

在CSS2中制作圆角矩形需要使用多张图片将其拼出来；而在CSS3中，则只需设置border-radius等属性即可。其属性主要包括以下几个。

- border-radius：圆角半径属性，包括4个角半径的设置。
- border-bottom-left-radius：左下角半径属性。
- border-bottom-right-radius：右下角半径属性。
- border-top-left-radius：左上角半径属性。
- border-top-right-radius：右上角半径属性。

【示例3-24】圆角边框（ch3/示例/border-radius.html）。

```
div {
    width:270px;
    text-align:center;
```

< 100 >

```
    padding:10px 40px;
    background:#ccc;
    border:2px solid #222;
    border-radius:15px;
}
```

将圆角半径设置为15px，上述代码的运行效果如
图3-27所示。

IE 9+、Firefox、Chrome及Safari浏览器均支持圆角边框属性。

图 3-27　圆角边框

6．阴影边框

box-shadow属性用来为div元素添加一个或多个阴影边框，其属性值包括水平阴影、垂直阴影、
模糊距离和阴影颜色，如表3-13所示。

表3-13　　　　　　　　　　　　　　　　　阴影边框属性值及功能描述

取值	描述
h-shadow	（必需）设置水平阴影的位置，允许负值
v-shadow	（必需）设置垂直阴影的位置，允许负值
blur	（可选）设置模糊距离
color	（可选）设置颜色，默认为黑色

【示例3-25】阴影边框（ch3/示例/box-shadow.html）。

```
div{
    width:200px;
    height:80px;
    background-color:#999900;
    margin:10px;
    box-shadow: -10px  -10px  5px  #888;
}
```

在示例中将水平阴影和垂直阴影分别设置为-10px，阴影在上左
方向。若将阴影值设置为正值，则阴影位置应在下右方向。上述代
码的运行效果如图3-28所示。

IE 9+、Firefox、Chrome及Safari浏览器等均支持阴影边框属性。

图 3-28　阴影边框

7．图片边框

图片边框实际上就是给元素边框添加背景图片。利用border-
image属性可以设置边框图像的重复、拉伸等效果。当border-image设
置为none时，背景图片将不会显示，此时该属性等同于border-style。
border-image属性主要包括以下几个。

- border-image-source：边框图片的路径。
- border-image-slice：图片边框向内偏移。
- border-image-width：图片边框的宽度。
- border-image-outset：边框图像区域超出边框的设定量。
- border-image-repeat：指定边框图片的覆盖方式，其中stretched表示拉伸覆盖方式，repeated
  表示平铺覆盖方式，round表示铺满覆盖方式。

border-image-slice属性比较复杂，其作用类似裁剪工具的作用，4个参数分别控制图片上、右、
下、左的裁剪宽度。

其语法格式如下：

```
border-image-slice: [ <number> | <percentage>]|fill
```

< 101 >

其中，number是没有单位的，注意使用时不要在数字的后面加任何单位，加上单位反而是一种错误的写法，默认的单位专指像素（px）。另外，还可以使用百分比来表示，这是相对边框背景而言的。最后一个值是fill，从字面上说是填充，如果使用这个关键字，图片边界的中间部分会保留，默认情况下是空的。例如：

```
border-image:url(border.png) 30 30 30 30 repeat;
```

该语句表示上、右、下、左分别裁剪30像素，图片边框采取平铺覆盖方式，如图3-29所示，总共对图片进行了"四刀切"，形成了9个分离的区域，这就是"九宫格"。

图3-30所示的边框图中每个正方形的对角线均为30px，故图片被切割为左上、上中、右上、右中、右下、下中、左下、左中等独立的小切片，每个切片均为一个完整的正方形。

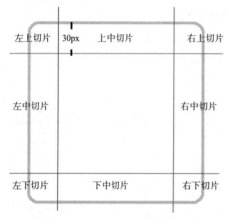

图 3-29　border-image 切割的九宫格

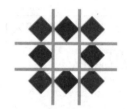

图 3-30　边框图片切割实例

【示例3-26】图片边框（ch3/示例/border-image.html）。

```
<!DOCTYPE html>
<html>
<head>
<title>图片边框</title>
<style>
div{
border:15px solid transparent;
width:320px;
padding:10px 20px;
}
#round{
-moz-border-image:url(images/border.png) 30 30 round;          /* 支持旧版Firefox */
-webkit-border-image:url(images/border.png) 30 30 round;       /* 支持Safari和lChrome */
-o-border-image:url(images/border.png) 30 30 round;            /* 支持Opera */
border-image:url(images/border.png) 30 30 round;
}
#stretch{
-moz-border-image:url(images/border.png) 30 30 stretch;        /* 支持旧版Firefox */
-webkit-border-image:url(images/border.png) 30 30 stretch;     /* 支持Safari和Chrome */
-o-border-image:url(images/border.png) 30 30 stretch;          /* 支持Opera */
border-image:url(images/border.png) 30 30 stretch;
}
</style>
</head>
<body>
<div id="round">上中图片铺满上边框，下中图片铺满下边框，<br />左中图片铺满左边框，右中图片铺满右边
框，<br />除了4个角。</div>
<br>
```

< 102 >

```
<div id="stretch">图片被拉伸填充整个边框，除了4个角。</div>
<p>这是我们使用的图片：</p>
<img src="images/border.png">
</body>
</html>
```

为了让低版本的浏览器支持图片边框，在border-image属性前加上-moz-前缀支持Firefox浏览器、加上-webkit-前缀支持Safari和Chrome浏览器、加上-o-前缀支持Opera浏览器。图片边框效果如图3-31所示。

在铺满效果中，上边框显示的是上中切片的铺满效果，右边框显示的是右中切片的铺满效果，右上角显示右上切片的铺满效果。在拉伸效果中，上边框显示的是上中切片的拉伸效果。

IE 11以上版本、Firefox 3.5、Chrome浏览器和Safari 3以上版本支持border-image属性。

图 3-31　图片边框效果

3.8　display

在第2章中，我们介绍了HTML元素类型中的块级元素和行内元素。display属性可以用于改变元素的类型，该属性不可继承。display属性有以下几个常用的取值。

- none：此元素不被显示。
- block：此元素按块级元素显示。
- inline：此元素按行内元素显示。
- inline-block：此元素按行内块元素显示。

通过将display属性设置为block，可以让行内元素（例如<a>元素）表现得像块级元素一样。此外，还可以把display属性设置为none，该内容就不再显示，也不再占用文档中的空间。

3.8.1　隐藏元素

隐藏一个元素可以通过把display属性设置为none或把visibility属性设置为hidden来实现。但是要注意，这两种方法会产生不同的结果。

visibility:hidden可以隐藏某个元素，但隐藏的元素仍须占用与未隐藏之前一样的空间。也就是说，该元素虽然被隐藏了，但仍然会影响布局。下面通过示例来进行演示，效果如图3-32所示。

【示例3-27】隐藏元素-hidden（ch3/示例/hidden1.html）。

CSS部分代码如下：

```
<style>
  h1.hidden {  visibility:hidden; }
</style>
```

HTML部分代码如下：

```
<h1>这是一个可见标题</h1>
<h1 class="hidden">这是一个隐藏标题</h1>
<p>注意，实例中的隐藏标题仍然占用空间。</p>
```

看下面的代码，注意比较这两种隐藏方式效果的不同。

【示例3-28】隐藏元素-display（ch3/示例/hidden2.html），效果如图3-33所示。

CSS部分代码如下：

< 103 >

```
<title>隐藏元素</title>
<style>
/* display:none可以隐藏某个元素，且隐藏的元素不会占用任何空间。也就是说，该元素不但被隐藏了，而且该
元素原本占用的空间也会从页面布局中消失*/
        h1.hidden {  display:none;}
</style>
```

HTML部分代码如下：

```
<h1>这是一个可见标题</h1>
<h1 class="hidden">这是一个隐藏标题</h1>
<p>注意，实例中的隐藏标题不占用空间。</p>
```

将图3-32与图3-33进行对比，隐藏标题均未显示，但被设置为visibility:hidden的元素虽被隐藏依然占据空间，被设置为display:none的元素好像完全不存在一样。

图 3-32　visibility:hidden 设置效果

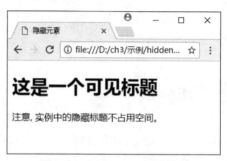

图 3-33　display:none 设置效果

3.8.2　改变元素显示

使用display属性可更改元素类型。下面的代码把块元素列表项li显示为行内元素：

```
li {  display:inline;}
```

下面的代码把行内元素span显示为块元素：

```
span {  display:block;}
```

【示例3-29】display元素（ch3/示例/display.html）。

本例演示display如何改变元素的显示。

CSS部分代码如下：

```
<style>
li{ display:inline; }
span{ display:block; }
</style>
```

HTML部分代码如下：

```
<p>li作为行内元素水平显示：</p>
<ul>
<li><a href="ts.html" target="_blank">唐诗</a></li>
<li><a href="sc.html" target="_blank">宋词</a></li>
<li><a href="yq.html" target="_blank">元曲</a></li>
</ul>
<p>span作为块元素显示：</p>
<h2>天净沙 秋思</h2>
<span>枯藤老树昏鸦，……</span>
<span>夕阳西下，……</span>
```

效果如图3-34所示。

图 3-34　display 改变元素显示效果

< 104 >

3.9　复杂选择器

在书写样式表时，可以使用CSS基本选择器选择元素。但在实际网站开发中，网页中包括诸多元素，每个元素又有诸多样式设置需求，仅用基本选择器无法准确地选择元素定义页面样式，这时就需要用到复杂的选择器。

3.9.1　层次选择器

两个或多个基本选择器通过不同的组合方式可形成层次选择器。

1．element element

element element称为后代选择器或包含选择器，其中包括两个或多个用空格分隔的选择器，空格是一种结合符。每个空格结合符可以解释为"……在……找到"。后代选择器适用于依据元素在其位置的上下文关系来定义样式，可以使标签更加简洁。

例如，希望只将h2中的strong元素设置为蓝色显示，h2和其他strong内容均设置为红色显示。完整代码如下所示。

【示例3-30】后代选择器（ch3/示例/descendant_selector.html）。

```html
<!DOCTYPE html>
<html>
<head>
    <style>
    strong {  color: red;  }
    h2 {  color: red;    }
    h2 strong {  color: blue; }
    </style>
</head>
<body>
    <p>The strongly emphasized word in this paragraph is <strong>red</strong></p>
    <h2>This subhead is also red</h2>
    <h2>The strongly emphasized word in this subhead is <strong>blue</strong></h2>
</body>
</html>
```

h2 strong选择器可以解释为"作为h2元素后代的任何strong元素"。有关后代选择器有一个易被忽视的方面，即两个元素之间的层次间隔可以是无限的。

再来深度分析一下，看下面代码。

```html
<ul>
    <li> 1
      <ol>
        <li>1-1 <em> red1 </em></li>
        <li>1-2
          <ol>  <li>1-2-1 <em> red2 </em></li>
                <li>1-2-2 <p> <em> red3 </em> </p></li>
                <li>1-2-3</li>
          </ol>
        </li>
        <li>1-3</li>
      </ol>
    </li>
    <li>2</li>
</ul>
```

例如，依据上述HTML代码，其结构可用图3-35所示的结构树表示。

< 105 >

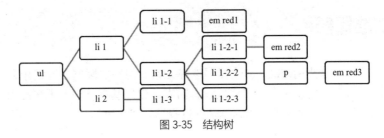

图 3-35　结构树

使用后代选择器，CSS代码如下：

```
ul em {  color : red ; }
```

其功能就是选择从ul元素继承的所有em元素，而不管em的嵌套层次多深。因此在图3-39中3个em中red1、red2、red3均被设置为红色。

2．element>element

element>element称为子代选择器（child selector），子代选择器使用大于号（>）表示。它适用于选择某个元素的子元素，例如h1>strong { color : red ; }可以解释为"选择作为h1元素子元素的所有strong元素"。如在下面的HTML代码中，只有第1行的"very very"是红色的，第2行中<strong></strong>标签间的内容仍然保持黑色。

【示例3-31】 子代选择器（ch3/示例/child_selector.html）。

```
<!DOCTYPE html>
<html>
<head>
 <style>
   h1>strong {  color:red;}
 </style>
</head>
<body>
 <h1>This is <strong>very</strong> <strong>very</strong>  important. <h1>
 <h1>This is <em> really <strong> very </strong> </em> important.</h1>
</body>
</html>
```

> **思考**
>
> 如果CSS代码为li>em{ color:red }，在图3-39所示的HTML结构树下，哪些内容变为红色呢？
> 答案是red1和red2为红色，red3保持不变。这就是子代选择器与后代选择器的不同。

3．element+element

element+element是相邻兄弟选择器，使用加号（+）表示。它适用于选择紧接在另一元素后的元素，且二者有相同的父元素。例如h1+p { font-weight : bold ; }可以解释为"选择紧接在h1元素后出现的p段落，h1和p元素拥有共同的父元素"。其功能是改变紧接在h1元素后出现的段落为粗体。

【示例3-32】 相邻兄弟选择器（ch3/示例/adjacent_sibling_selector1.html）。

```
<!DOCTYPE html>
<html>
<head>
<style>
  h1+p {  font-weight:bold;}
</style>
</head>
<body>
  <h1>This is a heading.</h1>
  <p>This is paragraph.</p>
```

< 106 >

```
    <p>This is paragraph.</p>
</body>
</html>
```

4．element#id element.class

标签与ID组合、标签与类组合又称为交集选择器，它是由两个选择器直接连接构成的，结果是
二者各自元素范围的交集。交集选择器由两个部分组成，其中第1个是标签选择器，第2个是类选择
器或者ID选择器，之间不能有空格。如在intersection.html示例中使用div.al，详细代码如下。

【示例3-33】交集选择器（ch3/示例/intersection.html）。

```
<!DOCTYPE html>
<html>
<head>
 <style>
    div{  border-style:solid;
          border-width:8px;
          border-color:blue;
          margin:20px;
    }
    div.al{  border-color:green;
             background:#ccc;
    }
    .al{  border-style:dashed;  }
</style>
</head>
<body>
    <div>普通效果</div>
    <div class="al">交集选择器效果</div>
    <p class="al">类选择器效果</p>
</body>
</html>
```

交集部分的显示效果为边框粗细8px、绿色、虚线边框、浅灰色背
景，效果如图3-36所示。

3.9.2 属性选择器

属性选择器可以根据元素的属性及属性值来选择
元素。

图 3-36 各选择器的效果

1．[attribute]

该属性选择器可以为拥有指定属性的HTML元素设置样式，而不仅仅限于class和id属性。

```
a[href]{  color:red;}
```

【示例3-34】属性选择器1（ch3/示例/attribute_selector1.html）。
本例将带有href属性的a元素设置为红色前景色。

```
<!DOCTYPE html>
<html>
<head>
<style>
    a[href]{  color:red;  }
</style>
</head>
<body>
  <h1>可以应用样式：</h1>
  <a href="http://w3school.com.cn">W3School</a>
  <hr />
  <h1>无法应用样式：</h1>
```

< 107 >

```
    <a name="w3school">W3School</a>
</body>
</html>
```

2．[attribute=value]

选择属性attribute的值为value，并设置样式。

【示例3-35】属性选择器2（ch3/示例/attribute_selector2.html）。

本例选择href="http://www.ujn.edu.cn"的所有元素。

CSS部分代码如下：

```
a[href="http://www.ujn.edu.cn"]{  color: red;      }
```

HTML部分代码如下：

```
<h1>可以应用样式：</h1>
<a href="http://www.ujn.edu.cn">济南大学</a>
<hr />
<h1>无法应用样式：</h1>
<a href="http://www.tsinghua.edu.cn">清华大学</a>
```

3．[attribute*=value] 或 [attribute ~ =value]

该属性选择器的含义是为指定属性attribute的值包含value的HTML 元素设置样式。前者是CSS3的规则，而后者是CSS2的规则。

```
[title*=Jinan]
```

【示例3-36】属性选择器3（ch3/示例/attribute_selector3.html）。

本例选择title属性值中包含字符串"Jinan"的所有元素。

CSS部分代码如下：

```
[title*=Jinan]{  color: red;        }
```

HTML部分代码如下：

```
<h1>可以应用样式：</h1>
<a href=" http://www.ujn.edu.cn " title="Jinan">济南大学</a>
<hr />
<h1>无法应用样式：</h1>
<a href=" http://www.tsinghua.edu.cn " title=" tsinghua ">清华大学</a>
```

4．[attribute^=value]或[attribute | =value]

该属性选择器的含义是为指定属性attribute的值等于value或以value开头的HTML 元素设置样式。前者是CSS3的规则，而后者是CSS2的规则。

```
[lang^="en"]
```

示例中使用CSS3规则，代码如下所示。

【示例3-37】属性选择器4（ch3/示例/attribute_selector4.html）。

本例选择 lang属性值是以"en"或"en-"开头的所有元素。因此，示例标签中的前3个元素将被选中，而后两个元素不会被选择。

CSS部分代码如下：

```
*[lang^="en"] {  color: blue;  }
```

HTML部分代码如下：

```
<h1>可以应用样式：</h1>
<p lang="en">Hello!</p>
<p lang="en-us">Greetings!</p>
<p lang="en-au">G'day!</p>
```

< 108 >

```
<hr />
<h1>无法应用样式: </h1>
<p lang="fr">Bonjour!</p>
<p lang="cy-en">Jrooana!</p>
```

5．[attribute$=value]

选择属性attribute的值为value或以value结尾的元素，并设置样式。

```
[href$=".docx"]
```

【示例3-38】属性选择器5（ch3/示例/attribute_selector5.html）。

本例选择href属性值以"．docx"或"．docx"结尾的所有元素。因此，示例标签中的前两个a元素将被选中，而最后的一个a元素不会被选择。

CSS部分代码如下：

```
a[href$=".docx"] {  color: red;  }
```

HTML部分代码如下：

```
<h1>可以应用样式: </h1>
<a href="1.docx">下载: 1.docx</a>
<a href="test.docx">下载: test.docx</a>
<hr />
<h1>无法应用样式: </h1>
<a href="test.txt">下载: test.txt</a>
```

3.9.3　伪类选择器

伪类选择器可用来添加一些特殊效果，对字母大小写不敏感。CSS3新增了很多伪类选择器，这里不再一一赘述，只选择最常用的链接伪类选择器和伪元素选择器来讲解。

1．链接伪类选择器

在CSS中，我们可以为每一种状态的链接应用样式，只需通过链接伪类选择器进行设置。伪类用冒号表示，主要有下列4种。

- a:link：应用样式到未单击的链接。
- a:visited：应用样式到已单击的链接。
- a:hover：当鼠标指针悬停在链接上时应用该样式。
- a:active：鼠标键按下之后应用该样式。

【示例3-39】链接伪类选择器（ch3/示例/pseudo.html）。

本例设置链接访问前和访问后，字色为灰色，无下画线；鼠标指针悬停时，字色为蓝色，有下画线；按鼠标键时，文本呈现粗体、斜体。

```
<!DOCTYPE html>
<html>
<head>
<meta charset="UTF-8">
<title>链接伪类</title>
<style>
   a:link,a:visited{                    /*未访问和访问后*/
    color:#999;
    text-decoration:none;               /*清除超链接默认的下画线*/
   }
   a:hover{                             /*鼠标指针悬停*/
    color:blue;
    text-decoration:underline;          /*鼠标指针悬停时出现下画线*/
   }
   a:active{                            /*按鼠标键时*/
```

< 109 >

```
      font-weight:bold;font-style:italic;
    }
  </style>
  </head>
  <body>
    <a href="#">公司首页</a>
    <a href="#">公司简介</a>
    <a href="#">产品介绍</a>
    <a href="#">联系我们</a>
  </body>
  </html>
```

链接伪类选择器效果如图3-37所示。

图 3-37　链接伪类选择器效果

注意

如果想在同一个样式表中同时使用4个链接伪类选择器，则需要设置它们出现的准确顺序。

● a:hover必须被置于a:link和a:visited之后，才是有效的。

● a:active必须被置于a:hover之后，才是有效的。

2. 伪元素选择器

伪元素选择器有很多，本书只讲解部分常用的伪元素选择器。关于其他的伪元素选择器，读者可自行查阅学习。

（1）:first-line

:first-line又称为首行伪元素选择器，该选择器在特定元素的首行应用样式规则，能应用的属性　有color、font、background、word-spacing、letter-spacing、text-decoration、vertical-align、text-transform、line-height等。

【示例3-40】伪元素选择器:first-line（ch3/示例/firstline.html）。

```
<!DOCTYPE html>
<html>
<head>
<title>伪元素选择器:first-line</title>
<style>
  p:first-line
  {
    color: #ff0000;
    font-variant: small-caps;
  }
</style>
</head>
<body>
  <p>You can use the :first-line pseudo-element to add a special effect to the first line
  of a text!</p>
</body>
</html>
```

（2）:first-letter

:first-letter又称为首字母伪元素选择器，该选择器在特定元素的首字母应用样式规则，能应用的

< 110 >

属性有color、font、text-decoration、text-transform、vertical-align、background、margin、padding、border、float、word-spacing、letter-spacing等。

【示例3-41】伪元素选择器:first-letter（ch3/示例/firstletter.html）。

本例中<p>标签中首字母Y将会呈双倍放大红色显示。

CSS部分代码如下：

```
p:first-letter{
    color: #ff0000;
    font-size:xx-large;}
```

HTML部分代码如下：

```
    <p>You can use the :first-letter pseudo-element to add a special effect to the first
letter of a text!</p>
```

（3）:before

:before伪元素选择器用来在被选元素的内容前面插入内容。下面代码中"{ }"中的content属性用于指定要插入的具体内容，该内容既可以是文本也可以是图片。其基本语法格式如下：

```
<元素>:before
{  content:文字/url();  }
```

> **注意**
>
> 如果没有设置content属性，不管其他属性如何设置，:before将不会显示。

【示例3-42】伪元素选择器:before（ch3/示例/before.html）。

CSS部分代码如下：

```
h1:before {  content:url(images/heart.png)}
```

HTML部分代码如下：

```
<h1>This is a heading</h1>
<p>The :before pseudo-element inserts content before an element.</p>
<h1>This is a heading</h1>
<p><b>注释: </b>如果已规定!DOCTYPE，那么Internet Explorer 8及更高版本支持content属性。</p>
```

本例中，在<h1>标签前添加心形图片，效果如图3-38所示。

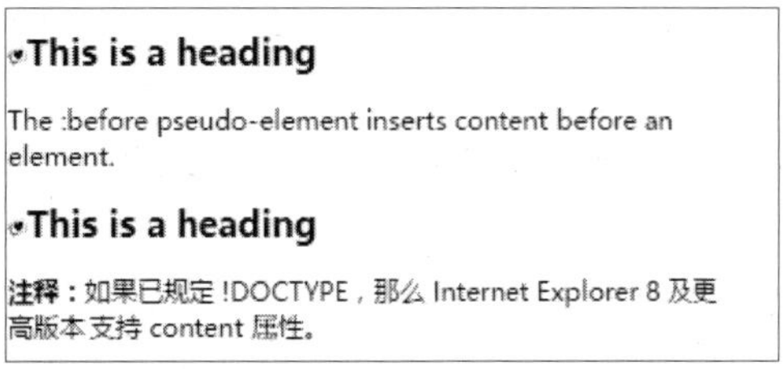

（4）:after

:after伪元素选择器用来在某个元素之后插入一些内容，其使用方法与:before伪元素选择器的使用方法相同。

【示例3-43】伪元素选择器:after（ch3/示例/after.html）。

图 3-38　:before 伪元素选择器效果

CSS部分代码如下：

```
h1:after {  content:url(images/heart.png)}
```

HTML部分代码如下：

```
<h1>This is a heading</h1>
<p>The :after pseudo-element inserts content after  an element.</p>
<h1>This is a heading</h1>
<p><b>注释: </b>如果已规定!DOCTYPE，那么Internet Explorer 8及更高版本支持content属性。</p>
```

< 111 >

本例中，在<h1>标签后插入心形图片。

（5）:nth-child()

:nth-child()选择器用来匹配属于其父元素的第n个子元素，n可以是数字、关键字或公式。

【示例3-44】:nth-child()选择器（ch3/示例/:nth-child(2).html）。

```
<!DOCTYPE html>
<html>
<head>
<style>
  p:nth-child(2){  background:#ff0000;  }
</style>
</head>
<body>
  <h1>这是标题</h1>
  <p>第一个段落。</p>
  <p>第二个段落。</p>
  <div>
    <p>div中的第一个段落。</p>
    <p>div中的第二个段落。</p>
  </div>
</body>
</html>
```

本例的功能是设置属于其父元素的第二个子元素的每个p的背景色。这里有两个p元素都满足条件，一个是父元素body中的第二个p元素，另一个是父元素div中的第二个p元素。代码的运行效果如图3-39所示。

:nth-child()选择器还可以使用odd和even两个关键字，它们可用于匹配下标为奇数或偶数的子元素的关键词（第一个子元素的下标为1）。

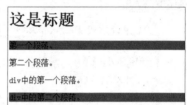

图 3-39 :nth-child() 选择器效果

```
p:nth-child(odd)  {  background:#ff0000;  }
p:nth-child(even)  {  background:#00ff00;  }
```

上面代码分别设置了奇数p元素背景色为红色，偶数p元素背景色为绿色。

（6）:nth-of-type()

:nth-of-type()选择器用来匹配属于其父元素的特定类型第n个子元素的每个元素，n可以是数字、关键字或公式。

【示例3-45】:nth-of-type() 选择器（ch3/示例/:nth-of-type.html）。

```
<!DOCTYPE html>
<html>
<head>
<style>
  p:nth-of-type(2)
    {  background:#ff0000;  }
</style>
</head>
<body>
  <h1>这是标题</h1>
  <p>第一个段落。</p>
  <p>第二个段落。</p>
  <div>
    <p>div中的第一个段落。</p>
    <p>div中的第二个段落。</p>
  </div>
```

< 112 >

```
    </body>
</html>
```

本例的功能是设置其父元素的第二个p子元素每个p的背景色。这里有两个p元素都满足条件，一个是父元素body中的第三个p元素，另一个是父元素div中的第二个p元素。代码的运行效果如图3-40所示。

图 3-40 :nth-of-type() 选择器效果

3.10 优先级

层叠性是CSS处理冲突的一种能力。当多个选择器选中同一个标签，然后又设置了相同的属性时，就会发生层叠性问题。当发生层叠性问题时，哪个选择器设置的属性起作用是由优先级来确定的，这会涉及权重计算。

3.10.1 优先级特性

当多个选择器选中同一个标签，并且给同一个标签设置相同的属性时，如何应用样式由优先级来确定。

如果外部样式、文档样式和内联样式同时应用于同一个元素上，一般情况下，优先级如下：

浏览器默认 < 外部样式 < 文档样式 < 内联样式

有个例外的情况，就是如果外部样式放在内部样式（文档样式和内联样式）的后面，则外部样式将覆盖内部样式。

【示例3-46】优先级特例（ch3/示例/priority-1.html）。

```
<!DOCTYPE html>
<html>
<head>
    <style>
      h3 {  font-size : 12px; } /* 文档样式 */
    </style>
    <!-- 加入外部样式表style.css，用来设置h3{  font-size:20px;} -->
    <link rel="stylesheet" type="text/css" href="css/style.css"/>
</head>
<body>
    <h3>优先级测试! </h3>
</body>
```

在本例中，先定义了文档样式规则h3{font-size:12px;}，随后在外部样式表中又定义了规则h3{font-size:20px;}，虽然文档样式规则的优先级高于外部样式表，但是由于外部样式表写在了文档样式的后面，因此字号应用的是外部样式表的20px，呈现的效果如图3-41所示。

图 3-41 优先级特例

如果有多个选择器同时应用于一个元素，一般情况下，优先级如下：

类选择器 < 类派生选择器 < ID选择器 < ID派生选择器

完整的层叠优先级可以概括为：

< 113 >

浏览器默认 ＜ 外部样式表＜ 外部样式表类选择器 ＜ 外部样式表类派生选择器 ＜ 外部样式表ID选择器 ＜ 外部样式表ID派生选择器 ＜ 文档样式表＜ 文档样式表类选择器 ＜ 文档样式表类派生选择器 ＜ 文档样式表ID选择器 ＜ 文档样式表ID派生选择器 ＜ 内联样式

【示例3-47】类选择器与ID选择器优先级比较（ch3/示例/priority-2.html）。

```
<!DOCTYPE html>
<html>
<head>
    <style>
    #navigator{ font-size:12px; }
    .current { font-size:20px; }
    </style>
</head>
<body>
    <div id="navigator" class="current">
优先级测试!
    </div>
</body>
</html>
```

font-size:20px;规则写在font-size:12px;规则后面，但是最终显示效果却为12px。这时就涉及了CSS样式覆盖的问题，这里给出如下规则。

（1）样式表的元素选择器选择越精确，则其中的样式优先级越高。

本例中，#navigator的样式优先级大于.current的优先级，因此最终起作用的是#navigator样式规则。

（2）对于相同类型选择器指定的样式，我们可知在样式表文件中越靠后的优先级越高。

!注意

这里是指在样式表中编写样式规则时，越靠后的优先级越高。元素使用样式规则时指定的前后顺序不会影响优先级。

例如.class2 在样式表中出现在.class1之后，如下示例所示。

【示例3-48】类选择器优先级（ch3/示例/priority-3.html）。

```
<!DOCTYPE html>
<html>
<head>
  <style>
    .class1 { font-size:12px;    }
    .class2 { font-size:20px;    }
  </style>
</head>
<body>
    <div class="class2 class1">
优先级测试!
    </div>
</body>
</html>
```

某个元素指定class时采用 class="class2 class1"这种方式指定，此时虽然class1在元素中指定时排在class2的后面，但因为在样式表文件中class1处于class2前面，此时仍然是class2的优先级更高，font-size的属性为20px，而非12px。

（3）制作网页时，有些特殊的情况下需要为某些样式设置具有最高权值，这时候可以使用!important来解决。

【示例3-49】!important优先级（ch3/示例/priority-4.html）。

< 114 >

```
<!DOCTYPE html>
<html>
<head>
<style>
  p{  font-size:12px!important;}
  p{  font-size:20px;}
</style>
</head>
<body>
    <p>这里的文本尺寸是多少呢? </p>
</body>
</html>
```

以上代码中!important要写在分号的前面，代码运行效果如图3-42所示。

由于!important优先级高于所有的样式，因此这时<p></p>中的文本大小会显示为12px。

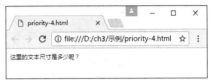

图 3-42　!important 优先级测试

3.10.2　层叠

我们知道文档中的一个元素可能同时被多个CSS选择器选中，每个选择器都有一些CSS规则，这时就涉及CSS层叠。这些规则如果是不矛盾的，它们就会同时起作用，而有些规则是相互冲突的。下面来看这个示例。

【示例3-50】层叠特性1（ch3/示例/stackup.html）。

```
<!DOCTYPE html>
<html>
<head>
    <title>CSS层叠</title>
    <style>
      h1 {  font-size : 12px; }
      body h1 {  font-size : 20px; }
    </style>
</head>
<body>
    <h1>层叠示例</h1>
</body>
</html>
```

层叠特性显示效果如图3-43所示。

本例有两条样式规则都为h1设置了文本大小，最终显示文本大小为20px。

我们需要为每条规则制定特殊性（即权重），当发生冲突的时候，程序必须能选出一条最高特殊性（即权重值最高）的规则来应用。CSS规则的特殊性可以用4个整数来表示，例如0,0,0,0，计算规则如下：

图 3-43　层叠特性显示效果

- 对于规则中的每个ID选择符，特殊性加0,1,0,0；
- 对于规则中每个类选择符和属性选择符以及伪类，特殊性加0,0,1,0；
- 对于规则中的每个元素名或者伪元素，特殊性加0,0,0,1；
- 对于通配符，特殊性加0,0,0,0；
- 对于内联规则，特殊性加1,0,0,0。

一条规则的多个优先级权重值累加后，最终得到的结果就是这个规则的特殊性。两个特殊性大小的比较类似字符串大小的比较，它们是从左往右依次比较，第一个数字大，规则的特殊性高。本

< 115 >

例中两条规则的特殊性分别是0,0,0,1和0,0,0,2，显然第二条胜出，因此最终字体大小是20px。

　　CSS中!important可用来改变CSS规则的特殊性。实际上，在解析CSS规则特殊性的时候，系统是将具有!important的规则和没有此标签的规则利用上述方法分别计算特殊性，并选出特殊性最高的规则。最终合并的时候，具有任何特殊性的带有!important的规则胜出。

【示例3-51】层叠特性2-权重计算（ch3/示例/weight.html）。

```
<!DOCTYPE html>
<html>
<head>
    <title>CSS层叠</title>
    <style>
        /*权重为0,2,0,0*/
        #d1 #d2{ color:blue; }
        /*权重为0,1,1,1*/
        #d1 p .c2{ color:black; }
        /*权重为0,0,2,2*/
        div .c1 p .c2{ color:red; }
        /*继承的权重为0*/
        #d1 { color:green !important; }
    </style>
</head>
<body>
    <div id="d1" class="c1">
        <p id="d2" class="c2">颜色</p>
    </div>
</body>
</html>
```

　　该例中虽然第4条规则使用了!important，但由于ID选择器#d1不是直接选择段落文字，该条规则中对文字颜色的影响是继承而来的，继承的权重为0，因此这里!important不起作用。从各条规则的权重值计算来看，第1条规则的权重最大，因此段落文字是蓝色。

　　虽然是用4个整数来表示一个特殊性，但仍然有可能出现两条冲突规则的特殊性完全一致的情况，此时就按照CSS规则出现的顺序来确定，在样式表中最后一个出现的规则胜出。一般不会出现这样的情况，只有一种情况例外，如下样式表。

```
:active {  color : red; }
:hover {  color : blue; }
:visited {  color : purple; }
:link {  color : green; }
```

这样页面中的链接永远也不会显示红色和蓝色，因为一个链接要么被访问过，要么没有被访问过。而这两条规则在最后，因此总会胜出。如果改成以下这样：

```
:link {  color : green; }
:visited {  color : purple; }
:hover {  color : blue; }
:active {  color : red; }
```

就能实现鼠标悬停和单击瞬间变色的效果。这样顺序的规则首字母正好连成"LvHa"，因此该规则被约定俗成地叫作"Love Ha"规则。

　　特殊性规则从理论上讲比较抽象和难懂，但在实践中，只要样式表是设计良好的，并不会有太多这方面的困扰。

项目六　杜甫个人成就页面（1）

　　本项目要求使用3.1~3.6节知识，利用字体、文本、颜色等属性对页面进行修饰。

< 116 >

【项目目标】

- 熟悉CSS中有关颜色的各种表示方法。
- 熟悉背景属性的使用。
- 熟练使用CSS的文本属性。

【项目内容】

- 灵活运用语义元素对页面进行划分。
- 灵活运用3种CSS附加方式进行页面设置。
- 练习利用CSS属性修饰文本、设置背景色和背景图。

【项目步骤】

项目六中素材包括3个文件夹和1个文件，其中css文件夹中包括两个空白的CSS文件，main.css用来设置本网站中所有页面共有的属性，dufu-achievement.css文件用来存放本页面独有的CSS属性。

本次项目重点完成杜甫个人成就页面的CSS部分，请将素材文件dufu-achievement.html另存为dufu-achievement1.html，执行以下项目步骤。

1．元素添加及页面划分

将dufu-achievement.html页面按项目图6-1所示进行结构划分，在各个区域的上、下分别加入开始标签和结束标签，本页面需要用到<header>、<nav>、<main>、<section>和<footer>等语义标签和<div>标签，注意项目图6-1中各标签的id属性值。

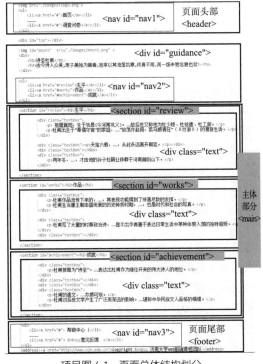

项目图 6-1　页面总体结构划分

2．内部样式设置

在<head></head>中添加<style></ style >标签，创建内部样式表，要求以下步骤均以内部样式来设置。

（1）给body添加背景图片"boat.png"，将其固定在页面右下侧95% 95%，不重复。

（2）设置id为top的<div>标签：设置其宽度为100%、高度为50px、背景图片为"repeatBG.png"，并且背景水平重复。

（3）设置id为mount的<img>标签：将其宽度设置为100%。

（4）设置类名为.text的<div>标签：在内部样式表中，实现自动换行、首行缩进两字符。

```
.text{    overflow-wrap:break-word;
          text-indent: 2em; }
```

3．行内样式设置

通过行内样式设置<h3>标签的字体颜色为#254E2D。

4．外部样式表main.css

在main.css中添加以下属性，完成后在网页文件dufu-achievement.html中应用。

（1）设置body部分：背景颜色设置为#F9F4F0。

（2）设置header部分：设置高度为60px、行高为60px、字号为17px；下边框线为1像素、透明度为0.3的实线；设置溢出隐藏（overflow:hidden），为保持页面美观，这里暂时隐藏菜单部分。

（3）设置main部分：宽度为1200px。

（4）设置<header>的<nav>的<li>后代：宽度为100px，文本对齐方式为居中。

（5）设置<footer>标签：宽度为100%，字号为12px，文本对齐方式为居中；前景色为RGB(128, 128,0)，将其背景设置为向右线性渐变，从左到右颜色依次为RGB(210, 180, 140)、RGB(253, 245, 230)、RGB（210, 180, 140)。

（6）设置<footer>标签中的<a>标签：前景色为SaddleBrown。

5．外部样式表dufu-achievement.css

（1）引入字体"三极行楷简体"：在外部样式表中使用@font-face{ }引入本地字体，代码如下。

```
@font-face {    font-family:'三极行楷简体';
                src: url("../font/三极行楷简体-粗.ttf")format('truetype');
                font-weight: normal;
                font-style: normal;    }
```

（2）设置3个<section>标签中的<h2>标签。

① 宽度为110px，高度为110px。

② 字体为三极行楷简体，文本对齐方式为居中，行高为100px。

③ 前景色为#6e4f54；背景图为h2BG.png，不重复；背景图像宽度为110px，高度不设置，背景图像将按原比例缩放。

（3）设置id为guidance的部分：高度为450px，前景色为黑色；字体为华文新魏，隶书，黑体；文本对齐方式为居中。

（4）设置guidance中的div部分：宽度为500px。

（5）将guidance下div中的h1的字母间距letter-spacing设为10px。

（6）将guidance下div中的h3行高设为30px。

（7）将guidance中的<a>标签字号设为24px，前景色为inherit。

（8）页内导航nav2 ul：宽度为500px。

（9）页内导航nav2 ul li：宽度为150px，高度为50px，行高为50px，背景色为#c7d2d4。

本项目完成了杜甫个人成就页面的字体、背景等设置，效果可扫描二维码查看。

项目七 李白代表作品页面（3）

本项目要求使用3.7~3.10节知识，利用复杂选择器进行精准选择，对表格、边框等页面元素进

< 118 >

行设置。

【项目目标】
- 掌握表格样式及列表样式的设置方法。
- 能够记忆各类选择器的使用规则。

【项目内容】
- 灵活运用选择器，选定页面中的任一元素。
- 灵活运用<table>标签进行页面布局的方法。
- 能够运用优先级处理冲突。

【项目步骤】

项目七的素材文件是项目三的结果文件libai-representativeworks2.html和main.css，将此素材网页文件另存为libai-representativeworks3.html，本次实践将完成李白代表作品页面的CSS部分，libai-representativeworks.css文件用来存放本页面独有的CSS属性。在此文件中设置以下部分。

1. guidance子目录部分

（1）#guidance：设置宽度为100%、文本对齐方式为居中；设置背景色为渐变色，即

```
background:linear-gradient(to bottom,rgba(245, 129, 35,0.5),rgba(0,0,0,0));
```

（2）#guidance ul li：设置其背景色为黑色、列表项为无圆点，采用行内块级元素，设置宽度为150px、圆角矩形半径为30%、字号为18px。

（3）子目录项，链接悬浮状态。

#guidance ul li:hover：当鼠标指针悬浮时，背景色为白色。

#guidance ul li:hover a：当鼠标指针仅悬浮在li上时，<a>标签前景色为黑色。

#guidance a[href]:hover：背景色为白色，前景色为黑色。

（4）链接未访问状态。

#guidance a:link：前景色为白色。

（5）链接已访问状态。

#guidance a[href]:visited：前景色为orange。

（6）链接单击状态。

#guidance a[href]:active：背景色为rgb(100,0,90)，前景色为白色。

> 思考
>
> ```
> #guidance ul li:hover{    background-color:white; }
> #guidance a:hover{    background-color: white;    color:black;}
> ```
> 比较这两行代码，是否重复？请尝试解释。

2. main主体部分

（1）设置边框为100px，实线。

（2）设置图片边框：素材文件为7-border.png，内偏移为border-image-slice: 20% 20% 20% 20%;，如项目图7-1所示。

（3）设置表格及名句赏析部分。

#theme,#Appreciation：高度为350px。

（4）表格布局。

为了改善网页的外观，需要对网页进行布局。布局也叫作排版，就是把文字和图片等元素按照用户的意愿有机地排列在页面上，布局的方式分为表格布局和DIV+CSS布局。

< 119 >

下面利用表格布局对main部分进行局部布局，设置为5行2列的表格。其中仅第2行分为两列，第2行第1列"题材介绍"部分是嵌套表格。效果如项目图7-2所示。

项目图 7-1 图片边框效果　　　　　　　项目图 7-2 main 部分的表格布局

3．#themeIntro表格部分

（1）#themeIntro：将边框合并为单一边框，即border-collapse: collapse;，设置行高为30px，宽度为500px，前景色浅灰色为#999。

（2）#themeIntro td：设置边框下线为1px dotted #a5a5a5，如项目图7-3所示。

4．设置名句赏析的列表

#Appreciation ul：设置没有列表项的圆点，行高为30px。

5．设置所有的section

（1）盒子阴影为0 0 5px。

（2）背景色为rgb(233, 241, 240)。

6．设置文本

（1）设置h1、h2两个部分：设置字体为华文新魏，隶书，黑体。

（2）设置h3、类名test和段落p部分：首行缩进两个字符。

（3）除了guidance内的<h2>标签外，所有的<h2>标签（h2:not(#guidance h2)）的设置如下。

① 左边框线 10px 实线，颜色为rgb(100, 0,90)。

② 下边框线 2px 实线，颜色为rgb(100, 0,90)。

③ 宽度为150px，高度为25px。

④ 文本阴影为3px 3px 3px #999。

7．设置效果

打开main.css文件，设置footer部分内的li元素为行内块级元素，去掉li前面的无序列表符号圆点。效果如项目图7-4所示。

部分作品	
分类	诗名
怀古咏史类	登金陵凤凰台
	苏台览古
边塞征战类	关山月
咏物类	白鹭鸶

项目图 7-3 表格效果

< 120 >

项目图 7-4　footer 部分的导航效果

至此，李白代表作品页面的CSS部分设置完成，最终效果可扫描二维码查看。

扩展阅读　媒介素养之视觉素养（1）

网站从设计到运营维护需要多个专业交叉合作，由不同专业领域的人才共同参与，如产品经理、用户研究员、交互设计师、视觉设计师、前端工程师、后台工程师、运维工程师和测试工程师。网页界面作为承载视觉信息的强有力工具，在视觉的传播中起着重要的作用，同时也为视觉素养的培养提供了一个崭新的视觉平台。

这里推荐的是在CSS设计领域世界知名的网站——CSS Zen Garden（CSS禅意花园）。该网站的创意是将统一的HTML文本利用数百个不同的CSS样式表，呈现为数百个风格迥异而又精彩绝伦的网页作品。

CSS禅意花园网站由加拿大设计师戴夫·谢伊（Dave Shea）创建。作为一位知名图像设计师，他的作品被世界各地的书籍和杂志采用。他在网站设计的实际工作中认识到CSS的巨大潜力远远没有被发掘出来，但是仅仅依靠个人力量无法发掘出CSS的全部潜力。于是他在2003年着手设计一个网页，为这个网页设计了5个完全不同主题风格的CSS样式，然后通过网站发布消息，向世界范围的设计师征集作品，邀请他们参与CSS禅意花园的作品设计，要求必须使用固定的HTML结构和内容，确保通过使用设计师提供的CSS文件来展现作品。这一举动不仅改变了全球前端技术发展的趋势，而且积累了大量来自世界各地的天才视觉设计师的精美作品。于是最终网站以最有效、最优美的方式展示了CSS的最高境界。

禅意花园网站的主页如图3-44所示。

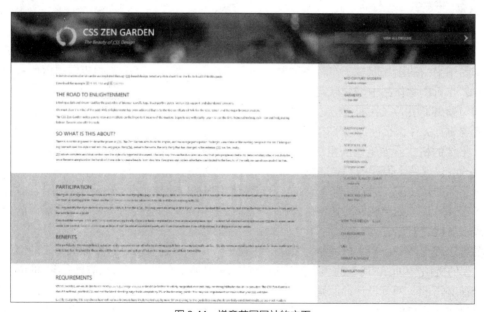

图 3-44　禅意花园网站的主页

禅意花园网站收录了1000多个作品，读者可以在主页右侧"View All Designs"切换作品列表，单击任一作品，都可以在网页特定位置找到作者的联系方式和网页HTML及CSS源码，欣赏和学习世界知名网页设计师的作品。

< 121 >

　　禅意花园网站有200余个作品作为"官方作品"保存，其余的作品以链接的方式，链接到禅意花园网站的目录中。下面以作者安德鲁·洛曼（Andrew Lohman）的作品*Mid Century Modern*（世纪中期现代主义）为例，其作品网址中有个数字221，为作品的编号，按001、002依次向后更改编号即可赏析世界上最优秀设计者的网页作品。

　　禅意花园网站本着为读者提供资源的原则，在保证作者版权的前提下，提供了CSS源码的下载地址及作者的联系方式，如图3-45所示。

　　作为一名优秀的网页设计师，在赏析网站中要注重培养视觉素养的第一级能力，即"阅读"并理解看到视觉信息的能力。读者以不同身份来赏析网站中200多位大师的作品，"仁者见仁，智者见智"，不同角色都有自己不同的视角。

　　下面我们以设计师瑞安·西姆斯（Ryan Sims）的作品*Oceans Apart*（远隔重洋）为例，赏析该作品中文字排版的技巧，如图3-46所示。

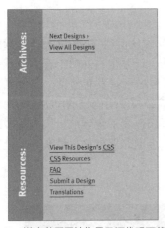

图 3-45　禅意花园网站作品及源代码下载方式　　　　　图 3-46　作品 *Oceans Apart*

　　该作品中绚丽的图片取材于作者在美国加州南部拍摄的照片，其标题和边框的蓝色系列均取自该幅图片，作者剔除作品中哗众取宠的元素，体现作品自然、平和，却略带简洁的风格。宁静、优雅的色调勾勒出了引人入胜的神秘之海意境。

　　读者要重点关注该页面的以下内容。

　　（1）字体的格式：如笔画的粗细、字体宽度等。如作品中正文采用9px的文字大小，而链接列表采用11px，仅仅两个像素的差异造成了相当大的视觉对比。

　　（2）字体的对比度：通常情况下，sans serif字体用作标题字体，而serif字体常用作正文字体。

　　（3）字体色深：如色相和对比度的选择等。作品中，正文和链接列表采用橄榄绿、蓝色和褐色形成清晰、鲜明的对比。

　　以前端工程师的身份来赏析网站，其从开发视角应该认识到，基于W3C标准开发的网站要做到HTML代表的文档层和CSS代表的表现层清晰分离。文档类型声明、meta元信息、title的内容是一个稳健文档所必需的。网页设计的原则包括更小的文件、更快的下载速度、更好的可访问性；从网站使用者角度体会出色的文案、大胆的配色和巧妙的网页布局设计，哪个方面对自己更有吸引力；从美工的角度体会设计师富有灵性的创意、如何制造视觉张力以及人性化设计，体会开阔、超然的对技术、对美的总体把握能力，了解什么是美，怎样才能做到美，体会"禅"的真谛。

< 122 >

习题

一、选择题

1. 下列关于CSS的说法中，错误的是（　　）。
   A. CSS的全称是Cascading Style Sheets，中文的意思是"串联样式表"
   B. CSS的作用是精确定义页面中各元素以及页面的整体样式
   C. CSS样式不仅可以控制大多数传统的文本格式属性，还可以定义一些特殊的HTML属性
   D. 使用Dreamweaver只能可视化创建CSS样式，无法以源代码方式对其进行编辑

2. 下面关于CSS样式的说明中，（　　）不是CSS的优势。
   A. Web页面样式与结构分离　　　　　B. 页面下载时间更快
   C. 轻松创建及编辑　　　　　　　　　D. 使用CSS增加了维护成本

3. 在以下的HTML中，（　　）是正确引用外部样式表的方法。
   A. <style src="mystyle.css">
   B. <link rel="stylesheet" type="text/css" href="mystyle.css">
   C. <stylesheet>mystyle.css</stylesheet>
   D. <a href="mystyle.css"></a>

4. 下列（　　）是CSS正确的语法构成。
   A. body:color=black　　　　　　　　B. {body;color:black}
   C. body {color: black;}　　　　　　　D. {body:color=black(body)}

5. 在CSS中，下列（　　）项选择器的写法是错误的。
   A. #p { color:#000;}　　　　　　　　B. _p { color:#000;}
   C. .p { color:#000;}　　　　　　　　D. p { color:#000;}

6. （　　）可以设置英文首字母大写。
   A. text-transform:uppercase　　　　　B. text-transform:capitalize
   C. 样式表做不到　　　　　　　　　　D. text-decoration:none

7. （　　）可以去掉文本超级链接的下画线。
   A. a {text-decoration:no underline}　　B. a {underline:none}
   C. a {decoration:no underline}　　　　D. a {text-decoration:none}

8. 下列CSS语句功能是将前景色设置为白色，表述错误的是（　　）。
   A. p { color: #fff; }　　　　　　　　B. p { color: white; }
   C. p { color: rgb(255,255,255); }　　　D. p { color:rgb(0,0,0); }

9. 下列关于border-image属性的说法中，错误的是（　　）。
   A. border-image属性可以给元素边框添加背景图片
   B. border-image属性可以设置边框图像的重复、拉伸等效果
   C. 当使用border-image-slice属性时，需要指出上、右、下、左剪裁宽度的单位
   D. border-image-repeat可以设置指定边框图片的覆盖方式

10. 下列（　　）选项表示用省略标记（...）标示对象内文本的溢出。
    A. text-overflow: clip　　　　　　　B. text-overflow: ellipsis
    C. text-overflow:hidden　　　　　　D. text-overflow:overflow

11. 下列可正确地给文本添加阴影的选项是（　　）。
    A. box-shadow　　B. border　　　C. margin　　　　D. text-shadow

< 123 >

二、讨论题

以小组为单位，认真体会"扩展阅读　媒介素养之视觉素养（1）"，选择禅意花园网站中最喜欢的一个页面为主题，完成以下问题。

（1）尝试从网站用户角度去分析该页面吸引你的原因是配色方案、文字方案、网站风格，还是网页布局？从中体会到作者通过网页表达怎样的设计思路？

（2）从设计者的角度学习大师的设计，下载网页的HTML和CSS文件并阅读，尝试利用F12开发者模式，分析HTML是怎样将网页元素分成若干"块"，并尝试画出来。

（3）分析设计师戴夫·谢伊的005号作品Blood Lust，尝试分析其文本样式（包括font-variant、text-transform、text-decoration）及间距样式（包括line-height、letter-spacing、word-spacing、text-align）等。小组尝试讨论并设计拓展项目中"再别康桥"文本。

三、读代码并写出运行结果

（1）adjacent_sibling_selector2.html代码详情如下。尝试分析执行后被加粗的列表项是哪些？

```
<!DOCTYPE HTML>
<html>
<head>
<style type="text/css">
li + li {font-weight:bold;}
</style>
</head>

<body>
<div>
  <ul>
    <li>List item 1</li>
    <li>List item 2</li>
    <li>List item 3</li>
  </ul>
  <ol>
    <li>List item 4</li>
    <li>List item 5</li>
    <li>List item 6</li>
  </ol>
</div>
</body>
</html>
```

（2）child_ nth-child(odd&even)代码如下。尝试分析运行结果中各段呈现怎样的背景色。

```
<!DOCTYPE html>
<html>
<head>
<style>
  p:nth-child(odd)
    { background:#ff0000; }   /*匹配奇数p元素*/
  p:nth-child(even)
    { background:#00ff00; }   /*匹配偶数p元素*/
</style>
</head>
<body>
  <h1>这是标题</h1>
  <p>第一个段落。</p>
  <p>第二个段落。</p>
  <p>第三个段落。</p>
  <p>第四个段落。</p>
</body>
</html>
```

< 124 >

四、拓展题

"轻轻的我走了，正如我轻轻的来"，这首《再别康桥》第一次进入你的内心世界是在什么时候？千古流传的名篇佳作，无论语言如何变换，蕴含于其中的情感从不会因此而消逝。让我们一起重温旧梦，用最美的网页来展示。难点分析如下。

- 仔细观察习题图3-1所示的效果，判断哪些页面元素格式相同应使用类选择器，判断哪些页面元素独立应使用ID选择器？
- 利用<table>或<ul>进行整体页面布局。

习题图 3-1　再别康桥

< 125 >

第4章 盒模型与网页布局

知识目标

- 能够描述盒模型的概念，并能列举盒模型的相关属性。
- 能够阐释浮动及定位的概念，并能列举浮动和定位元素的相关属性值及作用。
- 能够描述弹性盒子的概念，列举弹性盒子的相关术语及属性。

能力目标

- 根据需求，灵活运用页面布局策略完成常见页面布局设计。
- 能够解决常见的布局错误，如"布局塌陷"等。
- 能够利用浏览器的开发者工具模式，分析网站的页面布局。

素养目标

- 能够解释网站作者利用视觉符号传递的各种信息。
- 能够剖析国际大师网页设计作品，例如，如何利用文字与图像创造视觉平衡、文字排版技巧、常用的网页优化技术、设计流程和代码书写规范等。

项目

- 项目八 古诗词调查问卷（2）：针对4.1节练习。
- 项目九 李白个人生平（2）：针对4.2节练习。
- 项目十 杜甫个人成就页面（2）：针对4.3节练习。

盒模型（Box Model）是使用CSS控制页面布局的重要概念，对网页页面布局的过程可以看作在页面空间中摆放盒子的过程。开发者可以通过调整盒子的边框、边界等参数控制各个盒子的位置，从而实现对整个网页的布局。布局是网页设计的重要基石，是分配空间的框架。

前端主流的页面布局方式包括table局部布局、浮动+定位布局、Flex布局和响应式布局。其中，table已在第2章介绍过，本章主要介绍浮动+定位布局、Flex布局，响应式布局将在第6章进行介绍。页面布局策略分为液态布局、固定布局和弹性布局；页面布局结构样式可分为T形布局、"同"字布局、"国"字布局等。

4.1 盒模型

页面上的所有元素都可以看作盒子。由盒子将页面中的元素包含在一个矩形区域内，这个矩形区域就称为"盒模型"。

4.1.1　元素框组成

CSS假定所有的HTML文档元素都生成了一个描述该元素在HTML文档布局中所占空间的矩形框,这个矩形框称为元素框(Element Box)。CSS 盒模型规定了元素框处理元素内容(content)、内边距(padding)、边框(border)和外边距(margin)的方式。

元素框(见图4-1)由3个实线矩形和1个虚线矩形组成,其中最核心的矩形是内容区;中间的实线矩形是边框区,边框区和内容区之间的部分是填充区;最外层的虚线矩形是外边界,它与边框之间的区域是外边距。我们可以应用多种属性到这些元素框中,例如宽、高、颜色和样式。

完整的盒模型如图4-2所示,width和height属性专指最内层的内容区的宽和高;盒模型中除了内容,其他每个属性(如内边距、边框和外边距)都包括上、下、左、右4个部分。

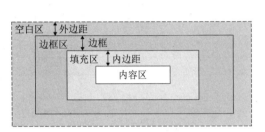

图 4-1　元素框的组成

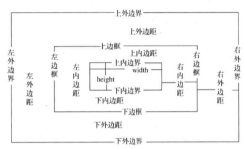

图 4-2　完整的盒模型示意图

4.1.2　内容

盒模型中盒子里的"物品"即是内容,它可以是网页上的任何元素,如段落、图片、表格、表单元素等。内容的大小由宽度(width)和高度(height)定义,语法如下:

```
width:auto、长度计量值或百分比值
height:auto、长度计量值或百分比值
```

(1)宽、高的默认值是auto,表示未设置具体值时,内容区的宽度和高度由浏览器自动计算,它会跟浏览器窗口或它的父元素一样宽,高度正好能够容纳内容。

(2)宽、高指定一个长度值,单位通常为px或em。

(3)宽、高指定百分比值,该值是基于父元素的百分比宽度或高度。

【示例4-1】"盒子"宽、高属性(ch4/示例/width-height.html)。

本例以宋代词人柳永离京后的怀人之作《雨霖铃》为例,在页面中定义了两个盒子,分别用长度值和百分比值定义了宽、高。为了清楚地看出内容区域,这里为两个盒子设置了背景颜色。

```
<!DOCTYPE html>
<html>
 <head>
 <title> width&height </title>
 <style>
  p#A {  width: 400px;
        background: #C2F670;
      }
  p#B {  width: 50%;
         height:40px;
         background: #C2F670;
       }
```

< 127 >

```
    </style>
    </head>
    <body>
        <h1>雨霖铃</h1>  <h3>柳永</h3>
        <p id="A">寒蝉凄切，……</p>
        <p id="B">多情自古伤离别 ……更与何人说? </p>
    </body>
    </html>
```

浏览效果如图4-3所示。

在图4-3中，A盒子设置了宽度但未设置高度，盒子的高度会随着内容多少来变化。B盒子的背景区域标识出了盒子的高度，但内容超出了该高度。如果B下面还有其他内容，多余部分就会出现重叠、覆盖现象，这就是文本溢出。此时可以用overflow属性来指定文本溢出的方式。

overflow属性规定了当内容溢出元素框时处理的方式，语法格式如下：

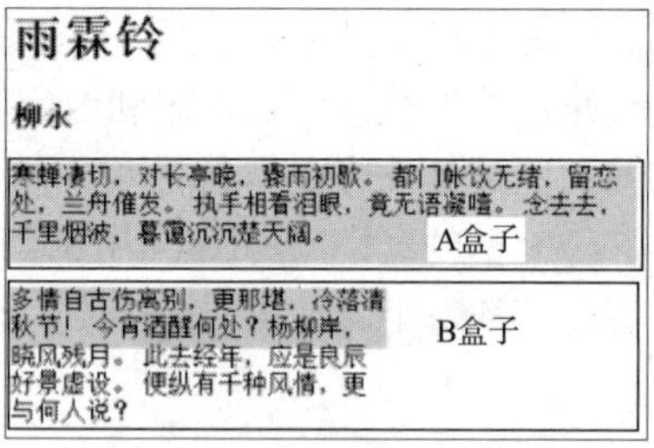

雨霖铃

柳永

寒蝉凄切，对长亭晚，骤雨初歇。都门帐饮无绪，留恋处，兰舟催发。执手相看泪眼，竟无语凝噎。念去去，千里烟波，暮霭沉沉楚天阔。 A盒子

多情自古伤离别，更那堪，冷落清秋节！今宵酒醒何处？杨柳岸，晓风残月。此去经年，应是良辰好景虚设。便纵有千种风情，更与何人说? B盒子

图 4-3　设置盒子宽、高的效果

```
overflow: visible | hidden | scroll | auto
```

📋 **说明**

- visible：默认值，表示显示所有内容，不受盒子大小的限制。
- hidden：表示隐藏超出盒子范围的内容。
- scroll：表示始终显示滚动条。
- auto：表示根据内容自动调整是否显示滚动条。另外，也可以使用overflow-x或overflow-y单独设置水平方向或垂直方向的溢出属性。

【示例4-2】溢出示例（ch4/示例/overflow.html）。

示例4-2的HTML部分与示例4-1的HTML部分相同，此处不再列出，仅列出CSS部分的代码。

```
<style>
    p#A,p#B{height:40px;
            background: #C2F670;
            width: 50%; }
    p#A {overflow:hidden; }
    p#B {overflow:auto;}
</style>
```

雨霖铃

柳永

寒蝉凄切，对长亭晚，骤雨初歇。都门帐饮无绪，留恋处，兰舟催发。执手相看泪眼，竟无语

多情自古伤离别，更那堪，冷落清秋节！今宵酒醒何处？杨柳岸，晓风残月，此去经年，应

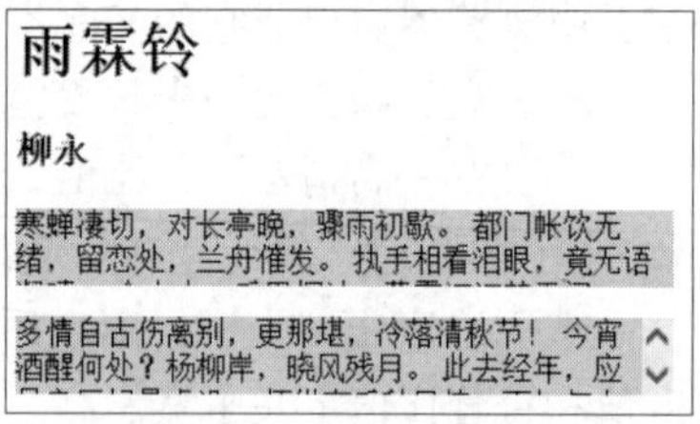

图 4-4　overflow 属性设置效果

overflow属性设置效果如图4-4所示。本例对两个内容和大小相同的盒子通过设置不同的overflow属性值进行对比，第一个盒子隐藏了溢出内容，第二个盒子自动出现垂直滚动条。

4.1.3　内边距

内边距（padding）是内容区和边框之间的空间，也称为填充。它可用padding属性设置。添加内边距为内容周围提供空白，防止背景的边框或边缘与文本冲撞。padding属性的基本语法如下：

```
padding：长度计量值或百分比值
```

📋 **说明**

　　百分比值是相对其父元素的width计算的，如果父元素的 width 改变，它们也会改变。

< 128 >

我们可以给padding属性指定1～4个值，指定1个值时表示元素4个方向的内边距具有相同的数值。例如，下面的代码为h1元素的四边都添加了10像素的内边距。

```
h1 {  padding: 10px;}
```

下面的代码为h1元素上下添加了10像素、左右添加了5像素内边距。

```
h1 {  padding: 10px 5px;}
```

此外，也可以按上、右、下、左的顺序同时为各边指定不同的内边距。例如。

```
h1 {  padding: 10px 5px 5px 20%;}
```

若只需指定单边的内边距，我们可以使用单边内边距属性padding-top、padding-right、padding-bottom、padding-left，分别对应上、右、下、左内边距。

【示例4-3】padding属性示例（ch4/示例/padding.html）。

下面的代码演示了填充属性的应用。示例4-3的HTML部分与示例4-1的HTML部分相同，此处不再列出。其中p#B部分的右边距和下边距没有设置，即为0px。

```
<style>
  p#A{  padding: 10px 10px 10px 20%;
        background-color: #c2f670;
      }
  p#B{  padding-top: 20px;
        padding-left: 50px;
        background-color: #c2f670;
      }
</style>
```

雨霖铃

柳永

> 寒蝉凄切，对长亭晚，骤雨初歇。都门帐饮无绪，留恋处，兰舟催发。执手相看泪眼，竟无语凝噎。念去去，千里烟波，暮霭沉沉楚天阔。

多情自古伤离别，更那堪，冷落清秋节！今宵酒醒何处？杨柳岸，晓风残月。此去经年，应是良辰好景虚设。便纵有千种风情，更与何人说？

图 4-5　padding 属性的应用效果

padding属性的应用效果如图4-5所示。

4.1.4　外边距

外边距（margin）是指围绕元素边框的空白区域，也称为边界或者空白边。外边距保证了元素间互不冲撞或不冲撞浏览器窗口的边线。

margin属性可用来设置外边距，它可以取auto、长度值和百分比值。我们可以依照上、右、下、左的顺序，使用margin属性同时设置4个方向的外边距。若需要单独设置某一边的外边距，此时可以使用子属性margin-top、margin-right、margin-bottom和margin-left。

【示例4-4】margin属性示例，为页面和两个段落分别加了边框（ch4/示例/margin.html）。

```
<style>
  body{  margin: 5% 10%;
         border: 1px solid red;
         background: #bbe09f;
  p#A{  margin: 4px;
        border: 1px solid red;
        background: #fcf2be;
       }
  /* margin开头4句的效果等同于margin: 6px 250px 1em 4em; 设置顺序为上、右、下、左*/
  p#B{  margin-top: 6px;
        margin-right: 250px;
        margin-bottom: 1em;
        margin-left: 4em;
        border: 1px solid red;
        background: #fcf2be;
       }
</style>
```

< 129 >

margin属性示例效果如图4-6所示。

问题：在图4-6中，为了便于比较计算，假设A盒子的margin属性为40px，B盒子margin-top属性为60px，两个盒子的距离是多少？

答：当元素的上下外边距重叠时，不是简单的外边距累加，而是应用最大的指定值，所以两个盒子间的距离为60px。

> **注意**
>
> （1）margin属性虽然可以应用于内嵌元素，但只能设置上下外边距，不能在元素上下添加垂直空间，也不会改变行高。
>
> （2）设置margin属性时，可以为margin属性指定负值。当应用负外边距时，内容、填充和边框都将向相反的方向移动。A盒子的margin边距是4em，B盒子的margin边距是−4em，效果如图4-7所示。

图 4-6 margin 属性示例效果

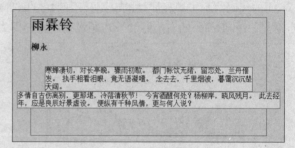

图 4-7 margin 属性为负值时的效果

4.2 浮动与定位

CSS有3种基本的定位机制：普通流、浮动和绝对定位。

普通流中的元素位置由元素在HTML标签中出现的先后顺序决定。块级元素从上到下，一个接一个地竖直排列，如ch4/示例/float1.html。行内元素则在一行中水平排列。

如果想灵活地设计各种元素的位置，就需要用到浮动和布局。

4.2.1 浮动与清除浮动

CSS的float（浮动）属性会使元素向左或向右移动，如ch4/示例/float2.html中div2浮动到页面右侧，直到它的外边缘碰到包含框或另一个浮动框的边框为止，如ch4/示例/float3.html中4个div呈横向显示。浮动元素之后的元素将围绕它，之前的元素不会受到影响。

1．float属性

float属性常用于图文混排和页面布局，基本语法如下：

```
float : left | right;
```

【示例4-5】图文混排（ch4/示例/imgfloat.html）。

本例演示图像使用浮动的效果。应用语句设置img元素的内、外边距后，使得img与边框、边框与文字均保持15px的距离。注意对比是否使用float属性的区别。

```
<!DOCTYPE HTML>
<html>
```

< 130 >

```
<head>
<style>
    img{margin:0px;padding:0px;}    /*清除img元素的默认内、外边距*/
    img{ float:left;    /*去掉这一句,可变为不浮动*/
    width:120px;
    margin:15px; padding:15px;
    border:1px solid black;
    text-align:center;    }
</style>
</head>
<body>
<img src="images/yst.jpg" /><br />
<p>宴山亭·幽梦初回</p>
<p>宋代……</p>
<p>幽梦初回……</p>
<p>【注释】……</p>
</body>
</html>
```

增加float:left可获得图像左浮动效果如图4-8所示,去掉float:left可获得图像不浮动效果如图4-9所示。

图4-8　图像左浮动效果

图4-9　图像不浮动效果

图像向左浮动后,浮动框旁边的文字行框被缩短,从而给浮动框留出空间,行框围绕浮动框。因此,创建浮动框可以使文本围绕图像。

> **注意**
>
> img占据的空间是152px,即:
> 120(图片内容宽度值)+15×2(左、右内边距)+1×2(边框)

2. clear属性

要阻止行框围绕浮动框,我们需要对行框应用clear属性。clear属性的值可以是left、right、both或none,它表示框的哪些边不应该挨着浮动框。

基本语法如下:

```
clear : none | left | right | both
```

取值如下。

- none:默认值,允许两边都可以有浮动对象。
- left:不允许左边有浮动对象。
- right:不允许右边有浮动对象。
- both:不允许有浮动对象。

针对示例4-5,为段落设置清理属性p {clear:left; }后,文本不再环绕图像,效果等同图4-9。

【示例4-6】布局塌陷(ch4/示例/layoutcollapse.html)。

< 131 >

假设希望让一个图片浮动到文本块的左边，并且希望这幅图片和文本包含在另一个具有背景颜色和边框的元素中，期望效果如图4-10所示。

```
<!DOCTYPE HTML>
<html>
<head>
  <style>
    # include {  background-color:lightgray;  border:1px solid black;  }
    # include img {  float:left;width:120px; }
    # include p {  float:right;}
  </style>
</head>
<body>
  <div id="include">
    <img src="./images/yst.jpg" /><br />
    <p>宴山亭·幽梦初回</p>
    <p>宋代……</p><p>幽梦初回……</p><p>【注释】……</p>
  </div>
</body>
</html>
```

此时会出现一个奇怪的问题，id名为include的div变成窄条。其原因是其中的所有内容均被设置为浮动，浮动元素会脱离文档流，故而没有内容能够为include撑起高度，这就是常见错误"布局塌陷"，如图4-11所示。

图 4-10　期望灰色 div 将文字和图片框起来

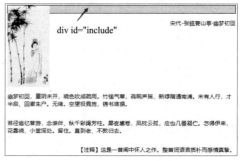

图 4-11　图像和段落浮动的实际效果

3．解决布局塌陷

分析图4-11后，得到其网页结构图4-12。如何让外层父元素在视觉上包围浮动元素呢？我们可以通过多种方法解决布局塌陷，本书仅列举下面两种方法。

（1）添加空元素

由于没有子元素可以清理浮动，因此添加图4-13所示箭头所指的空元素来清理。

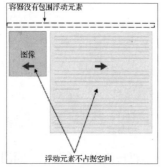

图 4-12　不占据空间的包含元素

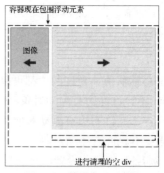

图 4-13　使用空 div 清理

< 132 >

【示例4-7】布局塌陷解决方案1——加入空div（ch4/示例/clear.html）。

在父元素include中，加入一个没有内容的div，将其clear属性设置为both，撑起父元素，就可以解决"布局塌陷"的问题。其HTML部分同示例4-6的HTML部分，不再列出。

```
<style>
#include{  background-color:lightgray;
           border:1px solid black;    }
#include img{  float:left; width:120px; }
#include p{  float:right; }
.clear {  clear: both;  }
</style>
<body>
    <div id="include">
    ...
    <div class="clear"></div>
</div>
</body>
```

（2）容器浮动

上面的方法需要添加多余的网页元素，也可以对父元素div进行浮动，让父元素和子元素又重新恢复在同一层。

```
...
<style>
#include{  background-color:lightgray;
           border:1px solid black;
           float:left;
}
...
</style>
```

这种方法会使下一个元素受到这个浮动元素的影响。为了解决这个问题，有人选择对布局中的所有元素进行浮动，然后使用适当的有意义的元素（常常是网页的页脚）对这些浮动进行清理，这样有助于减少或消除不必要的标签。

4.2.2　定位

定位（position）是一种布局方式，元素框可以通过定位放在页面的任意位置。position有以下4个值。

static：默认值，是指没有开启定位。

relative：相对定位，是指相对于元素框的原始位置定位。

absolute：绝对定位，是指相对于元素框的父容器定位。

fixed：固定定位，是指元素框在页面的位置不会随着页面滚动而变化。

要实现定位，我们需要指出定位位置，即偏移属性。

1．偏移属性

偏移属性是元素定位相对基准偏移的度量，偏移属性有上、右、下、左共4个，即top、right、bottom、left。属性值可以为长度计量值、百分比值、auto。

2．相对定位

如果想要对一个元素进行相对定位，我们可以通过设置垂直或水平位置，让这个元素"相对于"它的原始位置进行移动。基本语法如下：

```
position: relative;
```

如果将元素的top属性设置为20px，那么它将在距原位置顶部下方20像素的地方。如果将left属

< 133 >

性设置为30px，则会在元素左边创建30像素的空间，也就是将元素向右移动。效果如图4-14中的框2所示。

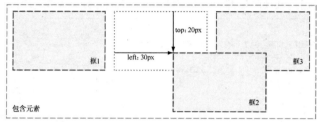

图 4-14　相对定位示意图

> ⚠️ **注意**
>
> 　　图4-14中，框2虽然设置了相对定位，但它的原始空间仍然被保留，框3依然排在框2原始位置的后面，两个框发生了重叠。

【示例4-8】相对定位（ch4/示例/relative.html）。

```html
<!DOCTYPE HTML>
<html>
<head>
<style>
#div{ width:100px;
      height:50px;
      float:left;
 }
#div1{ background-color:#cceeaa; }
#div3{ background-color:#aabbcc; }
#box_relative {
  background-color:#ffaabb;
  position: relative;
  left: 30px;
  top: 20px;
}
</style>
</head>
<body>
  <div id="div1">div1</div>
  <div id="box_relative">div2相对定位框</div>
  <div id="div3">div3</div>
</body>
</html>
```

效果如图4-15所示。

3．绝对定位

定位元素会相对于父容器来确定位置，那么什么是父容器呢？

如果元素有一个祖先，祖先的position属性设置为

图 4-15　相对定位

relative、absolute或fixed，该祖先就是此元素的父容器。如果没有被定位的祖先，那么此元素的父容器就是body。

现有如下页面结构。

```html
<body>
<div id="div1" style="position:relative;">我是div1
  <div id="我是div2"
```

< 134 >

```
        <div id="div3" style="position:absolute;">我是div3 </div>
    </div>
  </div>
</body>
```

分析上述代码，div3的父元素是div2，祖先元素是div1。判断div3的父容器，先看它的父元素div2是否定位，再依次往上追溯离它最近的定位祖先元素。由于div1具有定位属性，则定位元素div3的父容器为div1。如果div2的所有祖先都没有定位，那么div2的父容器就是body。

绝对定位使元素的位置与文档流无关，因此不占据空间。这一点与相对定位不同，相对定位实际上被看作普通流定位模型的一部分，这是因为元素的位置是相对它在普通流中的位置。基本语法如下：

```
position: absolute;
```

【示例4-9】绝对定位（ch4/示例/absolute.html）。

在示例4-9中，注意分析定位元素div2的父容器。

CSS部分代码如下：

```
<style type="text/css">
div,body{  border:1px dashed black;  }
#div1{
  width:200px; height:100px;
  background-color:#cceeaa;
  margin:50px;
  position:relative;                    /*在实现图4-17的效果时，删除此句*/
}
#div3,#box_absolute{
  width:100px; height:50px;
  float:left;
}
#div3{  background-color:lightyellow;  }
#box_absolute {
  width:100px; height:50px;
  background-color:#ffaabb;
  float:left;
  position: absolute;
  left: 50px;
  top: 50px;
}
</style>
```

HTML部分代码如下：

```
<div id="div1">div1
  <div id="box_absolute">div2绝对定位框</div>
  <div id="div3">div3 </div>
</div>
```

效果如图4-16所示。

如果删除div1的相对定位，div2就没有定位祖先了。此时body成为其父容器，div2就以body为定位的依据，如图4-17所示。

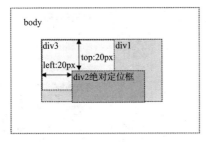

图 4-16　div2 相对于 div1 定位

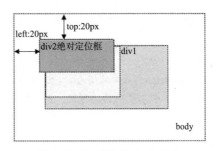

图 4-17　div2 相对于 body 定位

< 135 >

设置为绝对定位的元素框会从文档流完全删除，并相对其父容器定位，元素原先在正常文档流中所占的空间会关闭，就好像该元素原来不存在一样。如图4-16所示，div3占据了div2的位置。

4.2.3　层叠顺序

网页中有很多元素，页面中的元素有层叠上下文关系。当元素发生层叠的时候，其覆盖关系遵循下面两条层叠领域的黄金准则。

（1）谁大谁上：当具有明显的层叠水平标示时，如识别的z-index值在同一个层叠上下文领域，层叠水平值大的覆盖小的。

（2）后来居上：当元素的层叠水平一致、层叠顺序相同的时候，处于后面的元素会覆盖前面的元素。

在CSS和HTML领域，只要元素发生了层叠问题，都离不开上面这两条准则。

层叠依赖于z-index这个属性来实现，z-index属性设置元素的层叠顺序，拥有更高层叠顺序的元素总是会处于层叠顺序较低元素的前面。

【示例4-10】层叠顺序（ch4/示例/z-index.html）。

这里以唐代诗人王昌龄的《采莲曲》为例，对p、h1元素和img元素的z-index值进行设置，以展示层叠顺序。

CSS部分代码如下：

```
<style type="text/css">
img {position:absolute;
     left:0px;top:0px;
     z-index:-1;
     width:350px;
     height:250px;}
h1,p{font-weight:900;}
div{
    margin-left:100px;
    background: rgb(256,256,256,0.7);
    width:130px;
    box-shadow: 0px 0px 20px 0px rgba(0,0,0,0.5);
}
</style>
```

HTML部分代码如下：

```
<div>
    <h1>采莲曲</h1>
    <img src="./images/lotus.jpg" />
    <p>荷叶罗裙一色裁, </p>
    <p>芙蓉向脸两边开。</p>
    <p>乱入池中看不见, </p>
    <p>闻歌始觉有人来。</p>
</div>
```

效果如图4-18所示。

> **！注意**
>
> （1）z-index仅能在定位元素上起作用（例如position: absolute;）。
>
> （2）默认z-index的值为0。此处设置图片的z-index为-1，图片拥有更低的优先级，因此显示在文字下方。

图 4-18　设置图片 z-index 为 -1 的效果

< 136 >

4.3　布局策略

网页设计中，页面布局是重要的环节。由于各种显示器的规格和分辨率各不相同，因此页面在不同的应用场景需要不同的展现形式。布局最终的目的是让内容能够更加灵活和便捷地呈现在用户面前。

对于固定宽度的网站布局，页面最大化、满屏化的网站的确美观、信息量大，但是过高的分辨率在设计师的显示器上合适，不代表在浏览者的显示器上也合适。目前大尺寸、宽屏幕的显示器越来越多，普及的分辨率在1024px×768px以上。在这种分辨率下，含滚动条的页面最大宽度应不超过994px，因此一般页面宽度的定位在990px以内比较合适。

页面布局策略主要有液态布局、固定布局和弹性布局。液态布局中的各个区域能够随着浏览器窗口按比例缩放；固定布局将内容放在一个保持指定元素宽度的网页区域内，而不管浏览器窗口多大；弹性布局是指当文本缩放时，其中的区域会放大或缩小。

4.3.1　液态布局

液态布局也称流动布局，是指在不同分辨率/浏览器屏幕宽度下，页面内容保持满屏，就像液体一样充满了屏幕。通常采用百分比的方式自适应不同的分辨率。

【示例4-11】液态布局1-比例设置（ch4/示例/liquid1.html）。

在本例中，设置荷塘月色（#main）部分占其父容器body的70%，朱自清简介（#extras）部分占25%。由于篇幅关系，只截取部分效果图做对比。随着浏览器窗口大小的变化，网页区域根据比例变宽或变窄，从而填充浏览器窗口的可用空间。文本则根据新的区域宽度重新流动。

CSS部分代码如下：

```
<style>
    div#main {  width: 70%;
                margin-right: 2%;
                float: left;
                background-color: #FFF799;
                border: 2px solid #6C4788;
    }
    div#extras { width: 25%;
                float: left;
                background: orange;
                border: 2px solid #6C4788;
    }
</style>
```

HTML部分代码如下：

```
<div id="main">荷塘月色……</div>
<div id="extras">朱自清简介……</div>
```

运行效果如图4-19所示。

【示例4-12】液态布局2-定位设置（ch4/示例/liquid2.html）。

在本例中，将朱自清简介（#extras）部分通过定位固定在浏览器右上角，宽度为200px，此部分属于固定布局。设置荷塘月色（#main）部分定位在浏览器的(225,0)位置，宽度为auto，此部分属于液态布局。随着浏览器窗口大小的变化，#extras部分位置固定，宽度不变，而#main部分位置固定，宽度随之改变。从此例可以看出，液态布局策略结合定位标签，使得布局方式更为灵活。

< 137 >

图 4-19　液态布局效果

CSS部分代码如下：

```
<style>
   div#main{  width: auto;
              position: absolute;
              top: 0;
              left: 225px;
              background-color: #FFF799;
              border: 2px solid #6C4788;
   }
   div#extras{  width: 200px;
              position: absolute;
              top: 0;
              left: 0;
              background: orange;
              border: 2px solid #6C4788;

   }
</style>
```

4.3.2　固定布局

固定布局相对简单，其中有一个设置了固定宽度的容器，里面的各个区域也是固定宽度而非百分比形式的宽度。选择固定布局需要决定两件事：一是选择网页宽度，一般应适应主流的分辨率，假设分辨率为1024px，那么可将容器的宽度设置为固定宽度950px；二是决定固定宽度布局将处于浏览器窗口的什么位置。

【示例4-13】固定布局1（ch4/示例/fixed1.html）。

在本例中，容器（#wrapper）的宽度固定为950px。内部分为两个区域：其中#extras区域定位为(0,0)，宽度固定为200px；#main区域定位为(225,0)，宽度没有指定，应为容器剩余的部分。

HTML部分代码如下：

```
<div id="wrapper">
   <div id="main">荷塘月色……</div>
   <div id="extras">朱自清简介……</div>
</div>
```

CSS部分代码如下：

```
<style>
 div#wrapper {  width: 950px;
                position: absolute;
                margin-left: auto;
                margin-right: auto;
                border: 1px solid black;
                padding: 0px; }
 div#main {  margin-left: 225px;
```

< 138 >

```
                  background-color: #FFF799;
                  border: 2px solid #6C4788; }
  div#extras {  width: 200px;
                  position: absolute;
                  top: 0; left: 0;
                  background: orange;
                  border: 2px solid #6C4788; }
</style>
```

fixed1页面布局如图4-20所示，fixed1代码运行后的效果如图4-21所示。

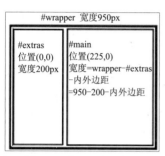

图 4-20　fixed1 页面布局

图 4-21　fixed1 代码运行后的效果

在显示器越来越大的趋势下，1024px×768px的固定布局越来越不合时宜。对大屏幕的用户而言，大面积的留白给人的初始印象是严重浪费了屏幕空间。

【示例4-14】固定布局2（ch4/示例/fixed2.html）。

fixed2.html实现了容器在页面的居中效果。与fixed1.html相比，两者仅有一句代码不同。

```
div#wrapper {  …
        position: relative;
        …        }
```

固定布局是目前最常用的布局方法，其优点是布局简便，且开发者对布局和定位有更大的控制能力。但是，因为它的宽度是固定的，无论窗口尺寸有多大，它的尺寸总是不变的，所以无法充分利用可用空间。

布局的传统解决方案是基于盒状模型，依赖display属性、position属性和float属性，但对于那些特殊布局非常不方便，例如，垂直居中就不容易实现。弹性布局可以更方便、灵活地控制页面元素。

4.3.3　弹性布局

弹性（Flex）布局的英文Flex是Flexible Box的缩写，即弹性盒子。这种布局模式可以为盒状模型提供最大的灵活性。弹性盒子中的子元素能在各个方向上进行布局，并且能以弹性尺寸来适应显示空间。弹性布局中元素的显示顺序与它们在源代码中的顺序无关，定位子元素将变得更容易，代码更简单、清晰。支持弹性布局的浏览器有Chrome 21、Opera 12.1、Firefox 22、Safari 6.1及其更高版本等。

1．Flex初识

任何一个容器都可以指定为弹性布局，其语法格式如下：

```
.box{  display: flex; }
.box{  display: inline-flex; }              /*行内元素使用弹性布局*/
```

< 139 >

```
.box{
    display: -webkit-flex;          /*WebKit内核的浏览器必须加上-webkit前缀*/
    display: flex;
}
```

📋 说明

　　设置为弹性布局以后，子元素的float、clear和vertical-align属性将失效。

【示例4-15】弹性布局首例（ch4/示例/flex1.html）。

　　本例只用了"display:flex;"和"flex:1;"语句就设置了横向布局的3个大小均等的盒子，由此可见Flex语句简单、清晰。

```
<style>
#main{   width:320px;
         height:200px;
         border:1px solid #777;
         display:flex;
}
#main div{   flex:1;
             background-color:#ccc;
             border:1px dashed #777;}
</style>
<body>
   <div id="main">
     <div>左边盒子</div>
     <div>中间盒子</div>
     <div>右边盒子</div>
   </div>
</body>
```

2. 基本概念

　　下面介绍Flex容器的概念。为了方便描述，弹性盒子模型需要有一套术语，如图4-22所示。

　　（1）弹性容器（flex container）

　　弹性容器是包含弹性项目的父元素。我们通过设置display属性的值为flex或inline-flex来定义弹性容器。

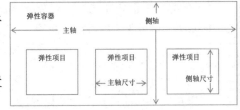

图4-22　Flex 容器的相关术语

　　（2）弹性项目（flex item）

　　弹性容器的每个子元素都可称为弹性项目。弹性容器直接包含的文本将被包覆成匿名弹性单元。

　　（3）轴（axis）

　　每个弹性框布局都包含两个轴。弹性项目沿其依次排列的那根轴称为主轴（main axis）；垂直于主轴的那根轴称为侧轴（cross axis）。

3. 容器的属性

　　弹性容器的属性包括flex-direction、flex-wrap、flex-flow、justify-content、align-items、align-content。

　　（1）flex-direction

　　flex-direction决定主轴的方向，即项目的排列方向。其属性值及功能描述如表4-1所示。

表4-1　　　　　　　　　　　　　　　　　　flex-direction属性值及功能描述

属性值	描述	属性值	描述
row	水平方向，起点左端	column	垂直方向，起点上沿
row-reverse	水平方向，起点右端	column-reverse	垂直方向，起点下沿

【示例4-16】flex-direction示例（ch4/示例/flex-direction.html）。

< 140 >

```
<style>
#main {
    width: 500px;
    height: 350px;
    border: 1px solid #777;
    display: flex;
    flex-direction: row ;/*row row-reverse column column-reverse */
}
#main div{width:58px ;height:50px;font-size:10px;border:1px dashed #777; background:
#ccc;}
</style>
</head>
<body>
<p>弹性容器 flex-direction:</p>
<div id="main">
<div >弹性项目1</div>
<div >弹性项目2</div>
<div >弹性项目3</div>
<div >弹性项目4</div>
<div >弹性项目5</div>
<p> column </p>
</div>
</body>
```

在本例中，分别测试flex-direction取4种不同值时的不同效果，如图4-23所示。

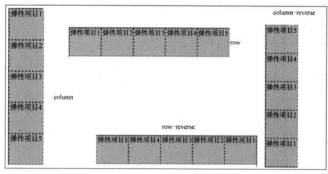

图 4-23　flex-direction 设置效果

（2）flex-wrap

默认情况下，项目都排在一条线（又称"轴线"）上。flex-wrap属性定义如果一条轴线排不下该如何换行。其属性值及功能描述如表4-2所示。

表4-2　　　　　　　　　　　　　　flex-wrap属性值及功能描述

属性值	描述	属性值	描述
nowrap	默认，不换行	wrap-reverse	换行，第1行在下方
wrap	换行，第1行在上方		

【示例4-17】flex-wrap属性（ch4/示例/flex-wrap.html）。

```
<style>
#main {
    width: 350px;
    height: 120px;
    border: 1px solid #777;
    display: flex;
    flex-wrap:wrap-reverse;/*属性值包括: nowrap wrap wrap-reverse*/
}
#main div{width:50px;height:50px;border:1px dashed #777;background:#ccc;}
```

< 141 >

```
    #main div{font-size:20px;text-align:center;line-height:50px;overflow:hidden;}/* div文
字水平、垂直居中*/
    </style>
    </head>
    <body>
    <div id="main">
    <div >1</div>
    <div >2</div>
    <div >3</div>
    <div >4</div>
    <div >5</div>
    <div >6</div>
    <div >7</div>
    <div >8</div>
    <div >9</div>
    <div >10</div>
    </div>
    <p><b>注意: </b>IE11、Firefox28+、Chrome21+等均支持 flex-wrap属性。</p>
    </body>
```

在本例中，通过flex-wrap属性先将项目依次排列在下行，换行后往上排列。运行效果如图4-24所示。

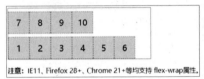

图 4-24　flex-wrap 排列项目

📇 **说明**

> 在本例CSS代码部分（见flex-wrap.html），语句"line-height:50px; overflow:hidden;"的功能是将div中的数字设置为垂直居中。

（3）flex-flow

flex-flow属性是flex-direction和flex-wrap属性的复合属性。例如：

```
flex-flow:row-reverse wrap;
```

代码指出主轴方向是水平逆向，换行方式是从上到下。

（4）justify-content

justify-content属性定义了项目在主轴上的对齐方式。其属性值及功能描述如表4-3所示。

表4-3　　　　　　　　　　　　　　　justify-content属性值及功能描述

属性值	描述	属性值	描述
flex-start	左对齐	space-between	两端对齐，项目之间的间隔都相等
flex-end	右对齐	space-around	每个项目两侧的间隔相等
center	居中		

【示例4-18】justify-content示例（ch4/示例/ justify-content.html）。

```
    <style>
    #main {
        width: 350px;
        height: 80px;
        border: 1px solid #777 ;
        display: flex;
        justify-content:space-between;/*flex-start  flex-end  space-around    center
space-around*/
        margin:15px;

    }
    #main div{width:50px;height:50px;background:#ccc;border:1px dashed #777;}
    #main div{font-size:20px;text-align:center;line-height:50px;overflow:hidden;}
//div文字水平、垂直居中
    </style>
```

< 142 >

```
</head>
<body>
  <div id="main" >
    <div >1</div>
    <div >2</div>
    <div >3</div>
  </div>
</body>
```

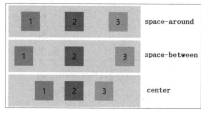

图 4-25　justify-content 属性值对比效果

在图4-25中，分别将justify-content属性值设为space-around、space-between和center。

（5）align-items

align-items 定义了项目在交叉轴上如何对齐。其属性值及功能描述如表4-4所示。

表4-4　　　　　　　　　　　　　align-itmes属性值及功能描述

属性值	描述
flex-start	交叉轴的起点对齐
flex-end	交叉轴的终点对齐
center	交叉轴的中间点对齐
baseline	项目的第1行文字的基线对齐
stretch	默认值，如果项目未设置高度或设置为auto，将占满整个容器的高度

【示例4-19】align-items示例（ch4/示例/align-items.html）。

```
<style>
#main {
  width: 350px;
  height: 60px;
  border: 1px solid #777;
  display: flex;
  justify-content:space-around;
  align-items:center  ;/*flex-start  flex-end   center     baseline*/
}
#main div{width:50px; border: 1px dashed #777;background:#ccc;}
#main div{font-size:10px;text-align:center;}/*div文字水平、垂直居中*/
</style>
</head>
<body>
<div  id="main" >
    <div   style="height:20px;">1</div>
    <div   style="height:50px;">2</div>
    <div   style="height:30px;">3</div>
    <div   style="height:15px;">4</div>
</div>
</body>
```

图 4-26　align-items 属性值对比效果

在图4-26中，align-items属性分别取值center、f lex-start和flex-end。

（6）align-content

align-content用来设置多个元素组成的容器内的对齐方式，其属性定义了多根轴线的对齐方式（见表4-5）。

表4-5　　　　　　　　　　　　　align-content属性值及功能描述

属性值	描述
f lex-start	与交叉轴的起点对齐（顶部对齐）
f lex-end	与交叉轴的终点对齐（底部对齐）

< 143 >

属性值	描述
center	与交叉轴的中点对齐（居中对齐）
space-between	与交叉轴两端对齐，轴线的间隔平均分布
space-around	每根轴线两侧的间隔都相等，因此，轴线的间隔比轴线与边框的间隔大一倍
stretch默认值	轴线占满整个交叉轴（高度占满整个容器）

【示例4-20】align-content示例（ch4/示例/align-content.html）。

```
<style>
#main {
  width: 250px;
  height: 250px;
  border: 1px solid #777;
  display: flex;
  flex-wrap:wrap-reverse;/*属性值包括nowrap wrap wrap-reverse*/
}
#main div{width:50px;height:50px;border:1px dashed #777;background:#ccc;}
#main{align-content:center;}/*flex-start flex-end  center space-between space-around*/
</style>
</head>
<body>
<div id="main">
    <div >1</div>
    <div >2</div>
    <div >3</div>
    <div >4</div>
    <div >5</div>
    <div >6</div>
    <div >7</div>
    <div >8</div>
    <div >9</div>
    <div >10</div>
</div>
</body>
```

> **注意**
>
> 如果项目只有一根轴线，该属性不起作用。效果如图4-27所示。

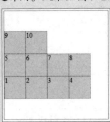

图 4-27   align-content 属性值为 center 效果

4．项目属性

弹性项目的属性包括order、flex-grow、flex-shrink、flex-basis、flex。弹性项目属性及功能描述如表4-6所示。

表4-6　　　　　　　　　　　　　　　　　　　弹性项目属性及功能描述

属性	描述
order	定义项目的排列顺序。数值越小，排序越靠前，默认值为0
flex-grow	定义项目的放大比例。默认值为0，即如果存在剩余空间，也不放大

< 144 >

属性	描述
flex-shrink	定义项目的缩小比例。默认值为1，即如果空间不足，该项目将缩小
flex-basis	定义在分配多余空间之前，项目占据的主轴空间。浏览器根据这个属性，计算主轴是否有多余空间。它的默认值为auto，即项目的本来大小
flex	flex-grow、flex-shrink和flex-basis的简写，默认值为0、1、auto。后两个属性可选

（1）order

order属性用来设置或检索弹性项目出现的顺序。需要说明的是，对order属性的定义会影响position值为static元素的层叠级别，数值小的会被数值大的盖住。

【示例4-21】order属性的应用（ch4/示例/order1.html）。

如图4-28所示，本例将item1的order值设置为1时，项目出现顺序为item2、item1；将item2的order值设置为1时，项目出现顺序为item1、item2。

```
.test {  display: flex;}
.item1 {  order: 1; margin:-10px; }
```

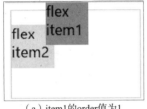
（a）item1的order值为1

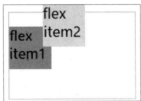
（b）item2的order值为1

图 4-28　order 属性的应用效果

（2）flex-grow

flex-grow属性用来设置或检索弹性项目的扩展比率，默认值为0。如果没有显示定义该属性，项目就不会拥有分配剩余空间的权限。

【示例4-22】flex-grow属性的应用（ch4/示例/flex-grow.html）。

```
.flex1{  display:flex;width:600px;margin:0;padding:0;
        list-style:none;}
.flex1 li:nth-child(1){  width:200px;}
.flex1 li:nth-child(2){  width:50px;}
.flex1 li:nth-child(3){  width:50px;}
<ul class="flex1">
      <li>项目1</li><li>项目2</li><li>项目3</li>
</ul>
```

在本例中，将容器flex1的宽度设置为600px，而子项目的宽度分别为200px、50px和50px，子项目的总宽度为300px，剩余宽度为300px。由于没有对各个子项目设置flex-grow属性，项目没有分配剩余空间的权限，因此如图4-29（a）所示，项目1、项目2、项目3的实际宽度与设置宽度一致。

而容器flex2的CSS设置为：

```
.flex2{  display:flex;width:600px;margin:0;padding:0;
        list-style:none;}
.flex2 li:nth-child(1){  width:200px;}
.flex2 li:nth-child(2){  flex-grow:1;width:50px;}
.flex2 li:nth-child(3){  flex-grow:3;width:50px;}
```

项目2和项目3都显式定义了flex-grow，那么flex2容器的剩余空间分成了1+3=4份，其中项目2占1份，项目3占3份。效果如图4-29（b）所示，flex2容器的剩余空间宽度为600-200-50-50=300px，所以最终项目1、项目2、项目3的宽度分别如下所示。

< 145 >

项目1：因为没有设置flex-grow，所以宽度依然为200px。

项目2：50+(300/4×1)=125px。

项目3：50+(300/4×3)=275px。

（a）项目无flex-grow设置

（b）项目2:flex-grow:1，项目3:flex-grow:3

图 4-29　flex-grow 属性的应用效果

（3）flex-shrink

flex-shrink属性用来设置或检索弹性盒的收缩比率。我们可以将弹性盒子元素所设置的收缩因子作为比率来收缩空间。

【示例4-23】flex-shrink属性的应用（ch4/示例/flex-shrink.html）。

```
.flex1{  display:flex;
        width:400px;
        margin:0;
        padding:0;
        list-style:none;}
.flex1 li{  width:200px;}
ul li{  background:#ccc;
        border:1px dashed #777;}
.flex1,.flex2{
border:1px solid #777;
}
<ul class="flex1">
    <li>项目1</li>
    <li>项目2</li>
    <li>项目3</li>
</ul>
```

在本例中，将容器flex1宽度设置为400px，子项目的宽度均设置为200px，故子项目的总宽度为600px。Flex环境容器的宽度不会变，flex-shrink的默认值为1；如果没有显示定义该属性，将会自动按照默认值1在所有因子相加之后计算比率来进行空间收缩，因此如图4-30（a）所示，3个子项目的宽度会进行相同比例收缩，约为三等分，均为400/3px。为了比较不同效果，我们在flex2中做了如下设置。

（a）项目无flex-shrink设置

（b）项目3:flex-shrink:3

图 4-30　flex-shrink 属性的应用效果

```
.flex2{  display:flex;width:400px;margin:0;padding:0;
        list-style:none;}
.flex2 li{  width:200px;}
.flex2 li:nth-child(3){  flex-shrink:3;}
```

效果如图4-30（b）所示。项目3显式定义了flex-shrink，项目1和项目2没有显式定义，将根据默认值1来计算，可以看到总共将剩余空间分成了5份，其中项目1占1份，项目2占1份，项目3占3份，即1：1：3。计算剩余宽度为400-600=-200px，那么超出的200px需要被子项目消化。

通过收缩因子，所以加权综合可得200×1+200×1+200×3=1000px，那么项目1、项目2、项目3将被移除的溢出量如下所示。

项目1：(200×1/1000)×200，即约等于40px。

项目2：(200×1/1000)×200，即约等于40px。

< 146 >

项目3：$(200 \times 3/1000) \times 200$，即约等于120px。

项目1的实际宽度为200-40=160px。

项目2的实际宽度为200-40=160px。

项目3的实际宽度为200-120=80px。

（4）flex-basis

flex-basis属性用来设置元素的宽度。如果元素同时设置了width和flex-basis，那么flex-basis会覆盖width的值。其属性值及功能描述如表4-7所示。

表4-7　　　　　　　　　　　　　　　flex-basis属性值及功能描述

属性值	描述	属性值	描述
length	用长度值来定义宽度。不允许负值	auto	无特定宽度值，其值取决于其他属性值
percentage	用百分比值来定义宽度。不允许负值	content	基于内容自动计算宽度

（5）flex

flex是复合属性，其用来设置或检索弹性子项目如何分配空间。flex属性详细含义如表4-8所示。

表4-8　　　　　　　　　　　　　　　flex属性详细含义

flex	flex-grow（剩余空间分配比例）	flex-shrink（默认值为1，空间不足时等比例缩小；默认值非1，空间不足时不缩小）	flex-basis（项目占据的主轴空间）
默认	0	1	auto
none	0	0	auto
auto	1	1	auto
n（非负数）	n	1	0
长度值或百分比值	1	1	长度值或百分比值
n,m（非负数）	n	m	0
n,长度值或百分比值	n	1	长度值或百分比值

【示例4-24】 flex复合属性的应用（ch4/示例/flex2.html）。

```
<div class="main">
    <div class="item1"></div>
    <div class="item2"></div>
    <div class="item3"></div>
</div>
<style type="text/css">
    .main {
        display: flex;
        width: 600px;
        border:1px solid #777;
    }
    .main > div {
        height: 100px;
        background:#ccc;
        border:1px dashed #777;
    }
    .item1 {
        width: 140px;
        flex:2 1 0%;
    }
    .item2 {
        width: 100px;
        flex:2 1 auto;
    }
    .item3 {
        flex: 1 1 200px;
```

< 147 >

```
    }
</style>
```

各个子项目的宽度计算步骤如下。

当item1基准值取0%的时候，该项目被视为零尺寸；当item2基准值取auto时，根据规则基准值使用主尺寸值，即100px，故这100px不会纳入剩余空间。

（1）计算总基准值。

主轴上容器宽度为600px，子元素的flex-basis（总基准值）为0 + auto + 200px=300px，故剩余空间为 600px-300px = 300px。

（2）计算缩放系数和。

伸缩放大系数之和为2 + 2 + 1 = 5。

（3）计算剩余空间分配值。

item1 的剩余空间：$300 \times 2/5=120px$。

item2的剩余空间：$300 \times 2/5=120px$。

item3的剩余空间：$300 \times 1/5= 60px$。

（4）计算项目最终宽度。

item1=0%+120px=0+120px=120px。

item2=auto+120px=100px+120px=220px。

item3=200px+60px=260px。

运行效果如图4-31所示。

图 4-31　flex 复合属性的应用效果

4.3.4　常见布局案例

本节以"杂交水稻之父：袁隆平"为主题，介绍几种常用的网页布局模板，内容如下。

（1）使用浮动属性实现多栏布局：示例4-25浮动液态布局、示例4-26浮动固定布局。

（2）使用定位属性实现多栏布局：示例4-27定位液态布局。

（3）使用margin属性实现页面居中：示例4-28居中定位布局。

1．使用浮动元素的多栏布局

创建栏的一种方法是将一个元素浮动到一边，让其他部分的内容环绕它；宽的外边距用来保持浮动栏周围的区域清晰。其优点是可以轻易地在网页的分栏区域下面摆放网页元素；缺点是界面依赖于元素在源码中的出现顺序。

【示例4-25】浮动液态布局（ch4/示例/fdyt.html），实现效果如图4-32所示。在本例中，main部分宽度占60%，其左、右外边距占5%；extra部分的右外边距占5%，剩余占25%即为extra部分的宽度。每部分的宽度都会随着页面总体宽度的变化而变化。浮动液态布局结构图如图4-33所示。

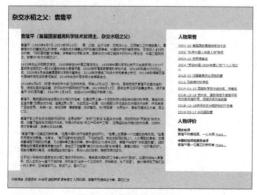

图 4-32　浮动液态布局

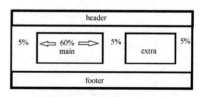

图 4-33　浮动液态布局结构图

< 148 >

【示例4-26】浮动固定布局（ch4/示例/ fdgd.html），实现效果如图4-34所示。在本例中，网页布局为"同"字布局，且所有部分的宽度都是固定的，其中总宽度为750px，左、右两侧links和news部分的宽度均为175px，中间的main部分宽度为400px。页面宽度的变化不会影响其他的部分。浮动固定布局结构图如图4-35所示。

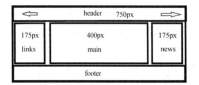

图 4-34 浮动固定布局   图 4-35 浮动固定布局结构图

2．使用绝对定位布局

使用绝对定位布局的优势是源码文档中的顺序不那么重要，因为元素盒子可以摆放在任何位置；劣势是要承担元素重叠和内容模糊的风险。

注意

在栏下面要慎重地应用全宽元素，定位栏太长就会重叠。

【示例4-27】绝对定位布局（ch4/示例/dwytbj-zyj-ll.html），界面为窄页脚、两栏效果。绝对定位布局结构图如图4-36所示。

在本例中，main部分没有指定宽度，但指定了左外边距占5%、右外边距占30%，计算得到main部分的宽度占65%；extra部分的宽度占25%，绝对定位到右上角；header部分与页面同宽。

此外，在ch4/示例/dwytbj-zyj-s.html中实现了定位液态布局，界面为窄页脚、三栏效果；在ch4/示例/dwgdbj-sl.html中实现了定位固定布局，界面为栏间边界线、三栏效果。代码及结构不再赘述。

3．固定宽度网页居中布局

在CSS中，使固定宽度元素居中的正确方法是：指定包含整个网页内容的div元素的宽度，然后设置左、右边的margin属性值为auto。

【示例4-28】固定宽度网页居中布局（ch4/示例/dwwyj.html），实现居中定位布局、无页脚效果，如图4-37所示。

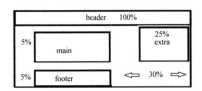

图 4-36 绝对定位布局结构图   图 4-37 居中定位布局效果

< 149 >

在 ch4/示例/fdyyj.html 中，实现浮动布局、有页脚效果。需要说明的是，我们可以用负的 margin 属性值来有效地将网页中窗口块居中对齐。

在 ch4/示例/dwwyj-margin.html 中，实现定位布局、无页脚效果。

在 ch4/示例/fdyyj-magin.html 中，实现浮动布局、有页脚效果。

项目八　古诗词调查问卷（2）

本项目的目的是能够灵活运用 4.1～4.2 节的知识进行 T 形布局。

【项目目标】

- 掌握盒模型的相关 CSS 属性。
- 深刻理解浮动与定位的工作原理。

【项目内容】

- 能够设计相对简单、规整的页面布局，划分各个区域的宽度。
- 灵活运用盒模型和浮动定位的相关知识进行 T 形布局。

【项目步骤】

本项目主要完成古诗词调查页面和李白代表作品页面的 CSS 设计。素材是项目四的结果网页文件 questionnaire1.html 和 css 文件夹中的样式文件等，完成下列步骤。

1．修改 main.css 样式文件

将 questionnaire1.html 另存为 questionnaire2.html，在该文件中引用 main.css 样式文件，即在 `<head>` 标签中加入 `<link rel="stylesheet" href="./css/main.css">` 语句，注意对比页面布局的变化。

利用 Sublime Text 打开素材 css 文件夹中的文件 main.css，按要求添加样式设置。

（1）页面主体设置

① 清除浏览器原有的内、外边距，均设置为 0。其代码如下：

```
* {margin:0;padding:0}
```

② 设置 main 部分的外边距为 30px auto。

（2）主目录部分设置

① 将前期隐藏的主目录显示出来，即删除语句 header { overflow: hidden; }。

② 将 header 部分的左内边距设置为 100px。

③ 设置 header 内 img 为左浮动。

④ 设置 header 内 ul 右外边距为 400px。

⑤ 设置 header 内 nav 下 li 元素：去掉圆点，左浮动。

（3）页面底部

① 设置 footer 上、下内边距为 10px，左、右内边距为 0px。

② 设置 footer 内 nav 的下外边距为 20px。

2．添加样式设置

打开素材文件 questionnaire.css，进行添加样式设置，并在 questionnaire2.html 中引入 questionnaire.css 文件，注意对比页面布局的变化。

（1）设置 body 部分的宽度为 1200px，上、下边距为 0，左右居中。

```
margin:0 auto;
```

（2）设置 table 部分为合并边框，宽度为 1000px，左右居中。

（3）表格列 td 的内边距为 5px。

< 150 >

（4）设置id名为intr的部分：字体为huawenxinwei，字号为20px，内边距为10px。

样式设置完成后，页面效果对比如项目图8-1所示。

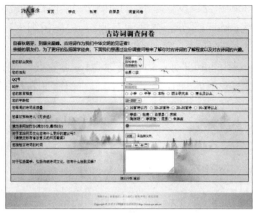

项目图 8-1　页面效果对比

打开素材css文件夹中的libai-representativeworks.css，进行添加样式设置，使用<link>标签将其导入网页文件libai-representativeworks3.html，注意对比页面布局的变化。

（1）利用后代选择器选择单元格main table tr td，设置内边距为10px。

（2）设置main部分的section元素：内边距为5px，外边距为3px。

（3）设置main部分的h2元素：下外边距为5px。

样式设置完成后，效果对比如项目图8-2所示。

项目九　李白个人生平（2）

本项目是为了加深读者对4.2～4.3节知识的理解和对常用网页布局方式进行实践。

【项目目标】

● 灵活运用float+position进行页面布局。

● 掌握常用的页面布局方法。

【项目内容】

● 熟悉各种页面布局的方法。

● 练习CSS常用属性的使用。

【项目步骤】

本项目主要完成李白个人生平页面的布局。该页面的HTML部分已经在项目五中完成，因此项目五的结果文件就是本项目的素材。

用Sublime Text等编辑器打开素材文件夹中的libai-experience1.html页面，使用<link>标签将css文件夹中的"main.css"与"libai-experience.css"引入网页中。打开素材文件夹中的空文件"libai-experience.css"，并按照下列要求编写CSS代码。

1. 整体布局

分析项目五的网页结构，将项目图5-1进行左右布局，效果参见项目图9-1。

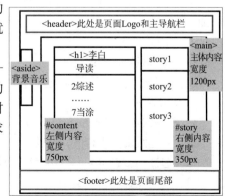

项目图 9-1　李白个人生平（2）网页布局

< 151 >

（1）main部分：内边距为1px；边框粗细为2px，直线，颜色为#e0d4af。注意在前面的项目中，在main.css文件已经将其宽度设置为1200px。

（2）header部分：设置宽度为1200px，其他设置遵循main.css中的样式。

（3）id为content部分：宽度为750px；边框粗细为1px，直线，颜色为#e0d4af；左浮动。

（4）id为story部分：宽度为350px；边框粗细为1px，直线，颜色为#e0d4af；左浮动。

（5）story中的div部分：边框粗细为1px，直线，颜色为#e0d4af。

整体布局理想效果如项目图9-2所示，但整体布局现实效果如项目图9-3所示。

项目图 9-2　整体布局理想效果　　　　　　项目图 9-3　整体布局现实效果

将项目图9-3进行局部放大，发现footer部分被排放到main部分，如项目图9-4所示。分析其原因，由于main部分的两个子元素#content和#story均被设置为浮动，会脱离文档流，造成main中没有任何内容用以撑起高度，footer部分就跟着排在了只剩下一条线的main下面，这就是"布局塌陷"问题。本章介绍了几种解决的方法，在本项目中将使用新增空div的方式来解决该问题。

项目图 9-4　出现"布局塌陷"问题

（6）在libai-experience.html文件的</main>行之上，添加<div style="clear:both">，清除浮动后，就可以得到项目图9-2的效果图了。

2．main部分的样式设计

main部分<img>中的图片设置为左浮动，完成后效果如项目图9-5所示。

3．左侧内容（id名为"content"）部分的样式设计

（1）外边距设置为12px；内边距设置为30px。

（2）边框阴影设置为0 0 3px #7c7151。

（3）行高设置为23px。

（4）#content中<h1>部分。

项目图 9-5　main 部分的图片浮动效果

< 152 >

① 字体大小设置为32px。

② 高度设置为50px。

③ 字体样式设置为normal。

（5）#content中的<img>，但不包括#daodu部分的<img>。

① 宽度设置为300px。

② 外边距设置为5px。

4 ."导读"（id名为"daodu"）部分的样式设计

（1）高度设置为100px。

（2）上下边框宽度设置为1px，边框线的类型设置为实线，颜色设置为"#aaa"。

（3）#daodu中的"pre"部分。

① 行高设置为30px。

② 字体设置为"inherit"。

③ 自动换行设置为"break-word"。

④ 颜色设置为"#7C6854"。

⑤ 让HTML浏览器显示空白空格符。

⑥ 外边距设置为20px，40px，20px，140px。

（4）#daodu中的<img>：高度设置为100px。

完成后效果如项目图9-6所示。

项目图 9-6　content 部分及 #daodu 部分设置效果

5 ."故事"（id名为"story"）部分的样式设计

（1）竖直方向对齐设置为居上。

（2）利用组合选择器，对#content中的段落<p>和#story中的段落<p>进行设置。

① 字体大小设置为14px。

② 首行文本的缩进设置为2em。

③ 外边距设置为10px。

④ 颜色设置为"#333333"。

（3）#story部分的<div>。

① 内边距设置为20px。

② 外边距设置为上13px，右0px，下13px，左13px。

（4）#story部分的<em>：前景色设置为"#BCBCBC"。

（5）#story部分的<img>。

① 宽度设置为100px。

② 高度设置为100px。

③ 外边距设置为10px。

（6）#story3部分的"ul li"。

① 列表项标志放置在文本以内，且环绕文本根据标志对齐。

```
list-style-position: inside;
```

② 字体大小设置为14px。

#story部分设置完成后，页面效果图可扫描二维码查看。

6 ."背景音乐"部分的样式设计

（1）body的直接子代aside。

① 将定位设置为"fixed"。

② top设置为200px。

< 153 >

③ left设置为0。

④ 左外边距设置为-305px。

⑤ 鼠标指针放上后，将左边距设置为0。当鼠标指针放在滚动字幕"背景音乐"上时，控制面板弹出，方便播放页面背景音乐。

（2）body的直接子代aside的<marquee>标签。

① 将定位设置为相对定位。

② 字体大小设置为18px。

③ 宽度设置为18px。

④ 背景颜色设置为"#0F1A52"。

⑤ display设置为inline-block。

⑥ 鼠标指针呈现为指示链接时的指针（一只手）。

⑦ 阴影设置为0 0 3px，颜色设置为"black"。

⑧ 颜色设置为"#f8e0b0"。

"背景音乐"部分设置完成后，效果可参见页面效果图中的右框。

项目十　杜甫个人成就页面（2）

本项目是针对4.3节进行弹性布局实践。

【项目目标】

● 灵活运用弹性容器进行页面布局。

【项目内容】

● 利用Flex布局完成杜甫页面的弹性布局。

● 练习CSS常用属性的使用。

【项目步骤】

本部分素材文件是项目六的结果文件，目的是利用弹性布局完成杜甫个人成就页面的弹性布局。

1．添加图片

dufu-achievement1.html文件中，存在4个空的类名为"textBox"的div，在它们内部添加<img>标签。从上到下依次添加"images"文件夹中的"textBoxImg1.jpg""textBoxImg2.jpg""textBoxImg3.jpg""textBoxImg4.jpg"。

2．guidance部分

（1）guidance中的div部分：添加新内容，外边距设置为30px，属性值为"auto"。

（2）nav2中的ul部分。

① display设置为"flex"。

② 宽度设置为500px。

③ 外边距设置为"auto"。

④ justify-content设置为space-between；

（3）nav2中的ul li部分。

① 宽度设置为150px。

② 高度设置为50px。

③ 行高设置为50px。

④ 去掉列表项前的圆点。

⑤ 背景颜色设置为#c7d2d4。

< 154 >

（4）nav2中的ul li部分在鼠标指针放上后的设置。

① 背景颜色设置为#134857。

② 前景颜色设置为white。

以上部分完成后，效果如项目图10-1所示。

3．main部分的初步设置

（1）main部分的设置。

① display设置为flex。

② flex-direction设置为column。

③ justify-content设置为space-around。

（2）对section中的h2进行进一步设置。

① 宽度设置为110px，高度设置为110px。

② 外边距设置为0，属性值为"auto"。

③ 背景图片设置为"images"文件夹中的"h2BG.png"，图片设置为不重复。

④ background-size设置为"110px"。

⑤ 文字对齐方式设置为居中对齐。

⑥ 行高设置为100px。

（3）同时对类为"text"与类为"textBox"的样式进行设置。

① display设置为flex。

② flex-direction设置为row。

③ flex-wrap设置为wrap。

④ justify-content设置为space-between。

（4）对类为"textBox"的样式进行设置。

① 边框样式设置为10px solid。

② 边框背景设置为"images"文件夹中的"10-border.png"文件。

③ 边框向内偏移设置为10% 10% 10% 10%。

④ 外边距设置为10px 0。

（5）对类为"textBox"样式中的<p>标签进行进一步设置：align-self设置为"center"。

以上部分完成后，效果如项目图10-2所示。

项目图 10-1　guidance 部分效果

项目图 10-2　main 初步设置效果

< 155 >

4．main部分的弹性设置

将此处设计为弹性布局，具体设置如下。

① section:nth-of-type(1) .text .textBox:nth-of-type(1)的宽度设置为60%。

② section:nth-of-type(1) .text .textBox:nth-of-type(2)的宽度设置为35%。

③ section:nth-of-type(1) .text .textBox:nth-of-type(3) img的宽度设置为360px。

④ section:nth-of-type(1) .text .textBox:nth-of-type(4)的宽度设置为65%。

⑤ section:nth-of-type(2) .text .textBox:nth-of-type(1)的宽度设置为35%。

⑥ section:nth-of-type(2) .text .textBox:nth-of-type(2)的宽度设置为35%。

⑦ section:nth-of-type(2) .text .textBox:nth-of-type(3) img的宽度设置为250px。

⑧ section:nth-of-type(3) .text .textBox:nth-of-type(1)的宽度设置为60%。

⑨ section:nth-of-type(3) .text .textBox:nth-of-type(2) img的宽度设置为420px。

⑩ section:nth-of-type(3) .text .textBox:nth-of-type(3) img的宽度设置为420px。

⑪ section:nth-of-type(3) .text .textBox:nth-of-type(4)的宽度设置为60%。

以上部分完成后，效果如项目图10-3所示。

 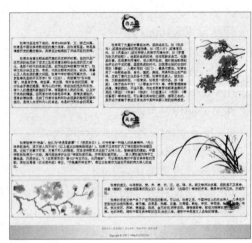

项目图 10-3　页面整体效果

扩展阅读　媒介素养之视觉素养（2）

下面我们尝试欣赏禅意花园网站中页面设计布局所蕴含的美学韵味。

在对网站进行页面布局时，考虑的首先是固定布局。由于作品区域大小固定，因此设计师在控制固定布局页面时将更加游刃有余，如百度、新浪等知名网站的首页均采取固定布局。

禅意花园网站的作品大部分采用的也是固定布局，如设计师乔恩·希克斯（Jon Hicks）的作品 *Entomology*（昆虫学），效果如图4-38所示。作者不想让作品太过千篇一律，利用多幅蝴蝶图片作为页面布局点缀。分析该页面时可关注以下特点。

（1）网页配色。在网页设计的过程中，颜色的选择是非常重要的，因为能够第一眼吸引用户眼球的就是色彩，色彩的选择和搭配反映了设计的整体感觉。一名优秀的网页设计师仅凭颜色就能调度起一个人的情感、情绪或者回忆。编号为030的页面采用深红色rgb(181,30,61)页面背景、浅黄色rgb(255,255,205)主内容区和棕色rgb(57,4,4)前景色，配色对比强烈，可以吸引浏览者的眼球。

（2）030页面采用固定布局的两栏显示。主内容区采用居中显示，与029页面居左相比，030页面平衡。

< 156 >

流动布局就很好地解决了页面留白的问题，如设计师戴夫·谢伊的作品The Road to *Enlightenment*（启蒙之路），效果如图4-39所示。该页面左边内容区采用百分比定义，右边链接区采用固定布局。作品始终填满浏览器窗口，内容区文字和图片均采用相对单位设置，会随着页面大小改变而改变。

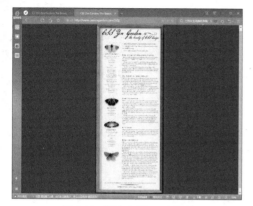

图 4-38　固定布局 -030 页面

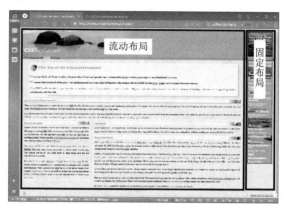

图 4-39　流动布局 -020 页面

设计师马克·范登霍夫（Marc van den Heuve）在老式收音机中获得作品灵感，创作了058页面Radio Zen，效果如图4-40所示。通过使用固定背景图像，他模拟出了带有活动指针的频道调节器的效果。由于页首的位置需要改变，且指针也要能够水平移动，因此作者采用了水平滚动布局。该页面有如下特点。

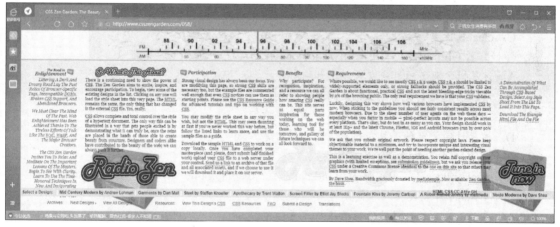

图 4-40　水平滚动布局

（1）页面运用了很少的图像资源，作品的水平滚动布局主要依赖CSS定位。

（2）分层和附着（attachment），指针在频道调节器上移动的效果并非由脚本完成。建议大家下载代码，分析网页中指针#supportingText元素是如何实现指针随滚动条移动的效果。

（3）为了与老式收音机匹配，页面背景设置为微微泛黄的色调，058页面采用了带有视觉张力的retro字体，让整个作品散发一种怀旧的气息。

< 157 >

习题

一、选择题

1. （　　）可以改变元素的左外边距。
   A. text-indent　　　B. margin-left　　　C. margin　　　　D. indent

2. 在CSS中，下面不属于盒子模型属性的是（　　）。
   A. font　　　　　　B. margin　　　　　C. padding　　　　D. border

3. 以下（　　）布局模型会导致元素塌陷。
   A. 浮动模型　　　　B. 层模型　　　　　C. 盒子模型　　　　D. 流动模型

4. 以下选项中，不属于页面布局模型的是（　　）。
   A. 浮动模型　　　　B. 盒子模型　　　　C. 流动模型　　　　D. 层模型

5. 下列有关z-index属性的叙述中，正确的一项是（　　）。
   A. 此属性必须与position属性一起使用才能起作用，此时position取任何值都可以
   B. 此值越大，层的顺序越往下
   C. 一般后添加的元素，其z-index值越大
   D. 即使上面的层没有任何内容也会挡住下面的层，使下面的层显示不出来

6. 以下（　　）元素定位方式将会脱离标准文档流。
   A. 绝对定位　　　　B. 相对定位　　　　C. 浮动定位　　　　D. 静态定位

7. 以下不能实现清除浮动的是（　　）。
   A. overflow属性　　　　　　　　　　B. hover伪类选择器
   C. clear属性　　　　　　　　　　　　D. 以上说法都不对

8. 弹性容器有6个属性，其中justify-content属性的功能是（　　）。
   A. 该属性定义了项目在交叉轴上如何对齐
   B. 该属性定义了项目在主轴上的对齐方式
   C. 该属性定义如果一条轴线排不下该如何换行
   D. 该属性定义单独项目在侧轴方向上的对齐方式

9. 下列属性（　　）能够实现层的隐藏。
   A. display:false　　B. display:hidden　　C. display:none　　　D. display:""

10. 下列不属于浮动元素特征的是（　　）。
    A. 浮动元素会被自动地设置为块状元素显示
    B. 浮动元素在垂直方向上，它的位置与未被定义为浮动时的位置一样
    C. 浮动元素在水平方向上，它将最大程度地靠近其父元素边缘
    D. 浮动元素有可能会脱离包含元素之外

11. 下列关于Flex的说法中，错误的是（　　）。
    A. 设置为Flex布局以后，子元素的float、clear和vertical-align属性不会改变
    B. 所有子元素自动成为容器成员，称为Flex项目
    C. 子元素能在各个方向上进行布局，并且能以弹性尺寸来适应显示空间
    D. Flex是Flexible Box的缩写，意为"弹性布局"，用来为盒状模型提供最大的灵活性

12. 使用CSS的Flexbox布局，不能实现以下（　　）效果。
    A. 实现三列布局，并且随容器宽度等宽弹性伸缩
    B. 实现多列布局，且每列的高度按内容最高的一列等高

< 158 >

C. 实现三列布局，且左列宽度像素数确定，中、右列随容器宽度等宽弹性伸缩

D. 实现多个宽高不等的元素，且实现无缝瀑布流布局

二、讨论题

以小组为单位，认真体会"扩展阅读 媒介素养之视觉素养（2）"，选择禅意花园网站中最喜欢的一个页面为主题，完成以下问题。

（1）选择知名网站，如淘宝、新浪、当当等，分析其网页布局，说出它属于固定布局、流动布局还是弹性布局，并画出网页布局图。

（2）小组根据（1）的分析，模仿并设计拓展项目中的网页布局，尝试完成代码设计部分。

三、拓展题

《再别康桥》全诗共7节，每节4行，每行两顿或三顿，不拘一格而又法度严谨，韵式上严守二、四押韵，抑扬顿挫，朗朗上口。结合给出的素材，运用本章所学的浮动定位等知识点实现习题图4-1所示的页面。

习题图 4-1　定位布局效果

难点分析如下。

● 仔细观察，习题图4-1中一共有几个块元素？它们的关系如何？

● 如何让"夕阳""夜半""星辉"3个div呈现横排效果？有几种方法？你更喜欢哪一种？使用浮动该如何实现？

● 根据之前所学知识，合理调整内、外边距，使网页达到理想效果。

< 159 >

第5章 CSS特效

知识目标

- 能够列举滤镜filter属性的常用属性值及效果。
- 能够列举过渡transition、转换transform、动画animation等常用属性。

能力目标

- 能够运用filter属性，满足图像、背景或边框的渲染需求。
- 能够运用transition属性实现元素样式过渡效果；能够运用transform属性实现对元素进行移动、缩放、转动和拉伸；能够综合运用animation和transition属性实现简单的动画效果。
- 能够综合运用CSS特效属性，提升网页的视觉效果。

素养目标

- 能够列举国内外网页开发常用技术和常用框架。
- 能够比较国内及国外常用框架的相关资料，能够评价各框架的优缺点和适用范围。

项目

- 项目十一　首页：应用CSS特效，涉及transition、animation和transform属性。

为了提高用户体验，CSS3提供了filter、transition、transform和animation等属性，支持更加丰富且实用的图片渲染和动画效果，能将前端工程师在一定程度上从Flash和Photoshop中解脱出来。页面最终离不开用浏览器来渲染，如果网页渲染效果只能在特定的浏览器下有效，这样的工作变得没有什么意义。

各主流浏览器都定义了私有属性，以便让用户体验 CSS3 的新特性。例如：

- WebKit 类型浏览器（如 Safari、Chrome）的私有属性以-webkit-为前缀。
- Gecko 类型的浏览器（如 Firefox）的私有属性以-moz-为前缀。
- Opera 浏览器的私有属性以-o-为前缀。
- IE浏览器的私有属性以-ms-为前缀。

5.1　滤镜

CSS3的滤镜（filter）属性提供了模糊和改变元素颜色的功能，常用于调整图像的渲染、背景或边框显示效果。多个滤镜之间用空格隔开。其语法格式如下：

```
filter: none | blur() | brightness() | contrast() | drop-shadow() | grayscale() | hue-
rotate() | invert() | opacity() | saturate() | sepia() | url();
```

IE或Safari 5.1（及更早版本）不支持该属性。filter属性值及含义如表5-1所示。

表5-1　　　　　　　　　　　　　　　　　**filter属性值及含义**

属性值	描述	属性值	描述
blur()	模糊	hue-rotate()	色相旋转
brightness()	亮度	invert()	反相
contrast()	对比度	opacity()	透明度
drop-shadow()	阴影	saturate()	饱和度
grayscale()	灰度	sepia()	褐色
url()	url函数接收一个XML文件，该文件设置了一个SVG滤镜，且可以包含一个锚点来指定一个具体的滤镜元素。 例如：filter: url(svg-url#element-id)	—	—

1．grayscale()

grayscale()用于将图像转换为灰度图像。grayscale()参数值为0～1的小数，也支持0%～100%百分比的形式。如果没有任何参数值，默认将以"100%"渲染。

```
#imggray {
    -webkit-filter: grayscale(100%); /* Chrome、Safari */
    filter: grayscale(100%);
}
```

2．blur()

blur() 用于给图像设置高斯模糊。参数值设置为高斯函数的标准差，或者是屏幕上以多少像素融在一起，因此值越大越模糊。

```
#imgblur{
    -webkit-filter: blur(5px); /* Chrome、Safari */
    filter: blur(5px);
}
```

3．brightness()

brightness() 用于调整图像的亮度，默认值为100%或者1。如果其值超过100%，就意味着图片拥有更高的亮度。

```
#imgbright{
    -webkit-filter: brightness(200%); /* Chrome、Safari */
    filter: brightness(200%);
}
```

4．contrast()

contrast() 用于调整图像的对比度。值是0%，图像会全黑；值是100%，图像不变。超过 100%的值将提供更具对比度的结果。若没有设置值，默认值为100%或1。

```
#imgcontrast {
    -webkit-filter: contrast(500%); /* Chrome、Safari */
    filter: contrast(500%);
}
```

5．drop-shadow()

drop-shadow() 用于给图像设置一个阴影效果。

```
#imgshadow{
    -webkit-filter: drop-shadow(15px 15px 18px  #222); /* Chrome、Safari */
```

< 161 >

```
    filter: drop-shado*w(15px 15px 18px #222);
}
```

 说明

drop-shadow() 有必选参数和可选参数。

<offset-x><offset-y>（必选）：<offset-x>可设置水平方向的距离，负值会使阴影出现在元素的左边；<offset-y>可设置垂直方向的距离，负值会使阴影出现在元素的上方。如果两个值都是0，则阴影出现在元素正后方。

<blur-radius>（可选）：值越大，越模糊，则阴影会变得更大更淡。不允许负值，若未设置，默认值为0（阴影的边界很锐利）。

<spread-radius>（可选）：正值会使阴影扩张或变大，负值会使阴影缩小。若未设置，默认值为0（阴影会与元素一样大小）。

<color>（可选）：若未设置该属性，颜色值将根据浏览器的默认设置来进行显示。

6．hue-rotate()

hue-rotate()设置图像应用色相旋转。取值为0deg，则图像无变化。若值未设置，默认值为0deg。该值没有最大值，超过360deg时相当于又绕一圈。

```
#imghue{
    -webkit-filter: hue-rotate(90deg); /* Chrome、Safari */
    filter: hue-rotate(90deg);
}
```

7．invert()

invert()用于反转输入图像，参数值定义转换的比例，默认值为0，值为100%时完全反转。

```
#imginvert{
    -webkit-filter: invert(100%); /* Chrome、Safari */
    filter: invert(100%);
}
```

8．opacity()

opacity()用于定义透明度，默认值为1。值为0%则图像完全透明，值为100%则图像不透明。该函数与已有的opacity属性相似。

```
#imgopacity{
    -webkit-filter: opacity(30%); /* Chrome、Safari */
    filter: opacity(30%);
}
```

9．saturate()

saturate()用于定义饱和度。值为0%则图像完全不饱和，值为100%则图像无变化。超过100%的值是允许的，表示具有更高的饱和度。默认值为1。

```
#imgsaturate{
    -webkit-filter: saturate(300%); /* Chrome、Safari */
    filter: saturate(300%);
}
```

10．sepia()

sepia()可将图像转换为深褐色。参数值定义转换的比例为0%～100%，值为100%则图像是深褐色，值为0%则图像无变化。默认值为0。

```
#imgsepia{
```

< 162 >

```
    -webkit-filter: sepia(100%); /* Chrome、Safari */
    filter: sepia(100%);
}
```

11．filter复合函数

filter可以整合多个滤镜，滤镜之间可使用空格分隔开。

```
#imgfilter {
    -webkit-filter: contrast(200%) brightness(150%);  /* Chrome、Safari */
    filter: contrast(200%) brightness(150%);
}
```

⚠️ **注意**

filter属性使用的顺序是非常重要的，例如使用grayscale( )后再使用 sepia( )将产生一个完整的灰度图片。

【**示例5-1**】图像过滤（ch5/示例/transition.html）。

综上，将以上11种filter属性产生的图像过滤效果进行对比，如图5-1所示。

图 5-1　图像过滤效果对比

5.2 过渡

过渡（transition）属性可以代替JavaScript实现简单的动画交互效果。该属性可以兼容各浏览器及IE 10以上版本。transition是一个复合属性，它有4个子属性，如表5-2所示。

表5-2 <center>transition的子属性及功能描述</center>

子属性	描述	子属性	描述
transition-property	规定应用过渡的 CSS 属性的名称	transition-timing-function	规定过渡效果的速度曲线
transition-duration	定义过渡效果用的时间	transition-delay	规定过渡效果何时开始

虽然尚未讲解过渡效果子属性的用法，读者可先通过本例了解transition的基本用法。

【**示例5-2**】transition 示例（ch5/示例/transition.html）。

在本例中，当鼠标指针放在div上时，div的宽度会在2s内由100px过渡到300px。

```
div{
    width:100px;
    transition: width 2s;
    -moz-transition: width 2s; /* Firefox 4 */
    -webkit-transition: width 2s; /* Safari和Chrome */
```

< 163 >

```
    -o-transition: width 2s; /* Opera */     }
div:hover {    width:300px;   }
```

下面分别介绍transition的4个子属性及复合属性transition。

1. transition-property 属性

transition-property 属性的基本语法格式如下：

```
transition-property: none | all | property;
```

 说明

none表示没有属性会获得过渡效果；all表示所有属性都将获得过渡效果；property定义应用过渡效果的CSS属性名称，多个名称之间以逗号分隔。源代码见ch5/示例/ transition-property.html。

2. transition-duration属性

transition-duration属性的基本语法格式如下：

```
transition-duration:time;
```

 说明

默认值为0，常用的单位是秒（s）或者毫秒（ms）。

【示例5-3】transition-duration示例（ch5/示例/ transition-duration.html）。

本例将div的背景色设置为15秒渐变成红色。

```
div:hover{
  background-color:red;
  /*指定动画过渡的CSS属性*/
  -webkit-transition-property:background-color;        /*Safari和Chrome浏览器兼容代码*/
  -moz-transition-property:background-color;            /*Firefox浏览器兼容代码*/
  /*指定动画过渡的时间*/
  -webkit-transition-duration:15s;                      /*Safari和Chrome浏览器兼容代码*/
  -moz-transition-duration:15s;                         /*Firefox浏览器兼容代码*/
  -o-transition-duration:15s;                           /*Opera浏览器兼容代码*/
  }
```

3. transition-timing-function属性

transition-timing-function属性的默认值为ease，其基本语法格式如下：

```
transition-timing-function:linear|ease|ease-in|ease-out|ease-in-out|cubic-
bezier(n,n,n,n);
```

 说明

- linear指定以相同速度开始至结束的过渡效果，等同于cubic-bezier(0,0,1,1)。
- ease指定以慢速开始，然后加快，最后慢慢结束的过渡效果，等同于cubic-bezier (0.25,0.1,0.25, 1)。
- ease-in指定以慢速开始，然后逐渐加快（淡入效果）的过渡效果，等同于cubic-bezier(0.42,0,1,1)。
- ease-out指定以慢速结束（淡出效果）的过渡效果，等同于cubic-bezier(0,0,0.58,1)。
- ease-in-out指定以慢速开始和结束的过渡效果，等同于cubic-bezier(0.42,0,0.58,1)。
- cubic-bezier(n, n, n, n)定义用于加速或者减速的贝塞尔曲线的形状，它们的值为0~1。

【示例5-4】transition-timing-function 示例（ch5/示例/ transition-timing-function.html）。

本例中展示了ease-in-out函数的过渡效果，将矩形以慢速开始和结束的过渡效果变为圆形。

```
div:hover{
```

< 164 >

```
        border-radius:105px;
        /*指定动画过渡的CSS属性*/
        -webkit-transition-property:border-radius;            /*Safari和Chrome*/
        -moz-transition-property:border-radius;               /*Firefox*/
        -o-transition-property:border-radius;                 /*Opera*/
        /*指定动画过渡的时间*/
        -webkit-transition-duration:5s;                       /*Safari和Chrome*/
        -moz-transition-duration:5s;                          /*Firefox*/
        -o-transition-duration:5s;                            /*Opera*/
        /*指定动画以慢速开始和结束的过渡效果*/
        -webkit-transition-timing-function:ease-in-out;       /*Safari和Chrome*/
        -moz-transition-timing-function:ease-in-out;          /*Firefox*/
        -o-transition-timing-function:ease-in-out;            /*Opera*/
        }
```

4．transition-delay属性

transition-delay属性的默认值为0，常用单位是秒（s）或者毫秒（ms）。transition-delay的属性值可以为正整数、负整数和0。其基本语法格式如下：

```
transition-delay:time;
```

【示例5-5】transition-delay 示例（ch5/示例/ transition-delay.html）。

本例将动画延迟设置为-3s，页面加载后，将从动画的第3秒开始。

```
-webkit-transition-delay:-3s;        /*Safari和Chrome*/
-moz-transition-delay:-3s;           /*Firefox*/
-o-transition-delay:-3s;             /*Opera*/
```

📋 **说明**

> 当值为负数时，过渡动作会从该时间点开始，之前的动作被截断；当值为正数时，过渡动作会延迟触发。在本例中，过渡效果从第3秒开始。

5．transition属性

transition属性用于在一个属性中设置transition-property、transition-duration、transition-timing-function、transition-delay 4个过渡属性。其基本语法格式如下：

```
transition: property duration timing-function delay;
```

📋 **说明**

> 在使用transition属性设置多个过渡效果时，它的各个参数必须按照顺序进行定义，不能颠倒。

5.3 动画

CSS3的属性中有若干能够实现动画效果，本节主要讲述animation属性。通过设置其子属性，可以创造如移动、淡入淡出、改变颜色的效果。其子属性及功能描述如表5-3所示。

表5-3　　　　　　　　　　　　animation的子属性及功能描述

子属性	描述
@keyframes	规定动画
animation	除了animation-play-state属性外，它是其余动画属性的简写属性

< 165 >

子属性	描述
animation-name	规定@keyframes动画的名称
animation-duration	规定动画完成一个周期所用的秒或毫秒
animation-timing-function	规定动画的速度曲线
animation-delay	规定动画何时开始
animation-iteration-count	规定动画被播放的次数
animation-direction	规定动画是否在下一周期逆向地播放
animation-play-state	规定动画正在运行或暂停
animation-fill-mode	规定对象动画时间之外的状态

animation-duration、animation-timing-function、animation-delay子属性的功能与transition相应子属性的功能类似。下面分别介绍animation的10个子属性。

1. 关键帧@keyframes

关键帧@keyframes是通过from定义动画的初始状态，通过to定义动画的终止状态。声明一个关键帧的语法格式如下：

```
@keyframes name{
    from{…}
    to{…}
}
```

📋 **说明**

- 可以直接使用from-to的写法。
- 可以设置0%～100%的写法，但开头和结尾必须是0%和100%。

【示例5-6】关键帧示例（ch5/示例/animation-@keyframes-fromto.html）。

本例中@keyframes语句定义了动画mymove，div下降了200px，利用animation语句设置5秒完成动画，且无限次重复播放。

```
<style>
div{
    width:50px;
    height:50px;
    background:#777;
    position:relative;
    animation:mymove 5s infinite;/*调用mymove动画*/
    -webkit-animation:mymove 5s infinite; /*Safari和Chrome*/
}
@keyframes mymove{  /*定义mymove动画*/
    from {  top:0px;}
    to {  top:200px;}
}
@-webkit-keyframes mymove{  /*Safari和Chrome*/
    from {  top:0px;}
    to {  top:200px;}
}
</style>
<body>
<p><strong>@keyframes示例</p>
<div></div>
</body>
```

< 166 >

注意

> IE 9以及更早的版本不支持animation属性。

【示例5-7】关键帧-%控制（ch5/示例/animation-@keyframes-%.html）。
本例中0%定义动画起始状态，100%定义动画终止状态。

```
@keyframes mymove{
  0%{  margin-left:0px; radius:0px; height:0px;}
  100%{  margin-left:300px; radius:50%; height:200px;}
}
```

2．动画名称animation-name

因为动画名称是由@keyframes定义的，因此动画名称必须与@keyframes的名称相对应。语法格式如下：

```
animation-name:keyframename|none;
```

其中keyframename规定需要绑定到选择器的keyframe名称，none表示无动画效果。

3．动画时间animation-duration

animation-duration用于定义动画完成一个周期所需要的时间，以秒或毫秒计。语法格式如下：

```
animation-duration:time;
```

示例见ch5/示例/animation-duration.html。

说明

> time值如果为0，表示无动画效果。

4．动画的速度函数animation-timing-function

animation-timing-function的语法格式如下：

```
animation-timing-function: value;
```

value取值及功能描述如表5-4所示。

表5-4 value取值及功能描述

取值	描述
linear	动画从头到尾的速度是相同的
ease	（默认值）动画以低速开始，然后加快，在结束前变慢
ease-in	动画以低速开始
ease-out	动画以低速结束
ease-in-out	动画以低速开始和结束
cubic-bezier(n, n, n, n)	在cubic-bezier（贝塞尔曲线）函数中定义自己的值，可能的值为0~1

【示例5-8】animation-timing-function示例（ch5/示例/animation-timing-function.html）。
本例中分别将5个div设置为不同的动画方式来进行效果比较。

```
#div1 {  animation-timing-function:linear;}
#div2 {  animation-timing-function:ease;}
#div3 {  animation-timing-function:ease-in;}
#div4 {  animation-timing-function:ease-out;}
#div5 {  animation-timing-function:ease-in-out;}
```

5．动画延迟时间 animation-delay

animation-delay属性的语法格式如下：

< 167 >

```
animation-delay: time;
```

【示例5-9】animation-delay 示例（ch5/示例/animation-delay.html）。

本例中，将动画延迟时间设置为-2s，页面加载后的初始状态是跳过2秒后的动画效果。

```
div{  animation-delay:-2s;}
```

6．动画播放次数animation-iteration-count

animation-iteration-count 属性的语法格式如下：

```
animation-iteration-count: n|infinite;
```

其中 *n* 表示动画播放的次数，infinite表示动画无限次播放。

7．动画播放方向animation-direction

animation-direction属性定义是否轮流逆向播放动画。语法格式如下：

```
animation-direction: normal|alternate;
```

alternate表示动画会在奇数次数（1、3、5等）正常播放，而在偶数次数（2、4、6等）反向播放。如果把动画设置为只播放一次，则该属性没有效果。

【示例5-10】animation-direction示例（ch5/示例/animation-direction.html）。

```
<style>
div
{
  width:100px;
  height:100px;
  background:red;
  position:relative;
  animation:myfirst 5s infinite;
  animation-direction:alternate;
}
@keyframes myfirst
{
  0%   {  background:red; left:0px; top:0px;}
  25%  {  background:yellow; left:200px; top:0px;}
  50%  {  background:blue; left:200px; top:200px;}
  75%  {  background:green; left:0px; top:200px;}
  100% {  background:red; left:0px; top:0px;}
}
```

在本例中定义了动画myfirst，它包括5个关键帧，分别是0%、25%、50%、75%和100%帧。5秒正向、反向无限循环播放。

8．运行状态animation-play-state

动画有两种状态：running（运动）和paused（暂停）。

【示例5-11】animation-play-state示例（ch5/示例/animation-play-state.html）。

本例中，当鼠标指针悬浮于div上时，动画暂停。

```
div:hover
{  animation-play-state:paused;
   -webkit-animation-play-state:paused; /* Safari和Chrome */
}
```

9．结束后状态animation-fill-mode

animation-fill-mode 属性定义动画结束后的状态。语法格式如下：

```
animation-fill-mode: none|forward|backward|both;
```

其取值及功能描述如表5-5所示。

< 168 >

表5-5　　　　　　　　　　　**animation-fill-mode取值及功能描述**

取值	描述
none	无
forward	动画结束（to里面的所有样式）时的状态
backward	动画开始（from里面的所有样式）时的状态
both	动画开始或者结束时的状态

 说明

在设置动画执行次数为无限循环时，该样式不会出现效果。

10．复合属性animation

animation属性是一个复合属性，用于在一个属性中设置animation-name、animation-duration、animation-timing-function、animation-delay、animation-iteration-count和animation-direction这6个动画属性。

其基本语法格式如下：

```
animation: animation-name animation-duration animation-timing-function animation-delay
animation-iteration-count animation-direction;
```

 说明

使用animation属性时必须指定animation-name和animation-duration属性，否则持续的时间为0，并且永远不会播放动画。

5.4　转换

转换（transform）属性用于元素的2D或3D转换，这个属性允许用户对元素进行旋转、缩放、移动、倾斜等。这些效果在CSS3之前都需要依赖Flash或JavaScript才能完成。现在，使用纯CSS3就可以实现这些变形效果，而无须加载额外的文件，这样极大地提高了网页开发者的工作效率，提高了页面的执行速度。

【示例5-12】2D旋转示例（ch5/示例/transform.html）。

```
transform:rotate(19deg);
-ms-transform:rotate(19deg); /* Internet Explorer */
-moz-transform:rotate(19deg);    /* Firefox */
-webkit-transform:rotate(19deg);/* Safari和Chrome */
-o-transform:rotate(19deg);      /* Opera */
```

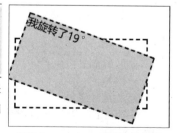

在本例中，通过transform实现了2D旋转，虚框显示的是div原来的位置，灰色div沿中心点顺时针旋转19°。transform实现变换效果如图5-2所示。

下面从2D转换和3D转换两个方面来介绍transform属性。

图 5-2　transform 实现变换效果

5.4.1　2D转换

1．坐标

CSS转换是以形成坐标系统的一组坐标轴来定义的，如图5-3所示。注意Y轴向下为正向。

< 169 >

2．平移

使用translate()函数能够重新定义元素的坐标，实现平移的效果。该函数包含两个参数，分别用于定义X轴和Y轴的坐标。其基本语法格式如下：

```
transform:translate(x-value,y-value);
```

其中x-value是元素在水平方向上向右移动的距离；y-value是元素在垂直方向上向下移动的距离。如果省略了第二个参数，则取默认值0。当值为负数时，表示反方向移动元素。

【示例5-13】平移示例（ch5/示例/transform-translate.html）。

在本例中，虚框是div的原位置，经过水平移动200px、垂直移动100px后，灰色div表示移动到的新位置。

```
transform:translate(200px,100px);
-ms-transform:translate(200px,100px);        /* IE 9 */
-moz-transform:translate(200px,100px);       /* Firefox */
-webkit-transform:translate(200px,100px);    /* Safari和Chrome */
-o-transform:translate(200px,100px);         /* Opera */
```

效果如图5-4所示。

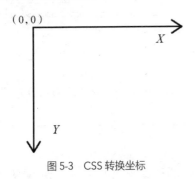

图 5-3　CSS 转换坐标

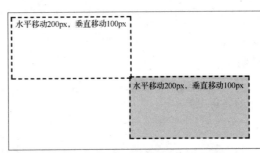

图 5-4　translate() 实现 2D 平移效果

3．缩放

scale()函数用于缩放元素。该函数包含两个参数，分别用来定义宽度和高度的缩放比例。其基本语法格式如下：

```
transform:scale(x-axis,y-axis);
```

其中，x-axis和y-axis参数值可以是正数或负数。正数值表示基于指定的宽度和高度缩放元素；负数值是先翻转元素，再缩放元素（如文字被翻转）。

【示例5-14】缩放示例（ch5/示例/transform-scale.html）。

```
transform:scale(0.9,-2);
-ms-transform:scale(0.9,-2);        /* IE 9 */
-moz-transform:scale(0.9,-2);       /* Firefox */
-webkit-transform:scale(0.9,-2);    /* Safari和Chrome */
-o-transform:scale(0.9,-2);         /* Opera */
```

在本例中，虚框是div的原始大小，利用scale()函数将div的长宽缩放为长0.9倍、宽2倍，-2实现div在Y轴翻转，转换为灰色的div。为了便于比较，设置灰色的div外边距为100px。如图5-5所示，新的div变为宽度180px、高度200px的翻转样式。

4．倾斜

skew()函数能够让元素倾斜显示。该函数包含两个参数，分别用来定义X轴和Y轴坐标倾斜的角度。skew()函数可以将一个对象围绕着X轴和X轴按照一定的角度倾斜，其基本语法格式如下：

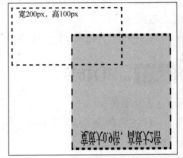

图 5-5　scale() 实现缩放翻转效果

< 170 >

```
transform:skew(x-angle,y-angle);
```

其中，参数x-angle表示相对于X轴倾斜的角度值；参数 y-angle表示相对于Y轴倾斜的角度值。如果省略了第二个参数，则取默认值0。

　　倾斜示例见ch5/示例/transform-skew.html。在本例中，通过skew(30deg,20deg)语句设置div在X轴倾斜30°，在Y轴倾斜20°。运行效果如图5-6所示。

5．旋转

rotate()函数能够旋转指定的元素对象，主要在二维空间内进行操作。其基本语法格式如下：

```
transform:rotate(angle);
```

其中，参数angle表示要旋转的角度值。如果角度为正数值，则按照顺时针旋转，否则，按照逆时针旋转。

　　旋转示例见ch5/示例/transform-rotate.html。在本例中利用rotate(30deg)语句，实现div沿顺时针方向旋转30°。运行效果如图5-7所示。

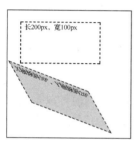

图 5-6　skew() 实现倾斜效果

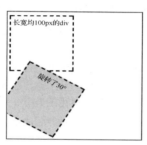

图 5-7　rotate() 实现旋转效果

6．更改变换的中心点

transform-origin属性的功能是更改变换的中心点。本节前部分介绍的transform属性可以实现元素的平移、缩放、倾斜以及旋转等效果，这些变形操作都是以元素的中心点为基准进行的，如果需要改变这个中心点，我们可以使用transform-origin属性。其基本语法格式如下：

```
transform-origin: x-axis y-axis z-axis;
```

　　在上述语法中，transform-origin属性包含3个参数，其默认值分别为50%、50%、0%，各参数的具体含义如表5-6所示。

表5-6　　　　　　　　　　　　　　　transform-origin属性的参数及含义

参数	描述
x-axis	定义视图被置于X轴的何处。其可能的取值：left、center、right、length、%
y-axis	定义视图被置于Y轴的何处。其可能的取值：top、center、bottom、length、%
z-axis	定义视图被置于Z轴的何处。其可能的取值：length

　　transform-origin示例见ch5/示例/transform-origin.html，示例中语句"transform-origin:20% 40%;"将中心点位置向左向下移动。运行效果如图5-8所示。

图 5-8　transform-origin 实现更改中心点位置

< 171 >

5.4.2　3D转换

本小节以2D转换为基础，进一步介绍关于3D转换的知识。

1. 坐标

2D变形的坐标轴是平面的，只存在X轴和Y轴，而3D变形的坐标轴则是由X、Y、Z轴组成的立体空间，X轴正向、Y轴正向、Z轴正向分别朝向右、下、垂直屏幕指向用户，如图5-9所示。

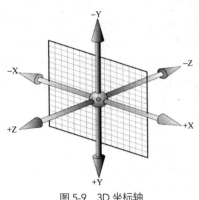

图 5-9　3D 坐标轴

3D转换包括变形函数和透视函数，本书只选择简单常用的变形函数进行讲解，透视函数不再赘述。

3D变形函数与2D变形函数类似，包括位移、旋转和缩放，但没有倾斜。

2. 3D旋转

3D旋转函数包括rotateX(a)、rotateY(a)和rotateZ(a)，分别用于指定元素围绕X轴、Y轴或者Z轴旋转。基本语法格式如下：

```
transform:rotateX(a);
transform:rotateY(a);
transform:rotateZ(a);
```

其中，参数a用于定义旋转的角度，单位为deg（角度）或rad（弧度），其值可以是正数，也可以是负数。如果值为正数，元素将围绕坐标轴顺时针旋转；反之，如果值为负数，元素将围绕坐标轴逆时针旋转。

rotateX示例见ch5/示例/transform-rotateX.html。rotateY示例见ch5/示例/transform-rotateY.html。

```
#trans{   transform:rotateX(120deg);}
#trans{   transform:rotateY(130deg);}
```

运行效果如图5-10和图5-11所示。

图 5-10　3D 旋转沿 X 轴旋转 120°

图 5-11　3D 旋转沿 Y 轴旋转 120°

另外，还有rotate3d(x,y,z,angle)指定顺时针的3D旋转。其中，angle是角度值，主要用来指定元素在3D空间旋转的角度。如果其值为正数，元素顺时针旋转；反之，元素逆时针旋转。

3. 3D位移

在三维空间里，支持3D位移的函数包括translateZ()和translate3d()。translate3d()函数使一个元素在三维空间移动。这种变形的特点是，可以使用三维向量的坐标定义元素在每个方向移动多少。其基本语法格式如下：

< 172 >

```
translate3d(x,y,z);
```

其中参数z表示以方框中心为原点变大。当Z轴值越大时，元素离观看者越近，从视觉上元素就变得更大；反之其值越小时，元素离观看者越远，从视觉上元素就变得更小。

4.其他属性、函数

在CSS3中包含很多转换的属性可用来设置不同的转换效果，3D转换属性及功能描述如表5-7所示。

表5-7　　　　　　　　　　　　　　　　3D转换属性及功能描述

属性	描述
transform	向元素应用2D或3D转换
transform-style	规定被嵌套元素如何在3D空间中显示
perspective	规定3D元素的透视效果
perspective-origin	规定3D元素的底部位置
backface-visibility	定义元素在不面对屏幕时是否可见

另外，CSS3中还包含转换函数可实现不同的转换效果，3D转换函数及功能描述如表5-8所示。

表5-8　　　　　　　　　　　　　　　　3D转换函数及功能描述

函数	描述
matrix3d(n,n,n,n,n,n,n,n,n,n,n,n,n,n,n,n)	定义3D转换，使用16个值的4×4矩阵
translate3d(x,y,z)	定义3D转换
translateX(x)	定义3D转换，仅使用用于X轴的值
translateY(y)	定义3D转换，仅使用用于Y轴的值
translateZ(z)	定义3D转换，仅使用用于Z轴的值
scale3d(x,y,z)	定义3D缩放转换
scaleX(x)	定义3D缩放转换，通过给定一个X轴的值
scaleY(y)	定义3D缩放转换，通过给定一个Y轴的值
scaleZ(z)	定义3D缩放转换，通过给定一个Z轴的值
rotate3d(x,y,z,angle)	定义3D旋转
rotateX(angle)	定义沿X轴的3D旋转
rotateY(angle)	定义沿Y轴的3D旋转
rotateZ(angle)	定义沿Z轴的3D旋转
perspective(n)	定义3D转换元素的透视视图

项目十一　首页

本项目是对第5章CSS3特效知识的实践。
【项目目标】
- 熟练掌握盒模型与相关属性。
- 灵活应用浮动与定位。
- 灵活应用各类网页布局。
- 了解并掌握部分CSS3的新增属性。

【项目内容】
- 练习CSS的复杂样式。
- 学习利用盒模型进行浮动与定位等，以实现网页布局。

< 173 >

- 练习并掌握CSS3的过渡、转换、动画等属性。

本项目已提供首页index.html素材，现需要在index.css中完成CSS的布局和动画特效设置。在index.html文件中添加"css"文件夹中的index.css与main.css两个CSS文件。打开index.css文件，完成以下步骤。

1．index.html网页结构分析

如项目图11-1所示，整个页面分为首部header、花树flower、主体main和尾部footer。其中main部分由content和poets组成，content由文字段fommer和latter组成。

其中主导航和页面尾部等部分均已被main.css修饰，根据此结构分析，要做出项目图11-2所示的最终页面效果。

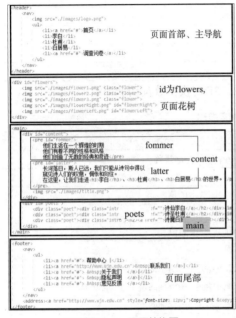

项目图 11-1　页面结构图

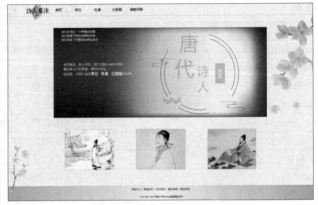

项目图 11-2　最终页面效果图

2．main部分

设置其上外边距为60px。

3．content部分

（1）id为"content"部分。

① position设置为相对定位。

② 宽度设置为"1100px"。

③ 高度设置为"450px"。

④ 外边距设置为"0"，属性值设置为"auto"。

⑤ 背景设置为"images"文件夹中的"mask.png"图片。

⑥ 背景尺寸设置为1100px 450px。

（2）对id为"content"部分中的"pre"进行进一步设置。

① 颜色设置为"#fbeee2"。

② 字体设置为"inherit"。

完成后部分效果如项目图11-3所示。

< 174 >

项目图 11-3　content 部分效果展示 1

"content"部分主要包括了"fommer"和"latter"两个文字段。

（3）id为"fommer"部分。

①position设置为相对定位。

②设置左外边距为"-30px"。

③top设置为"10px"。

④设置行高为"20px"。

⑤设置字体大小为"14px"。

（4）id为"latter"部分。

①position设置为相对定位。

②top设置为"25%"。

③设置左外边距为"-20px"。

（5）id为"latter"部分中的<h3>标签：将其display属性设置为"inline"。

完成后部分效果如项目图11-4所示。

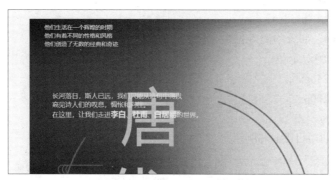

项目图 11-4　content 部分效果展示 2

（6）定义关键帧动画"showContentImg"，将其透明度设置为从"0"到"1"。

（7）id为"content"部分中的<img>标签。

①position设置为绝对定位。

②堆叠顺序设置为"-1"。

③right设置为"100px"。

④bottom设置为"0"。

⑤宽度设置为"500px"。

⑥animation设置执行动画为"showContentImg"，时间设置为"2s"。

完成后整体效果如项目图11-5所示。

< 175 >

项目图 11-5　content 整体效果展示

4．poets部分

（1）id为"poets"部分。

① position设置为相对定位。

② 高度设置为"300px"。

③ 宽度设置为"1100px"。

④ 外边距设置为"6px auto 0 auto"。

⑤ display设置为"flex"。

⑥ justify-content设置为"space-around"。

⑦ align-items设置为"center"。

（2）class为"poet"部分。

① position设置为相对定位。

② 宽度设置为"250px"。

③ 高度设置为"200px"。

④ 阴影设置为"0 0 2px black"。

⑤ overflow设置为"hidden"。

（3）class为"poet"部分中的\<img>标签。

① position设置为绝对定位。

② 宽度设置为"250px"。

③ 高度设置为"200px"。

④ transition设置为"all 1s"。

完成后部分效果如项目图11-6所示。

项目图 11-6　poets 部分效果展示 1

（4）class为"poem"部分。

① position设置为绝对定位。

② writing-mode设置为垂直方向内容从上到下，水平方向从左到右。

```
writing-mode: vertical-lr;
```

③ 字体大小设置为"20px"。

< 176 >

④ 文本颜色设置为"white"。

⑤ 滤镜（filter）设置为给图像添加一个drop-shadow阴影效果，数值为"0 0 2px pink"。

⑥ right设置为"60px"。

⑦ top设置为"30px"。

⑧ 透明度设置为"0"。

⑨ transition设置为"all 1s"。

（5）当鼠标指针悬停在class为poet的元素上时，它包含的class为intro的元素样式（.poet:hover .intro{}）。

① transform设置为定义沿着Y轴的3D旋转。数值为"0deg"。

② transition设置为"all 1s"。

（6）当鼠标指针悬停在class为poet的元素上时，它包含的img元素样式（.poet:hover img{}）。

① 设置左外边距为40px。

② transition设置为"all 1s"。

③ 滤镜（filter）设置为"blur(5px) brightness(50%)"。

（7）当鼠标指针悬停在class为poet的元素上时，它包含的class为poem元素样式（.poet:hover .poem{}）。

① 透明度设置为"1"。

② transition设置为"all 1s"。

完成后部分效果如项目图11-7所示。

（8）class为"intro"部分。

① 堆叠顺序设置为"1"。

② position设置为绝对定位。

③ left设置为"0"。

④ 宽度设置为"80px"。

⑤ 高度设置为"200px"。

⑥ 背景颜色设置为"#46536E"。

项目图 11-7　poets 部分效果展示 2

⑦ transform设置为定义沿着*Y*轴的3D旋转。数值为"-90deg"。

⑧ transform-origin设置为"left"。

⑨ transition设置为"all 1s"。

⑩ 背景图片设置为"images"文件夹中的"11-border.png"图片。

⑪ 背景图片设置为"70px 190px"。

⑫ 背景图片重复设置为"不重复"。

⑬ 背景图片位置设置为"居中"。

（9）class为"intro"部分中的<h2>标签。

① writing-mode设置为垂直方向内容从上到下，水平方向从左到右。

```
writing-mode:vertical-lr;
```

② 外边距设置为"30px auto"。

③ 颜色设置为"#f9e8d0"。

④ 字体设置为"隶书"。

⑤ 字体粗细设置为"normal"。

完成后整体效果如项目图11-8所示。

< 177 >

项目图 11-8　poets 整体效果展示

5．flower部分

（1）id为"flowers"部分。

① position设置为fixed。

② 宽度设置为"100%"。

③ 高度设置为"100%"。

④ overflow设置为"hidden"。

（2）class为"flower"。

① position设置为绝对定位。

② 透明度设置为"0"。

（3）id为"flowerRight"部分的设置。

① position设置为绝对定位。

② right设置为"-80px"。

③ width设置为"300px"。

（4）id为"flowerLeft"部分的设置。

① position设置为绝对定位。

② left设置为"-50px"。

③ bottom设置为"150px"。

④ width设置为"200px"。

完成后部分效果如项目图11-9所示。

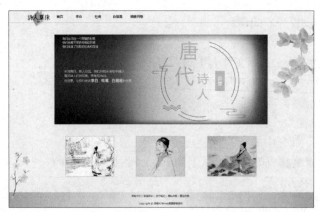

项目图 11-9　follow 部分效果展示

下面设置落花的动画效果。

（1）设置关键帧动画"flowerMove1"，该动画由3个部分组成。

① 0%的部分。

< 178 >

- right设置为 "250px"。
- top设置为 "100px"。
- transform设置为 "rotateX(0deg)"。

② 10%的部分：透明度设置为 "1"。

③ 100%的部分。

- top设置为 "950px"。
- 左外边距设置为 "500px"。
- transform设置为 "rotateZ(180deg)"。

（2）定义关键帧动画 "flowerMove2"，该动画由4个部分组成。

① 0%的部分。

- right设置为 "50px"。
- top设置为 "350px"。
- transform设置为 "rotateX(0deg)"。

② 10%的部分：透明度设置为 "1"。

③ 50%的部分：左外边距设置为 "900px"。

④ 100%的部分。

- top设置为 "950px"。
- 左外边距设置为 "800px"。
- transform设置为 "rotateZ(-90deg)"。

（3）定义关键帧动画 "flowerMove3"，该动画由3个部分组成。

① 0%的部分。

- right设置为 "175px"。
- top设置为 "400px"。
- transform设置为 "rotateZ(0deg)"。

② 10%的部分：透明度设置为 "1"。

③ 100%的部分。

- top设置为 "950px"。
- 左外边距设置为 "200px"。
- transform设置为 "rotateZ(270deg)"。

（4）第一朵落花（.flower:nth-of-type(1){}）。

① right设置为 "250px"。

② top设置为 "100px"。

③ width设置为 "50px"。

④ animation设置为 "flowerMove1 12s infinite ease-in"。

（5）第二朵落花（.flower:nth-of-type(2){}）。

① right设置为 "50px"。

② top设置为 "350px"。

③ width设置为 "75px"。

④ animation设置为 "flowerMove2 15s infinite ease-in"。

（6）第三朵落花（.flower:nth-of-type(3){}）。

① right设置为 "175px"。

② top设置为 "400px"。

< 179 >

③ width设置为"50px"。

④ animation设置为"flowerMove3 17s infinite ease-in"。

6．footer部分

为确保首页内容饱和度，设置footer部分在页面底部。

① position设置为相对定位。

② bottom设置为"0"。

至此，首页设置完成。整体效果如项目图11-2所示。

扩展阅读　媒介素养之技术素养

技术是国之重器。技术是体现国家综合实力、反映民族创新能力、推动经济高质量发展和保障国家安全的"秘密武器"。大学生的技术素养是公民技术素养的一部分，也是提高公民技术素养的主要力量之一。对于网站开发学习者来说，掌握各类工具是提升技术素养的重要环节之一。本部分先给出技术素养的概念，然后分析对于当代大学生应该具有哪些技术素养，最后结合前端开发以常用框架为例引导学习者了解最新开发工具。

一、技术素养

1．技术素养概念

技术素养是指对科学和技术进行评价及做出相应决定所必需的基本知识与能力。它是对一种科学方法评价的强有力的认知方式，是区分科学和技术并察觉它们之间联系的能力。

《美国通用技术》（*Technology For All America*）一书认为，技术素养包括使用、管理、评价和理解技术的能力。一个有技术素养的人以与时俱进、日益深入的方式理解技术是什么，它是如何被创造的，它是如何塑造社会又转而被社会所塑造。他将能够在媒体上看到一则有关技术的故事后，明智地评价故事中的信息，把这一信息置于相关背景中，并根据这些信息形成一种简介。一名具有技术素养的人将自如、客观地面对技术，既不惧怕它也不沉迷于它。

进入21世纪以来，以人工智能、量子信息、移动通信、物联网、区块链为代表的新一代信息技术和当代的新材料、新能源、智能制造、生物技术、航空技术等一起，正在重塑世界创新版图，重构全球经济格局，重建国际社会文化。在这样充满挑战的时代，大学生应该具备哪些技术素养呢？

2．技术素养分类

有学者认为，大学生应该具有技术意识、工程思维、创新设计、图样表达和物化能力这5个方面的技术素养。

二、网站开发相关技术素养

以网站开发为例，从构思、设计、完成到运行维护需要用到很多的专业知识和技术，高校专业课程只是讲述了最基础、核心的部分。但企业却期望学生掌握最前沿的开发工具，例如前端开发框架，这时就需要学生了解国内外常用技术框架，综合考虑其特点、社会职业需求和个人兴趣，选择其一并自主学习。这个过程对技术意识的培养和工程思维构建均有很好的推动作用。下面介绍几种流行框架。

1．常用框架介绍

常用Web开发框架除了第1章中提到的Vue.js、React.js、Node.js之外，还有AngularJS、Knockout.js、Element-UI等。

（1）AngularJS

AngularJS诞生于2009年，它是一款构建用户界面的前端框架，后被谷歌收购。AngularJS是一个应用设计框架与开发平台，用于创建高效、复杂、精致的单页面应用，通过新的属性和表达式扩

< 180 >

展了HTML，实现一套框架、多种平台，支持移动端和桌面端。 AngularJS有着诸多特性，最为核心的是MVVM、模块化、自动化双向数据绑定、语义化标签、依赖注入等。

Angular是AngularJS的重写，Angular 2.0以后命名为Angular，2.0以前版本称为AngualrJS。AngularJS是用JavaScript编写的，而Angular采用TypeScript语言编写，是ECMAScript 6的超集。

AngularJS通过为开发者呈现一个更高层次的抽象来简化应用的开发。如同其他的抽象技术一样，这样也会损失一部分灵活性。换句话说，并不是所有的应用都适合用AngularJS来开发。

- 适合用AngularJS构建的是CRUD应用。
- 不适合用AngularJS构建的是游戏、图形界面编辑器。这种频繁、复杂应用DOM操作的，用一些更轻量、简单的技术（如jQuery）可能会更好。

AngularJS网站首页如图5-12所示。

图 5-12　AngularJS 网站首页

（2）Knockout.js

Knockout.js是一个轻量级的UI类库，通过应用MVVM模式可使JavaScript前端UI简单化。用户可以在任何时候动态更新 UI 的选择部分。

Knockout.js的4个重要特性如下。

- 优雅的依赖追踪：不管任何时候数据模型更新，都会自动更新相应的内容。
- 声明式绑定：以浅显易懂的方式将用户界面指定部分关联到数据模型上。
- 灵活、全面的模板：使用嵌套模板可以构建复杂的动态界面。
- 轻易可扩展：几行代码就可以实现自定义行为作为新的声明式绑定。

Knockout网站首页如图5-13所示。

图 5-13　Knockout 网站首页

（3）Element-UI

Element-UI是饿了么前端团队推出的一款基于Vue.js 2.0 的桌面端UI框架，手机端对应框架是Mint UI 。这是一套为开发者、设计师和产品经理准备的组件库，提供了配套设计资源，帮助用户的网站快速成型。

< 181 >

2．框架评价指标

前端框架迭代速度非常快，读者应该在哪些方面进行对比、如何做出选择呢？

（1）性能：这款框架需要多长时间才能显示内容并处于可用状态。

（2）大小：这款框架有已编译的 JavaScript 文件的大小。

（3）代码行数：作者需要多少行代码才能基于规范创建出需求页面。

一、选择题

1. 如果想对一个div块元素的宽度属性设置一个2s的过渡效果，相应的CSS属性应该写为（　　）。

   A．animation: width 2s;　　　　　　　　B．transition: width 2s;

   C．transition: 2s width;　　　　　　　　D．transition: div width 2s;

2. 如果希望实现以慢速开始，然后加快，最后慢慢结束的过渡效果，应该使用（　　）过渡模式。

   A．ease　　　　　B．ease-out　　　　　C．ease-in　　　　　D．ease-in-out

3. 对3D物体进行操作时，有X，Y，Z这3个轴的方向，Y轴的正方向是（　　）。

   A．竖直向上　　　B．竖直向下　　　C．向屏幕外　　　D．向屏幕内

4. 下列（　　）属性可以为div元素添加阴影边框。

   A．border-radius　　B．box-shadow　　C．border-image　　D．border-style

5. 关于下列代码，描述错误的是（　　）。

```
div{      animation: mymove 5s;}
@keyframes mymove
{
    from {  background: red;}
    to {  background: yellow;}
}
```

   A．动画名称为mymove，并将其绑定在div元素上

   B．时长：5秒

   C．关键词“from”和“to”等同于0%和100%

   D．使用animation属性可以忽略时长，使用默认时长

6. 下列有关CSS特效属性的说法中，错误的是（　　）。

   A．transition用于设置元素的样式过渡，它与animation有着类似的效果

   B．transform用于元素进行旋转、缩放、移动或倾斜

   C．translate用来设置移动的属性

   D．CSS 动画通过 @keyframes 来定义关键帧。定义好关键帧后，浏览器会根据计时函数计算出其余的帧

7. 下列（　　）不是transform属性实现的变换。

   A．平移　　　　　B．缩放　　　　　C．倾斜　　　　　D．过渡

8. 下列实现2D旋转正确的语句是（　　）。

   A．transform:rotate(30deg)　　　　　　B．transform:rotate(30)

   C．transform:scale(30deg)　　　　　　　D．transfrom:translate(30)

< 182 >

9. 关于关键帧，下列说法不正确的是 (   )。
   A. 可以使用关键字from和to定义关键帧的位置
   B. 在实现Animation动画时，需要先定义关键帧
   C. 可以使用百分比定义关键帧的位置
   D. 所有浏览器都支持

10. 在CSS中，提供了transform-origin属性实现 (   )。
   A. 中心点变换   B. 平移   C. 旋转   D. 倾斜

二、讨论题

1. 检索并列举你所了解的3种前端框架并简述其特点。

2. 前端工程师使用 HTML、CSS、JavaScript 等专业技能和工具将产品UI设计稿实现成网站产品，涵盖用户PC端、移动端网页，处理视觉和交互问题。从广义上来讲，所有用户终端产品与视觉和交互有关的部分都是前端工程师的专业领域。查阅资料，并说一说你认为一个合格的前端工程师应该具备哪些技术素养？

3. 校徽是学校徽章的简称，是一个学校的标志之一，其中蕴含着大量的信息，如学校校名、建校历史、办学理念、办学特色等。习题图5-1展示了清华大学的校徽和济南大学的校徽，请任选某校校徽，并解读其中的含义。

4. 推荐观看影片《模仿游戏》，该片改编自安德鲁·霍奇斯编著的传记《艾伦·图灵传》，讲述了"计算机科学之父"艾伦·图灵的传奇人生。这部于2015年拍摄的影片，其豆瓣评分高达8.6。查看豆瓣影评，尝试在当时背景下评价影片的技术部分，给出不少于200字的影评。

习题图 5-1　清华大学和济南大学校徽

三、拓展题

《再别康桥》可谓脍炙人口，柔婉恰如一轮新月。世人每每诵读，都倍觉齿颊留香。下面让我们尝试用更为丰富的动画效果来展示它。难点分析如下。

- 使用Flex属性进行页面布局。
- 第1行图片实现淡入淡出的切换效果。
- 第2行图片实现缩小切换效果。
- 利用伪类选择器，实现鼠标指针悬浮于按钮时的阴影效果。

结合给出的素材，运用CSS3特效实现习题图5-2所示的页面。

习题图 5-2　CSS3 特效页面

< 183 >

第6章 响应式设计及Bootstrap框架

知识目标
- 能够描述响应式设计的相关概念、原理。
- 能够阐释Bootstrap网格系统。
- 能够列举Bootstrap基本样式和组件。

能力目标
- 能够运用媒体查询规则测试运行环境参数，能够根据响应式设计和媒体查询的工作原理，为不同客户端设备宽度呈现相应的设计。
- 能够运用Bootstrap框架，实现Web前端项目的敏捷开发。

素养目标
- 能够剖析优秀的响应式网站，拓宽技术思路，切实、有效地提升职业素养。
- 能够举例说出常见的数据可视化工具及功能、特点，能够比较、选择合适的网页图表种类，正确表达各类数据图表的含义。

项目
- 项目十二　杜甫作品问卷：针对6.1～6.3节练习。
- 项目十三　白居易代表作品：针对6.4～6.5节练习。
- 项目十四　白居易个人生平：整章综合实践练习。

在现代社会中，网站用户的浏览设备日渐多样化，而手机、平板电脑、台式计算机、笔记本电脑等不同形式显示屏幕的出现，使网页很难灵活适应各种设备的宽度。2010年5月，知名网页设计师伊桑·马科特（Ethan Marcotte）首次提出了"响应式"的设计概念，这种可以让网页根据屏幕宽度变化而响应的理念是一种打破网页固有形态和限制的灵活设计方法。本章以Bootstrap框架为例讲解网格系统的设计原理，并介绍如何使用Bootstrap中的样式和组件进行响应式Web页面的设计与开发。

6.1　响应式设计概述

响应式设计让手机、平板电脑等均能获得完美的浏览体验，能够兼顾多屏幕、多场景的灵活设计，这与"一次编写，到处运行"有着异曲同工的作用。

6.1.1　必要性

随着智能手机、平板电脑等移动设备的普及，越来越多的手机用户选择在移动设备上浏览网页。据《中国互联网络发展状况统计报告》统计，截至2022年6月，中国网民规模达10.51亿，其中使用手机的网民占比达99.6%，使用台式计算机的占33.3%，使用笔记本电脑的占32.6%，使用平板电脑的占27.6%。

基于以上数据，开发者在搭建网站时，需要兼顾计算机端和移动端用户。大多数用户所使用的台式计算机或笔记本电脑的屏幕宽度大于或等于1024px，在早些时候制作一个宽度固定为960px的页面是可以通用的，但是这种情况已成为历史。如果现在还按照上述方式设计，那就意味着使用移动设备的用户看到的是一个按比例缩小的屏幕，他们只有通过放大、缩小和左右滚动才能完全浏览页面，使用极为不便。因此，响应式设计就显得尤为重要。

6.1.2　定义

响应式设计是采用CSS的媒体查询（Media Query）技术。将3种已有的开发技巧——弹性网格布局、弹性图片、媒体和媒体查询整合在一起，命名为响应式设计。

网页采用流体+断点（Break Point）模式，配合流体布局（Fluid Grids）和可以自适应的图片、视频等资源素材，在遇到断点改变页面样式之前，页面是会随着窗口大小自动缩放的。

在进行响应式设计时，应遵循以下原则。

（1）简洁的菜单方便用户迅速找到所需功能。

（2）选择系统字体和响应式图片设计，使得网页尽快加载。

（3）清晰、简短的表单项及便捷的自动填写功能，方便用户填写和提交。

（4）相对单位让网页能够在各种视口规格间任意转换。

（5）多种行为召唤组件，避免弹出窗口。

6.1.3　视口

视口和屏幕尺寸不是同一个概念。视口是指浏览器窗口内的内容区域（也就是网页实际显示的区域），不包含工具栏、标签栏等区域。该区域的尺寸通常与实际渲染出的网页尺寸不同，若网页尺寸大于视口，浏览器通常会显示滚动条供用户拖动查看。

在以往的设计中，我们一般是针对某些设备（如台式计算机、平板电脑、手机）的数据来设置断点的，例如1024px对应台式计算机、768px对应平板电脑、480px对应手机，但实际上，屏幕尺寸远远不止这些。响应式设计不是针对某一特定宽度、一种分辨率对应一种设备，而是需要确定一个区间值，设计师需要寻找一个临界点即断点，就是指当视觉效果开始不符合人们的审美或影响了内容获取时对应的值。

在进行响应式网页开发时，开发者总会考虑显示设备宽和高的问题。例如，一类屏幕的分辨率为1920×1080，另一类屏幕的分辨率为1024×768，为了能在这两类屏幕下获得良好的浏览体验，开发者需要对这两类分辨率进行适配。因为早期各大厂商屏幕的分辨率是差不多的，所以直接参考屏幕分辨率来适应不同的屏幕类型并没有什么太大的问题。

但是近年来，为了能让用户获得更好的视觉体验，厂商会提高设备屏幕的分辨率。例如，2010年苹果公司发布iPhone 4时提到的视网膜（Retina）显示屏，其像素密度超过了300像素/英寸。2021年华为公司发布的P50Pro OLED显示屏，其像素密度则达到了450像素/英寸。因此，虽然目前市面上智能手机主流屏幕大小只有6英寸（1英寸=2.54厘米）左右，但是其屏幕的分辨率并不低，例如Android手机屏幕分辨率能达到1280×720、1920×1080，有的甚至比主流计算机桌面的分辨率

< 185 >

（1920×1080）还要高。传统桌面网站直接放到手机上阅读时，有时界面就会显得不匹配，导致阅读体验不佳。

在设计响应式网页时，如果还是按照屏幕分辨率来进行适配就显得不太合适了，因此需要一种将原始视图在手机上放大的机制。通过控制视口属性就能很好地解决该问题，HTML5提供了一种方法供开发者自由控制视口的属性。一般移动设备屏幕的可视尺寸比传统台式计算机的小得多，我们可以通过设置一个比较小的视口来将尺寸较小的网页放大至整个屏幕，这样开发时只需关注视口的大小而不是屏幕的分辨率。

视口可以通过一个名称为viewport的元（Meta）标签来进行控制，其基本语法格式如下：

```
<meta name="viewport" content="width=device-width, initial-scale=1">
```

其中，视口设置中几个常用关键词的含义如下。

- width：控制视口的宽度，用户可以为其指定一个值，或者特殊的值，如device-width为设备的宽度（单位为缩放100%的CSS像素）。注意，不同设备的device-width值会有所不同。
- height：与width相对应，指定高度。
- initial-scale：初始缩放比例。
- maximum-scale：允许用户缩放到的最大比例，取值范围为0～10.0。
- minimum-scale：允许用户缩放到的最小比例，取值范围为0～10.0。
- user-scalable：用户是否可以缩放。yes表示允许用户缩放；no表示不允许用户缩放。

6.1.4 响应式布局

在讲述响应式布局之前，下面先介绍常见的几种页面排版布局。

1. 布局类型

布局类型主要分为通栏、等分和非等分，如图6-1所示。

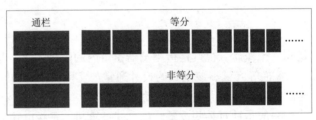

图 6-1　布局类型

2. 布局实现

实现布局设计有不同的方式，基于页面的实现单位可分为以下4种。

（1）固定布局：以像素作为页面的基本单位，不管设备屏幕及浏览器宽度是多少，只设计一套尺寸。

（2）可切换的固定布局：同样以像素作为页面单位，参考主流设备尺寸，设计几套不同宽度的布局。通过设定的屏幕尺寸或浏览器宽度，选择最合适宽度的那套布局。

（3）弹性布局：以百分比作为页面的基本单位，能适应一定范围内所有尺寸的设备屏幕及浏览器宽度，并能完美利用有效空间展现最佳效果。

（4）混合布局：与弹性布局类似，能适应一定范围内所有尺寸的设备屏幕及浏览器宽度，并能完美利用有效空间展现最佳效果。它可采用混合像素和百分比两种单位作为页面单位。

可切换的固定布局、弹性布局、混合布局等都是目前可被采用的响应式布局方式。其中可切换的固定布局的实现成本最低，但拓展性比较差；而弹性布局与混合布局效果具有响应性，都是比较

< 186 >

理想的响应式布局实现方式。不同类型的页面排版布局要实现响应式设计，需要采用不同的实现方式。通栏、等分结构适合采用弹性布局方式，而非等分的多栏结构往往需要采用混合布局的实现方式，如图6-2所示。

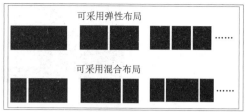

图 6-2　布局实现

3．布局响应

开发者对页面进行响应式的设计实现，需要对相同内容进行不同宽度的布局设计。这里有两种方式：桌面优先（从桌面端开始向下设计）和移动优先（从移动端向上设计）。

无论基于哪种模式的设计均要兼容所有设备，因此布局响应时不可避免地需要对模块布局做一些改变。需要通过JS获取设备的屏幕宽度来改变网页的布局，这一过程称为布局响应屏幕。常见的布局响应有以下几种方式。

（1）布局不变

布局不变即页面中的整体模块布局不发生变化，这种方式又分为以下3种情况。

- 模块内容：挤压—拉伸，如图6-3所示。

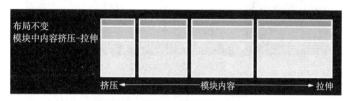

图 6-3　模块内容的挤压—拉伸

- 模块内容：换行—平铺。随着屏幕尺寸的变大，模块中的内容从纵向排列变为平铺排列，如图6-4所示。

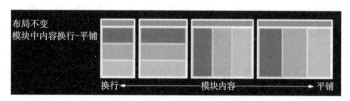

图 6-4　模块内容的换行—平铺

- 模块内容：删减—增加。当屏幕尺寸较小时，模块中只显示最主要的内容，当屏幕尺寸变大后，会将所有内容显示出来，如图6-5所示。

图 6-5　模块内容的删减—增加

（2）布局改变

布局改变即页面中的整体模块布局发生变化。随着屏幕尺寸的变化，整个页面布局也会发生改变，以显示更多内容。这种方式也分为以下3种情况。

- 模块位置变换，如图6-6所示。
- 模块展示方式改变：隐藏—展开，如图6-7所示。

< 187 >

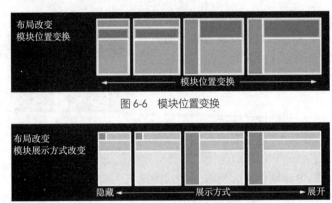

图 6-6 模块位置变换

图 6-7 模块展示方式改变

- 模块数量改变：删减—增加，如图6-8所示。

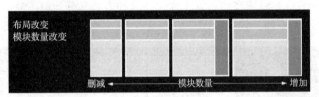

图 6-8 模块数量改变

很多时候，单一方式的布局响应无法达到理想效果，用户需要结合多种组合方式，但原则上应尽可能保持简单、轻巧，而且同一断点（发生布局改变的临界点称为断点）内保持统一逻辑，否则页面实现得太过复杂也会影响页面性能。

6.1.5 设计案例

响应式网站要针对各种屏幕尺寸的设备进行测试。大多数测试可以通过改变浏览器窗口的大小来完成，也可以通过第三方插件和浏览器扩展功能将浏览器窗口或视口设置为指定像素来测试。

当浏览器宽度大于980px时，网页中菜单项完整显示，内容呈三栏横向显示，如图6-9（a）所示。当浏览器宽度变窄时，right栏隐藏，left:center为3:7，如图6-9（b）所示。当浏览器是手机时，菜单项收缩，left、center、right栏均呈通栏显示，如图6-9（c）所示。

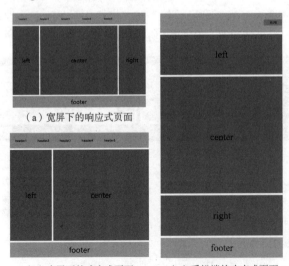

（a）宽屏下的响应式页面

（b）窄屏下的响应式页面　　（c）手机端的响应式页面

图 6-9 响应式页面案例

< 188 >

6.2 媒体查询

CSS3引入了媒体查询。媒体查询增强了媒体类型方法，允许根据特定的设备特性应用样式，可以使网站呈现的样式适应不同的屏幕尺寸。

6.2.1 媒体介质类型

CSS3中提供了多种媒体类型，用来设置网页在不同类型设备中以不同的方式呈现，注意媒体类型名称区分字母大小写。以下是常用的媒体介质类型。

- all：全部媒体类型（默认值）。
- print：打印或打印预览。
- screen：彩色计算机屏幕。
- speech：屏幕阅读器。

早期的媒体介质远远不止上面罗列的4种，还有braille、embossed等支持盲文的设备等，但目前它们大多被废弃了，只保留了上面列出的这4种。

媒体查询打破了独立样式表，通过一些条件查询语句来确定目标样式，从而控制同一个页面在不同尺寸的设备浏览器中呈现出与之适配的样式，使浏览者在不同的设备下都能得到理想的体验。目前媒体查询已经被浏览器广泛支持，如Firefox 3.6+、Safari 4+、Chrome 4+、Opera 9.5+、iOS Safari 3.2+、OperaMobile 10+、Android 2.1+和 Internet Explorer 9+等均支持媒体查询。

6.2.2 媒体查询语法

1．媒介查询的一般结构

媒体查询以@media开头，利用and|not|only这些逻辑关键字把媒介类型和条件表达式串联起来形成布尔表达式，判断是否满足当前浏览器的运行环境。如果满足，则其中CSS样式就会起作用，进而改变页面元素的样式，否则，页面效果不产生任何变化。

```
@media not|only mediatype and (mediafeature and|or|not mediafeature) {
    CSS-Code;
}
```

2．环境参数

媒体类型只能识别显示设备的类型，还需要针对运行设备监测环境参数，例如长宽或分辨率等。下面列举了一些常用的参数。

- max-width：定义输出设备中的页面最大可见区域宽度。
- min-width：定义输出设备中的页面最小可见区域宽度。
- orientation：定义设备的方向，portrait和landscape分别表示竖直和水平。
- resolution：定义设备的分辨率，以dpi（dots per inch）或者dpcm（dots per centimeter）表示。

3．条件表达式

条件表达式用来判断设备环境参数，从而确定相应的显示方法。例如：

```
@media screen and (max-width: 960px) {
  body {  background-color: red; }
}
```

上面代码表示当屏幕设备宽度小于960px时，屏幕设备的背景色将被设置为红色。其中and关键字用来指定当某种设备类型的某种特性值满足某个条件时所使用的样式。

< 189 >

将下面示例的这段代码插入CSS文件的后面，会使页面背景色在改变浏览器窗口大小时发生改变。

【示例6-1】本例通过媒体查询判断视口宽度，呈现不同背景色（ch6/示例/media-background-color.html）。

```
@media screen and (max-width: 960px) {
   body {  background-color: red; }
}
@media screen and (max-width: 768px) {
   body {  background-color: orange; }
}
@media screen and (max-width: 550px) {
   body {  background-color: yellow; }
}
@media screen and (max-width: 320px) {
   body {  background-color: green; }
}
```

浏览该示例时，调整浏览器窗口宽度，页面背景颜色就会根据当前视口尺寸变化而变化。

浏览器最大化时，如果宽度超过960px，背景为浏览器默认色，一般为白色；尝试更改视口宽度为768～960px，背景变为红色，如图6-10（a）所示；缩小视口宽度范围为550～768px，背景为橙色；缩小视口宽度范围为320～550px，背景为黄色，如图6-10（b）所示；继续缩小视口宽度范围为320px以内，背景为绿色。

（a）视口为 768 ～ 960px 时背景为红色　　　　　　　　（b）视口为 320 ～ 550px 时背景为黄色

图 6-10　视口尺寸不同呈现不同背景色

4．逻辑关键字

（1）and

and用来将多个媒体属性连接成一条媒体查询，只有当每个属性都为真时，结果才为真，它等同逻辑运算符中的"且"条件。

（2）not

not用来对一条媒体查询的结果取反，等同于逻辑运算符中的"非"条件。

```
@media not handled and (color) {…}
```

上面代码针对非手持的彩色设备应用系列样式。

（3）only

only仅在媒体查询匹配成功的情况下被应用一个样式。

```
@media only screen and (min-width: 320px) and (max-width: 350px) {…}
```

当视口宽度为320～350px时，应用系列样式。

（4）逗号分隔列表

逻辑媒体查询中使用逗号分隔的效果等同于or逻辑操作符的功能效果。当任何一个媒体查询返回真时，样式就是有效的。逗号分隔的列表中每个查询都是独立的，一个查询中的操作符并不影响

< 190 >

其他的媒体查询。这意味着逗号媒体查询列表能够作用于不同的媒体属性、类型和状态。

例如，如果想在最小宽度为320px或是横屏的手持设备上应用样式，则代码如下：

```
@media (min-width: 320px), handheld and (orientation: landscape) {…}
```

其中，min-width: 320px表示最小宽度值；handheld and (orientation: landscape)表示横屏手持设备。

如果是一个800px宽的屏幕设备，媒体语句将会返回"真"。如果是500px宽的横屏手持设备，媒体查询返回也会为"真"。

6.2.3　常用引用方式

作为CSS的media属性，其引用方式分为内嵌方式和外联方式。

1．内嵌方式

内嵌方式是将媒介查询的样式和通用样式写在一起，例如要在宽度超过320px的情况下为链接加上下画线，如下面代码所示。

```
a {  text-decoration: none; }
@media screen and (min-width: 320px) {
    a {  text-decoration: underline; }
}
```

> **注意**
>
> 媒介查询需要声明在普通样式后面，否则声明将不会起作用。

2．外联方式

CSS外联方式使用<link>标签，带有媒介查询的外联方式也不例外，如下面代码所示。

```
<link href="media-handheld.css" media="only screen and (min-width: 320px)"/>
```

如果使用这种方式，那么在media-handheld.css中就可以直接声明CSS样式，如下面代码所示。

```
a {  text-decoration: underline;  }
```

外联方式是源码与属性值分开写。与内嵌方式相比，该方式的代码更加简洁、清晰。

下面示例运用网页布局，结合媒体查询，设计实现了一个简易的响应式页面，效果如图6-11～图6-13所示。

图 6-11　屏幕宽度在 960px 以上的
网页效果

图 6-12　屏幕宽度在 640 ～ 960px 的
网页效果

图 6-13　屏幕宽度在 640px
以下的网页效果

< 191 >

【示例6-2】 媒体查询实现简单响应式页面（ch6/示例/media-poem.html）。

```html
<!DOCTYPE html>
<html>
<head>
    <meta http-equiv="Content-Type" content="text/html; charset=utf-8" />
    <title>唐诗八首</title>
    <meta name="viewport" content="width=device-width,user-scalable=no,initial-scale=1.0" />
    <style type="text/css">
        body {
            background:url(images/bj.jpg) no-repeat;
            background-size: cover;   }
        h1 {
            text-align: center;
            margin-bottom: 50px;
            color:#333;   }
        div.content {
            float: left;
            margin: 0 auto;
            text-align: center;
            border-bottom:gray 1px solid;}
        div.container {
            margin: 0 auto;
            width: 85%;
            background: rgba(255,255,255,0.7);
            border-radius: 10px ;}
        @media only screen and (max-width: 640px) {
            div.content { width: 100%;    }
        }
        @media only screen and (min-width:640px) and (max-width: 960px) {
            div.content { width: 50%;     }
        }
        @media only screen and (min-width: 960px) {
            div.content { width: 25%;     }
        }
    </style>
</head>
<body>
    <h1>唐诗八首</h1>
    <hr />
    <div class="container">
        <div class="content">
            <h4>登鹳雀楼</h4><p>……</p>
        </div>
        <div class="content">
            <h4>怨情</h4><p>……</p>
        </div>
        <div class="content">
            <h4>八阵图</h4><p>……</p>
        </div>
        <div class="content">
            <h4>登乐游园</h4><p>……</p>
        </div>
        <div class="content">
            <h4>终南望余雪</h4><p>……</p>
        </div>
        <div class="content">
            <h4>送灵澈</h4><p>……</p>
        </div>
        <div class="content">
            <h4>问刘十九</h4><p>……</p>
        </div>
        <div class="content">
```

< 192 >

```
            <h4>渡汉江</h4><p>……</p>
        </div>
        <div style="clear: both;"></div>  <!--清除浮动-->
    </div>
</body>
</html>
```

6.3　Bootstrap框架概述

开发者利用前端框架可以实现更为方便、快捷的开发，常用的框架有Foundation、Pure等。目前由Twitter公司推出的Bootstrap是一款比较受欢迎的前端框架，可用于开发响应式布局、移动设备优先的Web项目。

前面对响应式布局做了介绍，本节将着重讲解Bootstrap框架的应用。通过学习这些内容，读者可以轻松地创建Web项目。

> **📋 说明**
>
> 本书使用Bootstrap 4版本，Bootstrap 4放弃了对IE 8及iOS 6的支持，现在仅支持IE 9和iOS 7以上版本的浏览器。如果需要用到以前版本的浏览器，推荐使用Bootstrap 3。

6.3.1　Bootstrap基础

Bootstrap中预定义了一套CSS样式以及与样式对应的jQuery代码。开发者使用时只需要在HTML页面中添加Bootstrap提供的样式类名，就可以得到想要的效果。Bootstrap定义了基本的HTML元素样式、可重用的组件及自定义的jQuery插件。

如果想在网页中使用Bootstrap框架，我们必须引入jquery.slim.min.js、bootstrap.bundle.min.js和bootstrap.min.css文件。在这里，有以下两种方法可以将它们加入网页中。

1．下载Bootstrap资源库

从官网上下载 Bootstrap 4.6.2版本已经过编译并立即可用的文件。Bootstrap分为预编译好的压缩版本和源代码版本，一般只需要压缩版本即可。这个版本不包含文档、源文件或任何可选的JavaScript依赖项（jQuery）。

解压缩文件后，将看到下面的文件/目录结构，如图6-14所示。

从图6-14中可以看到，软件包中提供了经过编译的CSS和JS（bootstrap.*）文件，以及既编译又压缩的CSS和JS（bootstrap.min.*）文件。Source maps（bootstrap.*.map）文件可与某些浏览器的开发者工具协同使用；打成集成包的 JS 文件（bootstrap.bundle.js 以及压缩后的 bootstrap.bundle.min.js）包含了 Popper。由于Bootstrap的一些插件需要jQuery的支持，因此也需要包含jQuery的相关内容。

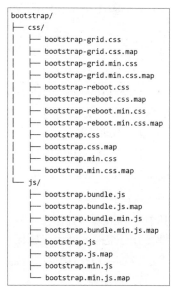

```
bootstrap/
├── css/
│   ├── bootstrap-grid.css
│   ├── bootstrap-grid.css.map
│   ├── bootstrap-grid.min.css
│   ├── bootstrap-grid.min.css.map
│   ├── bootstrap-reboot.css
│   ├── bootstrap-reboot.css.map
│   ├── bootstrap-reboot.min.css
│   ├── bootstrap-reboot.min.css.map
│   ├── bootstrap.css
│   ├── bootstrap.css.map
│   ├── bootstrap.min.css
│   └── bootstrap.min.css.map
└── js/
    ├── bootstrap.bundle.js
    ├── bootstrap.bundle.js.map
    ├── bootstrap.bundle.min.js
    ├── bootstrap.bundle.min.js.map
    ├── bootstrap.js
    ├── bootstrap.js.map
    ├── bootstrap.min.js
    └── bootstrap.min.js.map
```

图 6-14　Bootstrap 目录结构图

在网页中引入本地路径的CSS文件和JS文件。

```
<!—Bootstrap 4 核心CSS文件 -->
<link rel="stylesheet" href="./css/bootstrap.min.css">
<!-- jQuery文件务必在bootstrap.bundle.min.js之前引入 -->
<script src="./js/jquery.slim.min.js"></script>
```

< 193 >

```
<!—Bootstrap 4核心JavaScript文件 -->
<script src="./js/bootstrap.bundle.min.js"></script>
```

2．使用 Bootstrap CDN

Bootstrap中文网联合国内CDN服务商共同为Bootstrap专门构建了免费的CDN加速服务，访问速度更快、加速效果更明显、没有速度和带宽限制、永久免费。Bootstrap CDN还为大量的前端开源工具库提供了CDN 加速服务。开发者直接在网页中加入对CDN的引用即可。

引入CDN的相关代码可参考v4.bootcss网站，在首页BootCDN部分，单击copy按钮即可。

如下列代码所示：

```
<!-- CSS -->
<link href="https://cdn.bootcdn.net/ajax/libs/twitter-bootstrap/4.6.2/css/bootstrap.
min.css" rel="stylesheet" integrity="sha384-xOolHFLEh07PJGoPkLv1IbcEPTNtaed2xpHsD9ESMhqIYd
0nLMwNLD69Npy4HI+N" crossorigin="anonymous">
<!-- jQuery and JavaScript Bundle with Popper -->
<script src="https://cdn.bootcdn.net/ajax/libs/jquery/3.5.1/jquery.slim.js"
integrity="sha384-DfXdz2htPH0lsSSs5nCTpuj/zy4C+OGpamoFVy38MVBnE+IbbVYUew+OrCXaRkfj"
crossorigin="anonymous"></script>
<script src="https://cdn.bootcdn.net/ajax/libs/twitter-bootstrap/4.6.2/js/bootstrap.
bundle.min.js" integrity="sha384-7ymO4nGrkm372HoSbq1OY2DP4pEZnMiA+E0F3zPr+JQQtQ82gQ1HPY3QI
VtztVua" crossorigin="anonymous"></script>
```

> ⚠️ **注意**
>
> 本章示例引入的框架资源采用本地文件css/bootstrap.min.css、js/bootstrap.bundle.min.js和js/jquery.slim.min.js，Bootstrap版本为4.6.2，jQuery版本为3.6.3。

6.3.2　创建第一个Bootstrap页面

1．添加 HTML5 DOCTYPE

Bootstrap 要求使用HTML5文件类型，因此需要添加 HTML5 DOCTYPE 声明。

```
<!DOCTYPE html>
<html>
…
</html>
```

如果在Bootstrap创建的网页开头不使用HTML5的文档类型（DOCTYPE），可能会面临一些浏览器显示不一致的问题，或者一些特定情境下显示不一致，导致代码不能通过W3C标准的验证。

2．移动设备优先

为了让Bootstrap开发的网站对移动设备友好，确保适当的绘制和触屏缩放，我们需要在网页的head 之间添加 viewport meta标签，如下所示。

```
<meta name="viewport" content="width=device-width, initial-scale=1">
```

其中，width属性控制设备的宽度。假设用户的网站将被使用不同屏幕分辨率的设备浏览，那么把它设置为device-width可以确保它能正确呈现在不同设备上。

initial-scale=1确保网页加载时，以1:1的比例呈现，而不会有任何的缩放。

3．容器类

Bootstrap 需要一个容器元素来包裹网站的内容。我们可以使用以下两个容器类。

- .container类用于固定宽度并支持响应式布局的容器。
- .container-fluid类用于100%宽度，占据全部视口（viewport）的容器。例如：

```
<div class="container"> … </div>
```

< 194 >

【示例6-3】 建立一个均分3列的Bootstrap页面（ch6/示例/first.html）。

```
<!DOCTYPE html>
<html>
<head>
    <title>第一个Bootstrap页面</title>
    <meta charset="UTF-8">
    <meta name="viewport" content="width=device-width, initial-scale=1">
      <link href="css/bootstrap.min.css" rel="stylesheet">
      <script src="js/jquery.slim.min.js"></script>
      <script src="js/bootstrap.bundle.min.js"></script>
</head>
<body>
<div class="jumbotron text-center">
    <h1>我的第一个Bootstrap页面</h1>
    <p>改变浏览器大小查看效果!</p>
</div>
<div class="container">
    <div class="row">
      <div class="col-sm-4"><h3>第一列</h3><p>bootstrap</p></div>
      <div class="col-sm-4"><h3>第二列</h3><p>bootstrap</p></div>
      <div class="col-sm-4"><h3>第三列</h3><p>bootstrap</p></div>
      </div>
</div>
</body>
</html>
```

改变浏览器窗口大小后，我们会发现页面显示内容随窗口缩放而发生了变化，以适应不同浏览器视口（viewport）尺寸。

6.3.3　Bootstrap网格系统

网格系统又称为栅格系统。在平面设计中，网格是一种由一系列用于组织内容的相交直线（垂直的、水平的）组成的结构（通常是二维的）。它广泛应用于打印设计中的设计布局和内容结构。在网页设计中，它是一种用于快速创建一致的布局和有效地使用HTML和CSS的方法。

Bootstrap提供了一套响应式、移动设备优先的流式网格系统，随着屏幕或视口尺寸的增加而适当地扩展到最多12列。

网格系统通过一系列包含内容的行和列来创建页面布局。Bootstrap网格系统的工作原理如下。

① "行"（row）必须放置在.container类中，以便获得适当的对齐（alignment）和内边距（padding）。

② 使用"行"来创建"列"（column）的水平组，内容应该放置在列内，且唯有列可以是行的直接子元素。

③ 行使用样式 .row，列使用样式 .col-*-*，可用于快速创建网格布局。

④ 网格系统通过指定横跨的12个可用的列来创建。例如，要创建3个相等的列，则可使用3个 .col-*-4。此外，也可以根据自己的需要定义列数，如图6-15所示。

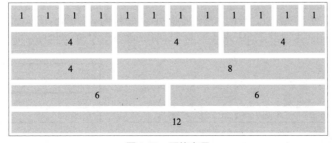

图6-15　网格布局

< 195 >

⑤ Bootstrap 网格系统为不同的屏幕宽度定义了不同的类。

Bootstrap 网格系统有以下 5 个类（见表 6-1）。

- .col-：手机——屏幕宽度小于 576px。
- .col-sm-：平板——屏幕宽度等于或大于 576px。
- .col-md-：桌面显示器——屏幕宽度等于或大于 768px。
- .col-lg-：大桌面显示器——屏幕宽度等于或大于 992px。
- .col-xl-：超大桌面显示器——屏幕宽度等于或大于 1200px。

表6-1 <span style="float:right">**Bootstrap 网格系统类**</span>

参数	手机 ＜ 576px	平板 ≥ 576px	桌面显示器 ≥ 768px	大桌面显示器 ≥992px	超大桌面显示器 ≥1200px
容器最大宽度	None (auto)	540px	720px	960px	1140px
类前缀	.col-	.col-sm-	.col-md-	.col-lg-	.col-xl-
列数量和	12				
间隙宽度	30px（一个列的每边分别15px）				
可嵌套	Yes				
列排序	Yes				

如何利用上面的类来控制列的宽度以及在不同设备上的显示呢？看下面这段代码。

```html
<div class="row">
   <div class="col-*-*"></div>
</div>
<div class="row">
   <div class="col-*-*"></div>
   <div class="col-*-*"></div>
   <div class="col-*-*"></div>
</div>
```

以上代码中先创建一行（<div class="row">），然后在这一行内添加需要的列（col-*-*类中设置）。第一个星号（*）表示响应的设备，如 sm、md、lg 或 xl；第二个星号（*）是一个数字，表示占据的列数，同一行的数字相加最大为 12。

（1）等宽列

下面示例演示了如何在不同设备上显示等宽的响应式列。

【示例6-4】本例设计了列等宽的响应式页面（ch6/示例/ column-equal.html）。

```html
<div class="container" style="border:1px solid black">
   <div class="row">
       <div class="col-sm-3" style="border:1px solid black">col-sm-3</div>
       <div class="col-sm-3" style="border:1px solid black">col-sm-3</div>
       <div class="col-sm-3" style="border:1px solid black">col-sm-3</div>
       <div class="col-sm-3" style="border:1px solid black">col-sm-3</div>
   </div>
</div>
```

当设备屏幕宽度大于 576px 时，4 个等宽列会显示在一行内，如图 6-16 所示。

在移动设备上（即屏幕宽度小于 576px）时，4 个列将会上下堆叠排版，如图 6-17 所示。

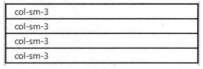

col-sm-3	col-sm-3	col-sm-3	col-sm-3

图 6-16　等宽列一行显示

图 6-17　等宽列堆叠显示

< 196 >

（2）非等宽列

下面示例演示了如何在不同设备上显示不等宽度的响应式列。

【示例6-5】不等宽响应式页面（ch6/示例/ column-not-equal.html）。

```
<div class="container" style="border:1px solid black">
  <div class="row">
    <div class="col-sm-3" style="border:1px solid black">col-sm-3</div>
    <div class="col-sm-3" style="border:1px solid black">col-sm-3</div>
    <div class="col-sm-6" style="border:1px solid black">col-sm-6</div>
  </div>
</div>
```

当设备屏幕宽度大于576px时，3个不等宽列会显示在一行内，如图6-18所示。

在移动设备上（即屏幕宽度小于576px）时，3个列会上下堆叠排版，如图6-19所示。

col-sm-3	col-sm-3	col-sm-6

图 6-18　非等宽列一行显示

col-sm-3
col-sm-3
col-sm-6

图 6-19　非等宽列堆叠显示

（3）组合列

在页面布局时，很多时候等宽列和非等宽列会同时存在，多个类也会一起组合使用，以满足在多种设备上显示的需要，从而创建更灵活的页面布局。下面两个示例就演示了这两种情况。

【示例6-6】组合式响应式页面1（ch6/示例/ column-combination.html）。

```
<!-- 等宽和非等宽列-->
<div class="container" style="border:1px solid black">
    <div class="row">
        <div class="col-sm-8" style="border:1px solid black">col-sm-8</div>
        <div class="col-sm-4" style="border:1px solid black">col-sm-4</div>
    </div>
    <div class="row">
        <div class="col-sm-6" style="border:1px solid black">col-sm-6</div>
        <div class="col-sm-6" style="border:1px solid black">col-sm-6</div>
    </div>
</div>
</body>
</html>
```

当设备屏幕宽度大于576px时，效果如图6-20所示。

当设备屏幕宽度小于576px时，效果如图6-21所示。

col-sm-8		col-sm-4
col-sm-6		col-sm-6

图 6-20　等宽和非等宽列同时存在效果图 1

col-sm-8
col-sm-4
col-sm-6
col-sm-6

图 6-21　等宽和非等宽列同时存在效果图 2

【示例6-7】组合式响应式页面2（ch6/示例/column-mix-combination.html）。

```
<!-- 多个类组合使用-->
<div class="container" style="border:1px solid">
    <div class="row">
    <div class="col-12 col-sm-8 col-md-6 col-lg-3" style="border:1px solid">
                此处显示内容1
    </div>
    <div class="col-12 col-sm-4 col-md-6 col-lg-3" style="border:1px solid">
```

< 197 >

```
            此处显示内容2
    </div>
    <div class="col-12 col-sm-8 col-md-6 col-lg-3" style="border:1px solid">
            此处显示内容3
    </div>
    <div class="col-12 col-sm-4 col-md-6 col-lg-3" style="border:1px solid">
            此处显示内容4
    </div>
    </div>
</div>
```

当屏幕尺寸小于576px的时候，用col-12类对应的样式，4个div显示为4行，如图6-22所示。

屏幕尺寸在576～768px时，第一个和第三个div用col-sm-8类对应的样式；第二个和第四个div用col-sm-4类对应的样式，如图6-23所示。

| 此处显示内容1 |
| 此处显示内容2 |
| 此处显示内容3 |
| 此处显示内容4 |

图 6-22　多个类组合使用效果图 1

| 此处显示内容1 | 此处显示内容2 |
| 此处显示内容3 | 此处显示内容4 |

图 6-23　多个类组合使用效果图 2

屏幕尺寸在768～992px时，用col-md-6类对应的样式，4个div分别显示在两行上，如图6-24所示。

屏幕尺寸大于992px的时候，用col-lg-3类对应的样式，4个div显示在一行上，如图6-25所示。

| 此处显示内容1 | 此处显示内容2 |
| 此处显示内容3 | 此处显示内容4 |

图 6-24　多个类组合使用效果图 3

| 此处显示内容1 | 此处显示内容2 | 此处显示内容3 | 此处显示内容4 |

图 6-25　多个类组合使用效果图 4

> **注意**
>
> 所有"列"（column）都必须放在".row"内。

（4）嵌套列

如果想在一列中嵌套另外的列，那么可以在原来的列中添加新的元素和一组.col-*-*列。

在下面的示例中，布局有两个列，第2列被分为两行4个盒子。

【示例6-8】嵌套列响应式页面（ch6/示例/column-box.html）。

```
<div class="container">
    <h4>嵌套列</h4>
    <div class="row">
        <div class="col-md-3" style="border:1px solid black">
            <h4>第1列</h4>
            <p>我是第1列</p>
        </div>
        <div class="col-md-9" style="border:1px solid black">
            <h4>第2列 - 分为4个盒子</h4>
            <div class="row">
                <div class="col-md-6" style="background-color: #dedef8;border:1px solid black">
                    <p>我是第2列</p>
                </div>
```

< 198 >

```
        <div class="col-md-6" style="background-color: #dedef8;border:1px solid black">
            <p>我是第2列</p>
        </div>
        </div>
        <div class="row">
        <div class="col-md-6" style="background-color: #dedef8;border:1px solid black">
            <p>我是第2列</p>
        </div>
        <div class="col-md-6" style="background-color: #dedef8;border:1px solid black">
            <p>我是第2列</p>
        </div>
        </div>
        </div>
    </div>
</div>
```

当屏幕尺寸大于768px时，第1列用.col-md-3对应的样式，第2列用.col-md-9对应的样式，第2列内嵌套的4个盒子分别采用.col-md-6样式如图6-26所示。

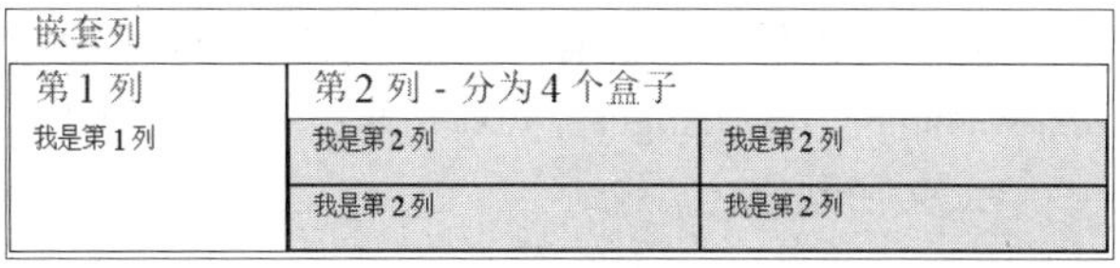

总之，我们可以使用Bootstrap提供的这些类定义在不同设备上的界面排版。

嵌套列		
第 1 列	第 2 列 - 分为 4 个盒子	
我是第1列	我是第2列	我是第2列
	我是第2列	我是第2列

图 6-26　嵌套列

6.4　Bootstrap样式

在网格系统基础上，BootStrap对文档的很多样式进行了复写，并且还提供了多种基础布局组件。本节讲述Bootstrap中主要样式的使用。

6.4.1　文字排版

Bootstrap 提供了文字排版的样式设定功能，例如将全局font-size设置为16px，将line-height设置为1.5，默认的 font-family 为Helvetica Neue、Helvetica、Arial、sans-serif。此外，所有的p元素设置为 margin-top: 0、margin-bottom: 1rem (16px)。HTML中的所有标题标签，<h1> 到 <h6> 均可使用。另外，还提供了.h1 到 .h6 类，可以给元素文本赋予标题的样式。

这些基本样式的改变和使用，请看下面示例。

【示例6-9】文字排版基本样式（ch6/示例/ text.html）。

```
<div class="container">
<h1>h1. Bootstrap heading <small>Secondary text</small></h1>
<span class="h1">行内元素具有h1的class，就是不一样</span>
<p>我被设置了1rem（16px）的底部外边距</p>
<p class="lead">加了lead的class样式，我会突出显示</p>
<!--通过文本对齐类，可以简单、方便地将文字重新对齐-->
<p class="text-left">Left aligned text.</p>
<p class="text-center">Center aligned text.</p>
<p class="text-right">Right aligned text.</p>
<p class="text-justify">Justified text.</p>
<p class="text-nowrap">No wrap text.</p>
<!--通过这几个类可以改变文本的字母大小写，即字母大小写转换-->
<p class="text-lowercase">Lowercased text.</p>
<p class="text-uppercase">Uppercased text.</p>
<p class="text-capitalize">Capitalized text.</p>
<!--移除了默认的list-style样式和左侧外边距的一组元素（只针对直接子元素）-->
```

< 199 >

```
<ul class="list-unstyled">
    <li>列表类</li>
    <li>列表类</li>
    <li>列表类</li>
</ul>
<!--将所有元素放置于同一行-->
<ul>
    <li class="list-inline-item">同一行的列表</li>
    <li class="list-inline-item">同一行的列表</li>
    <li class="list-inline-item">同一行的列表</li>
</ul>
</div>
```

6.4.2 颜色

Bootstrap提供了一些有代表意义的颜色类，例如.text-muted、.text-primary、.text-success、.text-info、.text-warning、.text-danger、.text-light、.text-secondary、.text-white、.text-dark。

1. 文字颜色

下面示例演示了应用不同颜色类后文字颜色的变化。

【示例6-10】文字颜色（ch6/示例/ color.html）。

```
<div class="container">
    <h2>代表指定意义的文本颜色</h2>
    <p class="text-muted">柔和的文本</p>
    <p class="text-primary">重要的文本</p>
    <p class="text-success">执行成功的文本</p>
    <p class="text-info">代表一些提示信息的文本</p>
    <p class="text-warning">警告文本</p>
    <p class="text-danger">危险操作文本</p>
    <p class="text-secondary">副标题</p>
    <p class="text-dark">深灰色文字</p>
    <p class="text-light">浅灰色文本（白色背景上看不清楚）</p>
    <p class="text-white">白色文本（白色背景上看不清楚）</p>
</div>
```

这些样式对带有链接的文字同样适用。例如：

```
<a href="#" class="text-muted">柔和的链接</a>
<a href="#" class="text-dark">深灰色链接</a>
```

2. 背景色

提供背景颜色的类有.bg-primary、.bg-success、.bg-info、.bg-warning、.bg-danger、.bg-secondary、.bg-dark、.bg-light。

> **注意**
>
> 背景颜色类不会设置文本的颜色，要设置文本的颜色需要与 .text-* 类一起使用。

下面示例设置了不同段落的背景颜色，同时为段落中的文字应用了文字颜色样式。

【示例6-11】背景颜色（ch6/示例/ bgcolor.html）。

```
<div class="container">
    <h2>背景颜色</h2>
    <p class="bg-primary text-white">重要的背景颜色</p>
    <p class="bg-success text-white">执行成功背景颜色</p>
    <p class="bg-info text-white">信息提示背景颜色</p>
    <p class="bg-warning text-white">警告背景颜色</p>
    <p class="bg-danger text-white">危险背景颜色</p>
```

< 200 >

```
    <p class="bg-secondary text-white">副标题背景颜色</p>
    <p class="bg-dark text-white">深灰背景颜色</p>
    <p class="bg-light text-dark">浅灰背景颜色</p>
</div>
```

6.4.3　表格

Bootstrap 提供了一系列类来设置表格的样式，如表6-2所示。

表6-2　　　　　　　　　　　　　　　　　设置表格样式的类

类	描述
.table	为任意\<table\>添加基本样式（只有横向分隔线）
.table-striped	在\<tbody\>内添加斑马线形式的条纹（IE 8不支持）
.table-bordered	为所有表格的单元格添加边框
.table-hover	在\<tbody\>内的任一行启用鼠标指针悬停状态
.table-condensed	让表格更加紧凑

表6-3中的类可用于表格的行或者单元格。

表6-3　　　　　　　　　　　　　　　　　表格的行和单元格类

类	描述
.active	将悬停的颜色应用在行或者单元格上
.success	表示成功的操作
.info	表示信息变化的操作
.warning	表示一个警告的操作
.danger	表示一个危险的操作

下面示例使用 .table类改变了表格的基本样式。效果如图6-27所示。

【示例6-12】表格基本样式（ch6/示例/ table.html）。

```
<div class="container">
  <h3>使用.table类创建基本表格布局</h3>
  <table class="table">
    <thead>
        <tr><th>诗人</th><th>朝代</th></tr>
    </thead>
    <tbody>
        <tr><td>李白</td><td>唐</td></tr>
        <tr><td>苏轼</td><td>宋</td></tr>
    </tbody>
  </table>
</div>
```

在上面的示例中添加 .table-striped类，就会在\<tbody\>内的行上看到条纹，代码如下所示。效果如图6-28所示。

```
<table class=" table table-striped "> …//此处代码省略 </table>
```

诗人	朝代
李白	唐
苏轼	宋

图 6-27　基本表格

诗人	朝代
李白	唐
苏轼	宋

图 6-28　条纹表格

< 201 >

如果想为表格添加边框，此时可以使用类 .table-bordered，效果如图6-29所示。

```
<table class=" table table-bordered"> …/*此处代码省略*/ </table>
```

.table-hover 类可以为表格的每一行添加鼠标指针悬停效果（灰色背景）。当鼠标指针在表格不同行悬停时，当前行会显示为灰色背景，离开后恢复原背景色，效果如图6-30所示。

```
<table class=" table table-hover"> …/*此处代码省略*/ </table>
```

诗人	朝代
李白	唐
苏轼	宋

图 6-29　带边框表格

诗人	朝代
李白	唐
苏轼	宋

图 6-30　鼠标指针悬停行时的效果

我们可以联合使用多个类来创建表格的组合效果。下面的代码使用.table-dark类 和 .table-striped类创建了黑色的表格，效果如图6-31所示。

```
<table class="table table-dark table-striped"> …/*此处代码省略*/ </table>
```

为任意<table>标签添加 .table类可以为其赋予基本的样式。如果想创建响应式的表格，将含有类 .table的元素包裹在含有 .table-responsive类的元素内即可。

下面的示例在屏幕宽度小于 992px 时会创建水平滚动条，效果如图6-32所示。如果可视区域宽度大于992px则没有滚动条。

【示例6-13】 响应式表格样式（ch6/示例/ table-responsive.html）。

```
<div class="table-responsive">
 <table class="table">
  …/*此处代码省略*/
    </table>
</div>
```

图 6-31　黑色表格

图 6-32　响应式表格

6.4.4　图片

Bootstrap 4 提供了以下几个可对图片应用简单样式的类。

① .rounded：可以让图片显示圆角效果。

② .rounded-circle：设置椭圆形图片。

③ .img-thumbnail：设置图片缩略图效果，使图片的外观具有 1px 宽度的圆形边框。

④ .float-right：图片右对齐。

⑤ .float-left：图片左对齐。

⑥ .img-fluid：设置响应式图片。

图像有各种各样的尺寸，需要根据屏幕的大小自动适应。开发者通过在<img>标签中添加 .img-

< 202 >

fluid类来设置响应式图片，可以使得图片能支持响应式布局。

.img-fluid类将样式 max-width: 100%;height: auto;赋予图片，以便随父元素一起缩放。

下面示例展示了应用不同类后图片呈现的不同样式，效果如图6-33所示。

【示例6-14】图片样式（ch6/示例/ image.html）。

```
<div class="container">
    <h2>圆角图片</h2>
    <p>.rounded类可以让图片显示圆角效果</p>
    <img src="images/flower.jpg" class="rounded" alt="漂亮的花" >
    <p>.rounded-circle类可以设置椭圆形图片</p>
    <img src="images/flower.jpg" class="rounded-circle" alt="漂亮的花" >
    <p>.img-thumbnail类用于设置图片缩略图（图片有边框）</p>
    <img src="images/flower.jpg" class="img-thumbnail" alt="漂亮的花" >
    <p>.img-fluid类可以设置响应式图片，重置浏览器大小查看效果</p>
    <img src="images/fluid.jpg" class="img-fluid">
    <p>使用.float-right类来设置图片右对齐，使用.float-left类设置图片左对齐</p>
    <img src="images/left.jpg" class="float-left" width="200px" height="200px">
    <img src="images/right.jpg" class="float-right" width="200px" height="200px">
</div>
```

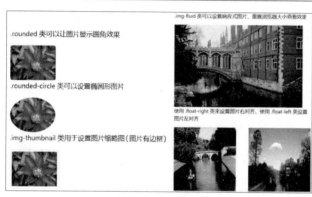

图 6-33　图片样式

6.4.5　表单

Bootstrap提供了一些表单控件样式、布局选项，以及用来创建多样化表单的自定义组件。本节介绍如何使用Bootstrap创建表单。

Bootstrap 提供了以下两种表单布局。

1．堆叠表单

基本的表单结构是 Bootstrap 自带的，元素会在垂直方向上排列。创建基本表单的步骤如下。

（1）把标签和控件放在一个带有 .form-group类的<div>中，这是获取最佳间距所必需的。

（2）向所有的文本元素<input>、<textarea>和<select>添加 class ="form-control"。

下面的示例制作了一个垂直显示的表单。

【示例6-15】堆叠表单（ch6/示例/ form-normal.html）。

```
<body style="margin:20px;">
<form>
    <div class="form-group">
        <label for="InputEmail">Email address</label>
        <input type="email" class="form-control" id="InputEmail" placeholder= "Email">
    </div>
    <div class="form-group">
```

< 203 >

```
            <label for="InputPwd">Password</label>
            <input type="password" class="form-control" id="InputPwd" placeholder= "Password">
    </div>
    <div class="form-group">
            <label for="InputFile">File input</label>
            <input type="file" id="InputFile">
            <p class="help-block">Example block-level help text
here.</p>
    </div>
    <div class="checkbox">
            <label> <input type="checkbox">  Check me out  </label>
    </div>
    <button type="submit" class="btn btn-default"> Submit </button>
</form>
</body>
```

堆叠表单页面上所有元素会纵向排列，效果如图6-34所示。

2．内联表单

内联表单需要在\<form\>标签上添加 .form-inline类，其上所有元素水平排列。

图 6-34　堆叠表单

> **注意**
>
> 在屏幕宽度小于 576px 时为垂直堆叠。如果屏幕宽度大于或等于576px时，表单元素才会显示在同一个水平线上。

下面示例制作了一个水平显示的表单。

【示例6-16】内联表单（ch6/示例/form-inline.html）。

```
<body style="margin:20px;">
<!--内联表单-->
<!--为<form>标签添加.form-inline类可使其内容左对齐且表现为inline-block级别的控件-->
<form class="form-inline">
<div class="form-group">
   <div class="input-group">
     <div class="input-group-addon">$</div>
     <input type="text" class="form-control" id="InputAmount" placeholder= "Amount">
     <div class="input-group-addon">.00</div>
   </div>
</div>
<button type="submit" class="btn btn-primary"> Transfercash </button>
</form>
</body>
```

内联表单页面上所有元素在水平方向上排列成一行，效果如图6-35所示。

图 6-35　内联表单

6.4.6　表单控件

Bootstrap的表单控件扩展了用类重置的表单样式。使用这些类可以选择自定义显示，以便在浏览器和设备之间实现更一致的呈现。

> **注意**
>
> 如果input的 type 属性未正确声明，输入框的样式将不会显示。

下面的示例制作了一个包含多种表单控件的页面，效果如图6-36所示。

【示例6-17】表单控件（ch6/示例/ form-control.html）。

< 204 >

```
<div class="container">
<h4>请选出您喜欢的诗人</h4>
<form>
<div class="form-group">
   <label for="usr">您的昵称:</label>
   <input type="text" class="form-control" id="usr">
</div>
<div class="form-group">
   <label for="pwd">登录密码:</label>
   <input type="password" class="form-control"
id="pwd">
</div>
<div class="form-check form-check-inline">
   <input class="form-check-input" type="radio"
name="gender" id="Radios1" value="male" checked>
   <label class="form-check-label" for="Radios1">
男</label>
</div>
<div class="form-check form-check-inline">
   <input class="form-check-input" type="radio" name="gender" id="Radios2" value="female">
   <label class="form-check-label" for="Radios2">女</label>
</div>
<p> 您喜欢谁? </p>
<div class="form-check form-check-inline">
   <label class="form-check-label">
   <input type="checkbox" class="form-check-input" value="1">李白
   </label>
</div>
…/*省略部分代码*/
<div class="form-group">
   <label for="comment">上榜理由:</label>
   <textarea class="form-control" rows="3" id="comment"></textarea>
</div>
</form>
</div>
```

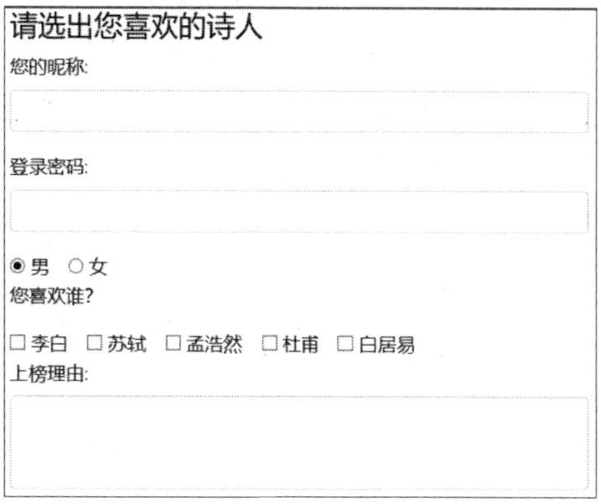

图 6-36　表单控件

复选框、单选按钮的选项默认垂直显示，使用 .form-check-inline类可以让选项显示在同一行上。

6.4.7　按钮

Bootstrap的自定义按钮样式可用于多种元素，支持多种大小、状态等。Bootstrap内置了几种预定义的按钮样式，每种样式都有自己的语义目的。例如下面代码演示了不同样式的按钮。

```
<button type="button" class="btn">基本按钮</button>
<button type="button" class="btn btn-primary">主要按钮</button>
<button type="button" class="btn btn-secondary">次要按钮</button>
<button type="button" class="btn btn-success">成功</button>
<button type="button" class="btn btn-info">信息</button>
<button type="button" class="btn btn-warning">警告</button>
<button type="button" class="btn btn-danger">危险</button>
<button type="button" class="btn btn-dark">黑色</button>
<button type="button" class="btn btn-light">浅色</button>
<button type="button" class="btn btn-link">链接</button>
```

⚠️ 注意

使用颜色来增加含义只会提供视觉上的指示，而不会传达给使用辅助技术（如屏幕阅读器）的用户。要确保用颜色所表示的信息从内容本身来看是明显的（例如，可见文本），或者是通过其他方式包含的，例如用 .sr-only类隐藏的额外文本。

.btn 系列类（class）被设计为用于<button>标签。不过，用户也可以将这些类用于<a>或<input>

< 205 >

标签（但是某些浏览器可能会使用略有不同的渲染方式）。

```
<a href="#" class="btn btn-info" role="button">链接按钮</a>
<input type="button" class="btn btn-info" value="输入框按钮">
<input type="submit" class="btn btn-primary" value="提交按钮">
```

注意

　　当 .btn 系列类（class）用于 <a> 标签并触发页面上的功能（例如折叠内容），而不是链接到新页面或当前页面中的内容部分时，应当为这些链接设置 role="button" 属性，以便将链接的目的以适当的方式传递给类似屏幕阅读器的辅助工具。

　　默认按钮样式是带有背景颜色的。当用户需要使用按钮，但又不希望按钮带有背景颜色时，将默认的修饰符类替换为 .btn-outline-* 系列类，用来去除按钮上的所有背景图片和颜色即可。效果如图 6-37 所示。

```
<button type="button" class="btn btn-primary">Primary</button>
<button type="button" class="btn btn-secondary">Secondary</button>
                              ⬇
<button type="button" class="btn btn-outline-primary">Primary</button>
<button type="button" class="btn btn-outline-secondary">Secondary</button>
```

　　如果需要更大或更小的按钮，使用 .btn-lg 或 .btn-sm 类可以设置按钮的不同尺寸。开发者通过添加 .btn-block 类来创建块级按钮，可以使得按钮占满整个父级元素的宽度。效果如图 6-38 所示。

```
<button type="button" class="btn btn-primary btn-lg btn-block">Large button</button>
<button type="button" class="btn btn-secondary btn-sm btn-block">Small button</button>
```

图 6-37　带轮廓线的按钮

图 6-38　不同尺寸的块级按钮

　　按钮可设置为激活或者禁止单击的状态。.active 类可以设置按钮处于活动状态。当按钮处于活动状态时，按钮将表现为被按下的效果，即背景和边框变暗。disabled 属性（此属性是布尔类型的）可以设置按钮是不可单击的，使按钮看起来处于不可用状态。

```
<button type="button" class="btn btn-primary active">单击后的按钮</button>
<button type="button" class="btn btn-primary" disabled>禁止单击的按钮</button>
```

注意

　　使用 <a> 标签创建的处于禁用状态的按钮具有以下一些不同的行为。

　　（1）<a> 标签不支持 disabled 属性，因此必须设置 .disabled 类以使其在外观上显示为禁用状态。

　　（2）利用 <a> 标签实现的禁用按钮不应设置 href 属性。

　　（3）利用 <a> 标签实现的禁用按钮应当设置 aria-disabled="true" 属性，以便向辅助技术提供当前元素的状态。

```
<a class="btn btn-info disabled" role="button" aria-disabled="true"> Link </a>
```

　　下面的示例演示了多种按钮样式的使用，效果如图 6-39 所示。

　　【示例 6-18】按钮样式的使用（ch6/示例/ button-control.html）。

```
<div class="container">
  <h4>按钮样式: </h4>
```

< 206 >

```
    <!--为<a>、<button>或<input>标签添加按钮类可以设置按钮
的预定义样式-->
    <a class="btn btn-info" href="#"
role="button">Link</a>
    <button class="btn btn-primary">Button</button>
    <input class="btn btn-success" type="button"
value="success">
    <input class="btn btn-info" type="submit"
value="info">
    <button class="btn btn-danger">danger</button>
    <br><br>
    <!--使用.btn-lg、.btn-sm就可以获得不同尺寸的按钮-->
    <p>
        <button type="button" class="btn btn-primary
btn-lg">大尺寸按钮</button>
        <button type="button" class="btn btn-info btn-lg">大尺寸按钮</button>
    </p>
    <p>
        <button type="button" class="btn btn-primary btn-sm">小尺寸按钮</button>
        <button type="button" class="btn btn-info btn-sm">小尺寸按钮</button>
    </p>
     <!--使用btn-outline-*就可以去除按钮上的背景色,设置只带轮廓线的按钮-->
    <p>
        <button type="button" class="btn btn-outline-primary">带轮廓线的按钮</button>
        <button type="button" class="btn btn-outline-info">带轮廓线的按钮</button>
    </p>
    <p>通过给按钮添加.btn-block类可以将其拉伸至父元素100%的宽度,而且按钮也变为了块级(block)元素
    </p>
    <p>active设置为激活状态,disabled设置为禁用状态</p>
    <button type="button" class="btn btn-primary btn-lg btn-block active">(块级元素)Block
button(active)</button>
    <button type="button" class="btn btn-info btn-lg btn-block" disabled>(块级元素)Block
button(disabled)</button>
    </div>
```

图 6-39　多种按钮样式

6.5 　组件

　　为了提高开发效率,我们在开发中提出了组件的概念,通过组件可以非常方便地实现复杂页面结构。Bootstrap提供了多个可重用的组件,用于创建导航、下拉菜单、表单、轮播等。开发者在实现页面结构时,不需要编写复杂的样式代码,只需要使用这些Bootstrap组件即可。本节主要介绍Bootstrap常用组件的使用。

6.5.1 　导航栏

　　导航栏是位于页面顶部或者侧边区域的,在页眉横幅图片上方或下方的导航按钮,它起着链接站点内各个页面的作用。Bootstrap提供了作为导航栏的响应式基础组件。它们在移动设备上可以折叠,且在视口宽度增加时逐渐变为水平展开模式。

　　(1)使用Bootstrap制作导航栏需要在页面上添加<nav>或者<div>标签,为它们应用 .navbar类和.navbar-expand{-sm|-md|-lg|-xl}类。 .navbar 类用来创建一个标准的导航栏,后面紧跟 .navbar-expand-xl|lg|md|sm 类来创建响应式的导航栏(大屏幕水平铺开,小屏幕垂直堆叠)。通过删除.navbar-expand{-sm|-md|-lg|-xl}类来创建垂直导航栏。

　　通过主题类和背景颜色应用的结合,可以很容易创建导航栏的颜色方案。navbar-light用于设置浅色背景色,navbar-dark用于设置深色背景色。然后,配合使用.bg-*进行定制,如.bg-primary、.bg-

< 207 >

success、.bg-info、.bg-warning、.bg-danger、.bg-dark、.bg-secondary和.bg-light。

（！）提示

对于暗色背景需要设置文本颜色为浅色的，对于浅色背景需要设置文本颜色为深色的。

```
<nav class="navbar navbar-expand-lg navbar-dark bg-dark">…</nav>
```

（2）.navbar-brand类可用于高亮显示品牌或Logo，它可以应用于大多数元素，但应用于链接效果最好。

```
<nav class="navbar navbar-light bg-light">
    <a class="navbar-brand" href="#">诗人画像</a>
</nav>
```

此外，也可以将图像添加到.navbar-brand，通过自定义样式来调整大小。

```
<nav class="navbar navbar-light bg-light">
    <a class="navbar-brand" href="#">
        <img src="./images/logo.png " width="90" height="60" alt="">
    </a>
</nav>>
```

（3）如果只是制作一个普通的导航栏，在页面添加带有 .navbar-nav类的无序列表即可。
下面的示例制作了一个普通导航栏，效果如图6-40所示。

图 6-40　基础导航栏

【示例6-19】普通导航栏（ch6/示例/ nav-list.html）。

```
<!DOCTYPE HTML>
<html>
<head>
    <title></title>
    <meta charset="UTF-8" />
    <meta name="viewport" content="width=device-width, initial-scale=1">
    <link rel="stylesheet" type="text/css" href="css/bootstrap.min.css" />
</head>
<body>
<nav class="navbar navbar-expand-md navbar-dark bg-dark">
    <a class="navbar-brand" href="#">诗人画像</a>
    <ul class="navbar-nav" id="navbarSupportedContent">
      <li class="nav-item ">
        <a class="nav-link active" href="#">首页 <span class="sr-only">(current)</span></a>
      </li>
      <li class="nav-item">
        <a class="nav-link" href="#">李白</a>
      </li>
      <li class="nav-item">
        <a class="nav-link" href="#">杜甫</a>
      </li>
      <li class="nav-item">
        <a class="nav-link" href="#">白居易</a>
      </li>
       <li class="nav-item">
        <a class="nav-link disabled">调查问卷</a>
      </li>
    </ul>
</nav>
  <script src="js/jquery.slim.min.js" type="text/javascript"></script>
```

< 208 >

```
        <script src="js/bootstrap.bundle.min.js" type="text/javascript"></script>
</body>
</html>
```

> **注意**
>
> 　　在 <a> 标签上添加 .active 类用于高亮显示当前项，.disabled 类用于设置当前项不可用。.active类和 .disabled类用于设置元素的激活或禁用状态。
>
> 　　class="sr-only"中"sr-only"（screen reader only）意为仅供屏幕阅读器。视障人士无法用眼睛看到视觉识别元素是什么，他们上网使用的是屏幕阅读器，也就是 screen reader（sr）。有了这个sr，屏幕阅读器就能找到辨识的文本说明，然后读出来给用户听。
>
> 　　sr-only 在于能让视障人士获取到且不会影响 UI 的视觉呈现，此样式不能在前端页面呈现效果，只是用来进行文本说明。

（4）普通导航栏适应于大屏幕的浏览器。当浏览器窗口缩小到一定程度或在较小的移动设备上显示时，我们希望导航栏能够折叠，只显示一个汉堡按钮，效果如图6-41所示。单击汉堡按钮导航栏展开，效果如图6-42所示。

图 6-41　导航栏折叠　　　　　　　　　图 6-42　导航栏展开

要制作这样的折叠/展开效果，首先，我们要在页面上添加一个<div>，用来包裹需要折叠显示的导航栏内容。为这个<div>标签设置 .collapse类和 .navbar-collapse类，并为这个<div>设置一个id，代码如下所示。

```
<div class="collapse navbar-collapse" id="navbarcollapse">
```

当屏幕缩小后，导航栏将切换为折叠状态，显示为汉堡按钮，汉堡按钮中的属性data-toggle 用来标记触发的事件，data-target用来设置响应事件的标签id。

如果单击汉堡按钮折叠显示id为"navbarcollapse"的<div>，那么此处的data-target属性就要设置为"#navbarcollapse"，代码如下所示。

```
<button class="navbar-toggler" type="button" data-toggle="collapse" data-target=
"#navbarcollapse" aria-controls="navbarcollapse" aria-expanded="false" aria-label="Toggle
navigation">
   <span class="navbar-toggler-icon"></span>
</button>
```

下面的示例完整地演示了图6-41所示的响应式可折叠导航栏。

【示例6-20】响应式可折叠导航栏（ch6/示例/ nav-collapse.html）。

```
<!DOCTYPE HTML>
<html>
<head>
    <title>可折叠导航栏</title>
    <meta name="viewport" content="width=device-width, initial-scale=1">
    <link rel="stylesheet" type="text/css" href="css/bootstrap.min.css" />
</head>
```

< 209 >

```
<body>
<nav class="navbar navbar-expand-md navbar-dark bg-dark">
<a class="navbar-brand" href="#">诗人画像</a>
<button class="navbar-toggler" type="button" data-toggle="collapse" data-target=
"#navbarcollapse" aria-controls="navbarcollapse" aria-expanded="false" aria-label="Toggle
navigation">
      <span class="navbar-toggler-icon"></span>
</button>
<div class="collapse navbar-collapse" id="navbarcollapse">
<ul class="navbar-nav">
  <li class="nav-item ">
    <a class="nav-link active" href="#">首页 <span class="sr-only">(current)</span></a>
  </li>
  <li class="nav-item">
    <a class="nav-link" href="#">李白</a>
  </li>
  <li class="nav-item">
    <a class="nav-link" href="#">杜甫</a>
  </li>
  <li class="nav-item">
    <a class="nav-link" href="#">白居易</a>
  </li>
  <li class="nav-item">
    <a class="nav-link disabled">问卷调查</a>
  </li>
 </ul>
</div>
</nav>
<script src="js/jquery.slim.min.js" type="text/javascript"></script>
<script src="js/bootstrap.bundle.min.js" type="text/javascript"></script>
</body>
</html>
```

> **⚠ 注意**
>
> 通过修改视口的阈值，从而影响导航栏的排列模式。
>
> 当浏览器视口的宽度小于 Bootstrap 源码中的 @grid-float-breakpoint 值时，导航栏内部的元素变为折叠排列，也就是变为移动设备展现模式。当浏览器视口的宽度大于 @grid-float-breakpoint 值时，导航栏内部的元素变为水平排列，也就是变为非移动设备展现模式。通过调整源码中的这个值，就可以控制导航栏何时堆叠排列、何时水平排列。默认值为 768px（小屏幕或者说是平板尺寸的最小值，或者说是平板尺寸）。

6.5.2 下拉菜单

Bootstrap 组件中的下拉菜单可用于显示链接列表的可切换、有上下文的菜单。单个按钮或链接都可以作为下拉菜单的触发器。

（1）在页面上添加一个 <div> 标签，设置 .dropdown 类，下拉菜单触发器和要显示的下拉菜单都包裹在该 <div></div> 里，或者另一个声明了 position: relative; 的元素中。

```
<div class="dropdown">……</div>
```

（2）使用按钮作为触发器，并设置按钮 id，代码如下。

```
<button class="btn btn-secondary dropdown-toggle" type="button" id="dropdown MenuButton"
data-toggle="dropdown" aria-expanded="false"> 下拉按钮 </button>
```

（3）如果使用链接作为触发器，代码如下。

```
<a class="btn btn-secondary dropdown-toggle" href="#" role="button" id="dropdownMenuLink"
data-toggle="dropdown" aria-expanded="false">下拉链接 </a>
```

< 210 >

（4）在<div class="dropdown">内增加要显示的下拉菜单。

（5）如果菜单项较多需要分组，此时可以使用.dropdown-divider类为下拉菜单添加分隔线。

下面示例制作了一个用按钮做触发器并有分隔线的下拉菜单，效果如图6-43所示。

【示例6-21】下拉菜单（ch6/示例/ dropdown.html）。

图 6-43　下拉菜单

```
<!DOCTYPE HTML>
<html>
<head>
<title>下拉菜单</title>
<meta charset="UTF-8">
<meta name="viewport" content="width=device-width, initial-scale=1">
<link rel="stylesheet" type="text/css" href="css/bootstrap.min.css" />
</head>
<body>
    <div class="dropdown" style="margin-left:20px;margin-top:20px;">
        <button class="btn btn-secondary dropdown-toggle" type="button" id="dropdown
MenuButton" data-toggle="dropdown">
        白居易
        </button>
        <ul class="dropdown-menu" aria-labelledby="dropdownMenuButton">
            <li><a href="#" class="dropdown-item">个人生平</a></li>
            <li class="dropdown-divider"></li>
            <li><a href="#" class="dropdown-item">诗句名言</a></li>
            <li><a href="#" class="dropdown-item">代表作品</a></li>
        </ul>
    </div>
<script src="js/jquery.slim.min.js" type="text/javascript"></script>
<script src="js/bootstrap.bundle.min.js" type="text/javascript" ></script>
</body>
</html>
```

6.5.3　输入框组

Bootstrap的输入框组扩展自表单控件。使用输入框组，开发者可以很容易地向表单输入框中添加作为前缀和后缀的图标、文本或按钮。例如，可以添加美元符号，或者在用户名前添加@，或者应用程序接口所需的其他公共元素。

1．创建基本输入组

向输入框组添加前缀或后缀元素。在页面上添加一个带有 .input-group 类的<div>，把前缀或后缀元素放在此<div>中。

```
<div class="input-group">…</div>
```

使用.input-group-prepend类可以在输入框的前面添加文本信息，.input-group-append类添加在输入框的后面。

```
<div class="input-group-prepend">…</div>
<div class="input-group-append">…</div>
```

最后，我们还需要使用 .input-group-text 类来设置文本的样式。

```
<span class="input-group-text">…</span>
```

下面示例演示了一个基本的输入框组，完整代码如下。效果图如图6-44所示。

【示例6-22】基本输入框组（ch6/示例/inputgroup1.html）。

< 211 >

```
<!DOCTYPE HTML>
<html>
<head>
<title>基本输入框组</title>
<meta charset="UTF-8" />
<meta name="viewport" content="width=device-width, initial-scale=1">
<link rel="stylesheet" type="text/css" href="css/bootstrap.min.css" />
</head>
<body>
<div class="container mt-3">
    <h3>输入框组</h3>
    <form>
      <div class="input-group mb-3">
        <div class="input-group-prepend">
          <span class="input-group-text">@</span>
        </div>
        <input type="text" class="form-control" placeholder="用户名" id="usr" name="username">
      </div>
      <div class="input-group mb-3">
        <input type="text"class="form-control"placeholder="Email"id="mail" name="email">
        <div class="input-group-append">
          <span class="input-group-text">@ujn.edu.cn</span>
        </div>
      </div>
      <button type="submit" class="btn btn-primary">提交</button>
    </form>
</div>
<script src="js/jquery.slim.min.js" type="text/javascript"></script>
<script src="js/bootstrap.bundle.min.js" type="text/javascript" ></script>
</body>
</html>
```

2．输入框的尺寸

使用 .input-group-sm 类可以设置小的输入框，使用.input-group-lg类可以设置大的输入框。代码如下所示。不同尺寸大小的输入框效果如图6-45所示。

```
<form>
    <div class="input-group mb-3 input-group-sm">
      <div class="input-group-prepend">
        <span class="input-group-text">小输入框</span>
      </div>
      <input type="text" class="form-control">
    </div>
  </form>
```

图 6-44　基本输入框组　　　　　　　　　　　　图 6-45　输入框大小

3．复选框与单选按钮

输入框组中的文本信息可以使用复选框与单选按钮替代。

下面示例演示了带有复选框与单选按钮的输入框组，效果如图6-46所示。

【示例6-23】带有复选框与单选按钮的输入框组（ch6/示例/ inputgroup2.html）。

```
<!DOCTYPE HTML>
```

< 212 >

```
<html>
<head>
<title>带有复选框与单选按钮的输入框组</title>
<meta charset="UTF-8" />
<meta name="viewport" content="width=device-width, initial-scale=1">
<link rel="stylesheet" type="text/css" href="css/bootstrap.min.css" />
</head>
<body>
<div class="container mt-3">
  <form>
    <div class="input-group mb-3">
      <div class="input-group-prepend">
        <div class="input-group-text"> <input type="checkbox"></div>
      </div>
      <input type="text" class="form-control" placeholder="Baidu">
    </div>
  </form>
  <form>
    <div class="input-group mb-3">
      <div class="input-group-prepend">
        <div class="input-group-text"> <input type="radio"> </div>
      </div>
      <input type="text" class="form-control" placeholder="Google">
    </div>
  </form>
</div>
<script src="js/jquery.slim.min.js" type="text/javascript"></script>
<script src="js/bootstrap.bundle.min.js" type="text/javascript" ></script>
</body>
</html>
```

4. 按钮组

我们还可以在输入框组中添加按钮组，以供用户进行多种选择。

下面代码演示了一个包含提交和取消按钮组的示例，效果如图6-47所示。

【示例6-24】带有按钮组的输入框组（ch6/示例/ inputgroup3.html）。

```
<!DOCTYPE HTML>
<html>
<head>
<title>带有按钮组的输入框组</title>
<meta charset="UTF-8" />
<meta name="viewport" content="width=device-width, initial-scale=1">
<link rel="stylesheet" type="text/css" href="css/bootstrap.min.css" />
</head>
<body>
<div class="container mt-3">
  <h3>带有按钮组的输入框组</h3>
  <div class="input-group mb-3">
    <div class="input-group-prepend">
      <button class="btn btn-outline-secondary" type="button">搜索</button>
    </div>
    <input type="text" class="form-control" placeholder="请输入检索信息">
  </div>
  <div class="input-group mb-3">
    <input type="text" class="form-control" placeholder="请输入检索信息">
    <div class="input-group-append">
      <button class="btn btn-success" type="submit">搜索</button>
    </div>
  </div>
  <div class="input-group mb-3">
    <input type="text" class="form-control" placeholder="请输入检索信息">
```

< 213 >

```
    <div class="input-group-append">
      <button class="btn btn-primary" type="button">搜索</button>
      <button class="btn btn-danger" type="button">取消</button>
    </div>
  </div>
</div>
<script src="js/jquery.slim.min.js" type="text/javascript"></script>
<script src="js/bootstrap.bundle.min.js" type="text/javascript" ></script>
</body>
</html>
```

图 6-46　带有复选框与单选按钮的输入框组　　　　　图 6-47　带有按钮组的输入框组

5. 输入框组标签

通过在输入框组外的 label 设置标签，并使标签的 for 属性与输入框组的 id 对应，单击标签后可以聚焦输入框，使得输入框获得焦点。

下面代码演示了输入框组标签的使用，效果如图6-48和图6-49所示（图中只展示了主要部分）。

【示例6-25】输入框组标签（ch6/示例/ inputgroup4.html）。

```
<!DOCTYPE HTML>
<html>
<head>
<title>输入框组标签</title>
<meta charset="UTF-8" />
<meta name="viewport" content="width=device-width, initial-scale=1">
<link rel="stylesheet" type="text/css" href="css/bootstrap.min.css" />
</head>
<body>
<div class="container mt-3">
  <h2>输入框组标签</h2>
  <p>单击标签后可以聚焦输入框：</p>
  <form>
    <label for="demo">请在这里输入您的邮箱:</label>
    <div class="input-group mb-3">
      <input type="text" class="form-control" placeholder="Email" id="demo" name="email">
      <div class="input-group-append">
        <span class="input-group-text">@ujn.edu.cn</span>
      </div>
    </div>
  </form>
</div>
<script src="js/jquery.slim.min.js" type="text/javascript"></script>
<script src="js/bootstrap.bundle.min.js" type="text/javascript" ></script>
</body>
</html>
```

图 6-48　输入框组外的标签　　　　　　　　图 6-49　单击标签输入框组获得焦点

< 214 >

6. 自定义文件上传

这个例子在输入框组中使用了自定义文件浏览器组件。单击"Browse"按钮，弹出"选择文件"对话框。效果如图6-50所示。

图 6-50　自定义文件上传

【示例6-26】自定义文件上传（ch6/示例/ inputgroup5.html）。

```
<div class="input-group">
  <div class="custom-file">
    <input type="file" class="custom-file-input" id="inputGroupFile" aria-describedby=
"inputGroupFileAddon">
    <label class="custom-file-label" for="inputGroupFile">选择文件</label>
  </div>
  <div class="input-group-append">
    <button class="btn btn-outline-secondary" type="button" id="inputGroupFileAddon">
上传</button>
  </div>
</div>
```

> **注意**
>
> 在前面几个示例代码中使用了m*-*的属性，例如<div class="container mt-3">、<div class="input-group mb-3">。
>
> mt表示设置margin-top或padding-top。
>
> mb表示设置margin-bottom或padding-bottom。
>
> 后面的数字等表示的含义如下。
>
> 空白：在元素的4个边上设置边距或填充。
>
> 0：将边距或填充设置为0。
>
> 1：将边距或填充设置为.25rem（如果font-size为16px则为4px）。
>
> 2：将边距或填充设置为.5rem（如果字体大小为16px则为8px）。
>
> 3：将边距或填充设置为1rem（如果字体大小为16px则为16px）。
>
> 4：将边距或填充设置为1.5rem（如果字体大小为16px则为24px）。
>
> 5：将边距或填充设置为3rem（如果font-size为16px则为48px）。

6.5.4　模态框

模态框（Modal）是覆盖在父窗体上的子窗体。通常，用它显示来自一个单独源的内容，且可以在不离开父窗体的情况下有一些互动。子窗体可提供信息交互。

1. 普通模态框

下面示例演示单击按钮打开一个模态框，它会从页面顶部滑下来并淡入；单击模态框的关闭按钮或者模态框以外的区域，模态框会消失。效果如图6-51和图6-52所示。

【示例6-27】模态框（ch6/示例/ modal.html）。

```
<!DOCTYPE HTML>
<html>
<head>
<title>模态框</title>
<meta charset="UTF-8" />
<meta name="viewport" content="width=device-width, initial-scale=1">
<link rel="stylesheet" type="text/css" href="css/bootstrap.min.css" />
</head>
<body>
<div class="container mt-3">
  <h1>唐朝是诗歌的盛世</h1>
```

< 215 >

```
<h5>唐朝的诗书，精魂万卷，卷卷永恒；</h5>
<h5>唐朝的诗句，字字珠玑，笔笔生花。</h5>
<!-- 按钮：用于打开模态框 -->
<button type="button" class="btn btn-primary" data-toggle="modal" data-target= "#myModal">
  详细介绍
</button>
<!-- 模态框 -->
<div class="modal fade" id="myModal">
  <div class="modal-dialog">
    <div class="modal-content">
      <!-- 模态框头部 -->
      <div class="modal-header">
        <h4 class="modal-title">唐诗简介</h4>
        <button type="button" class="close" data-dismiss="modal">&times;</button>
      </div>
      <!-- 模态框主体 -->
      <div class="modal-body">
        唐诗，泛指唐朝诗人创作的诗，为唐代……
      </div>
      <!-- 模态框底部 -->
      <div class="modal-footer">
        <button type="button" class="btn btn-secondary" data-dismiss="modal"> 关闭</button>
      </div>
    </div>
  </div>
</div>
<script src="js/jquery.slim.min.js" type="text/javascript"></script>
<script src="js/bootstrap.bundle.min.js" type="text/javascript" ></script>
</body>
</html>
```

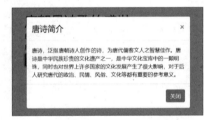

图 6-51　主窗体　　　　　　　　　　　图 6-52　模态框

我们可以通过添加 .modal-sm 类来创建一个小模态框，添加 .modal-lg 类可以创建一个大模态框。尺寸类放在 <div> 元素的 .modal-dialog 类后。

- 小模态框：

```
<div class="modal-dialog modal-sm">
```

- 大模态框：

```
<div class="modal-dialog modal-lg">
```

> **注意**
>
> Bootstrap 模态框按钮的 data-dismiss="modal" 属性表示可取消属性，是让模态框被单击可消失的属性。HTML 标签如果定义该属性，则单击该标签后可以使该标签的值指向的元素消失。
>
> 如果在单击按钮时需要验证表单数据，就要去掉这个属性。

< 216 >

2．长内容模态框

当模态框内容对于用户的视口或设备来说太长时，可以创建一个可滚动的模态框，通过添加 .modal-dialog-scrollable类来滚动模态主体。下面示例演示了该效果，效果如图6-53所示。

图 6-53　可滚动的模态框

【示例6-28】长内容可滚动模态框（ch6/示例/ modalscroll.html）。

```
<!-- 可滚动的模态框 -->
<div class="modal-dialog modal-dialog-scrollable"> …</div>
```

6.5.5　轮播

Bootstrap轮播组件（Carousel）是一种灵活的、响应式的、可循环浏览元素的幻灯片。轮播的内容可以是图像、视频、文本、自定义标记或者其他想要放置的任何类型内容。它还支持向前/向后的控制器或指示器。

实现轮播主要有以下3个步骤。

1．添加轮播容器

在页面上添加一个<div>标签，为该标签设置 .casousel类，并增加id属性，方便后面对此容器的引用，代码如下。

```
<div id="carouselExampleIndicators" class="carousel">…</div>
```

上面的轮播是直接切换效果。如果希望呈现切换的过渡和动画效果，此时可以在<div>中增加 .slide类，代码如下。

```
<div id="carouselExampleIndicators" class="carousel slide">…</div>
```

在这个<div>中添加需要轮播显示的图片。

```
<div class="carousel-inner">
    <div class="carousel-item active"><img src="images/banner/1.jpg"></div>
    <div class="carousel-item"><img src="images/banner/2.jpg"></div>
    <div class="carousel-item"><img src="images/banner/3.jpg"></div>
</div>
```

⚠ 注意

要确保为轮播容器设置唯一的id，特别是在一个页面上使用多个轮播时。控制器和指示符元素必须具有与.carousel元素的id匹配的data-target属性（或链接的href）。

< 217 >

2. 设计轮播控制器

如果希望为轮播增加一个向前、向后的控制器来控制播放，此时可以在轮播容器中添加带有 .carousel-control-prev 类和.carousel-control-next类的\<button\>标签，并配合向前.carousel-control-prev-icon类和向后.carousel-control-next-icon类的图标来实现，代码如下。

```
<button class="carousel-control-prev" type="button" data-target="#carouselExampleIndicators" data-slide="prev">
    <span class="carousel-control-prev-icon" aria-hidden="true"></span>
  <span class="sr-only">Previous</span>
</button>
    <button class="carousel-control-next" type="button" data-target="#carouselExampleIndicators" data-slide="next">
    <span class="carousel-control-next-icon" aria-hidden="true"></span>
    <span class="sr-only">Next</span>
</button>
```

可以在任何 \<div class="carousel-item"\> 内添加 \<div class="carousel-caption"\> 为幻灯片设置字幕，在较小视图中我们可以用d-none隐藏这些字幕，中型设备上使用d-md-block显示出来。

3. 设计轮播指示符

我们可以在轮播容器内部添加 .carousel-indicators类，为轮播设置指示符，用来显示当前内容的播放顺序，一般采用有序列表来制作。

```
<ol class="carousel-indicators">
    <li data-target="#carouselExampleIndicators" data-slide-to="0" class="active"></li>
    <li data-target="#carouselExampleIndicators" data-slide-to="1"></li>
    <li data-target="#carouselExampleIndicators" data-slide-to="2"></li>
</ol>
```

> ⚠ 注意
>
> active类需要添加到其中一个幻灯片中，否则初始显示时无法指示当前的播放顺序。

下面示例演示了带有前后控制器、指示符以及字幕的轮播图片，效果如图6-54所示。

【示例6-29】轮播图片（ch6/示例/ carousel.html）。

图 6-54　轮播图片

```
<!DOCTYPE HTML>
<html>
<head>
<title>轮播图片</title>
<meta charset="UTF-8" />
<meta name="viewport" content="width=device-width, initial-scale=1">
<link rel="stylesheet" type="text/css" href="css/bootstrap.min.css" />
<style>
    /* 使得图像充满屏幕 */
    .carousel-inner img {
        width: 100%;
        height: 100%;
    }
</style>
</head>
<body>
<div id="carouselExampleIndicators" class="carousel slide">
    <!-- 轮播图片 -->
    <div class="carousel-inner">
      <div class="carousel-item active">
        <img src="images/carousel1.jpg">
```

< 218 >

```html
        <div class="carousel-caption">
            <h3>第一张图片描述标题</h3>
            <p>描述文字!</p>
        </div>
        </div>
        <div class="carousel-item">
            <img src="images/carousel2.jpg">
        <div class="carousel-caption">
            <h3>第二张图片描述标题</h3>
            <p>描述文字!</p>
        </div>
        </div>
        <div class="carousel-item">
            <img src="images/carousel3.jpg">
        <div class="carousel-caption">
            <h3>第三张图片描述标题</h3>
            <p>描述文字!</p>
        </div>
        </div>
        </div>
        <!-- 设置轮播控制器——左右切换按钮 -->
        <button class="carousel-control-prev" type="button" data-target="#carouselExampleI
ndicators" data-slide="prev">
            <span class="carousel-control-prev-icon" aria-hidden="true"></span>
            <span class="sr-only">Previous</span>
        </button>
        <button class="carousel-control-next" type="button" data-target="#carouselExampleInd
icators" data-slide="next">
            <span class="carousel-control-next-icon" aria-hidden="true"></span>
            <span class="sr-only">Next</span>
        </button>
        <!-- 设置轮播指示符 -->
        <ol class="carousel-indicators">
            <li data-target="#carouselExampleIndicators" data-slide-to="0"  class="active"></li>
            <li data-target="#carouselExampleIndicators" data-slide-to="1"></li>
            <li data-target="#carouselExampleIndicators" data-slide-to="2"></li>
        </ol>
    </div>
    <script src="js/jquery.slim.min.js" type="text/javascript"></script>
    <script src="js/bootstrap.bundle.min.js" type="text/javascript" ></script>
    </body>
    </html>
```

!注意

在代码中使用了data-*属性来控制轮播，data属性主要包括以下几种。

- data-ride属性：取值carousel，并将其定义在carousel上。
- data-target属性：取值carousel定义的ID或者其他样式标识符，如上面的示例中，该属性位于控制器和指示符中，取值为"#carouselExampleIndicators"，该值是轮播容器carousel的ID。
- data-slide属性：取值有两个，prev表示向左滚动，next表示向右滚动。
- data-slide-to属性：用来标识某个帧的下标，如data-slide-to="2"，可以直接跳转到指定的帧（下标从0开始），此属性定义在轮播指示符的每个<li>标签上。

项目十二　杜甫作品问卷

本项目针对6.1~6.3节进行实践练习。

< 219 >

【项目目标】

● 理解网格系统的原理。

● 理解媒体查询的工作原理。

【项目内容】

● 使用网格系统进行响应式设计。

● 运用媒体查询对不同类型的设备应用不同的样式。

【项目步骤】

Bootstrap框架资源既可以直接从CDN服务商服务器中引入，也可以加入本地素材文件夹中给出的资源文件。如果有疑问，建议优先查阅Bootstrap框架的官方文档。本项目采用第二种方式：使用本地文件css/bootstrap.min.css。

本项目中定义的CSS样式保存在css/search.css中，全局样式表是css/main.css文件，素材文件dufu-questionnaire.html中已经引入这两个CSS文件。

页面在逻辑宽度大于992px（Large、Extra large）时的样式，如项目图12-1所示。该项目在逻辑宽度小于992px（Extra Small、Small、Medium）时的部分样式，如项目图12-2所示。

1. 引入资源

首先，打开文件dufu-questionnaire.html，注意网页结构的完整。

（1）定义视口，在<head>标签内添加viewport的设置代码如下：

```
<meta name="viewport" content="width=device-width, initial-scale=1, shrink-to-fit=no">
```

项目图 12-1　屏幕宽度大于 992px 的页面效果

项目图 12-2　屏幕宽度小于 992px 的页面效果

（2）引入Bootstrap框架资源。

① 引入Bootstrap的样式资源，在<head>标签内添加以下代码：

```
<link rel="stylesheet" href="css/bootstrap.min.css">
```

② 引入Bootstrap的脚本资源以及其他组件，在</body>之前添加以下代码：

```
<script src="js/jquery.slim.min.js"></script>
<script src="js/bootstrap.bundle.min.js"></script>
```

2. 构建网页

（1）导航栏部分

本项目中的导航栏会根据浏览器逻辑宽度向用户呈现不同的效果。在浏览器逻辑宽度大于等于

< 220 >

992px时，页面会将整个导航栏菜单列表显示出来，如项目图12-3（a）所示；在宽度小于992px时，页面会将导航栏菜单折叠隐藏起来，只显示出菜单图标。效果如项目图12-3（b）所示。

（a）展开效果　　　　　　　　　　　　　（b）折叠效果

项目图 12-3　导航栏效果

导航栏在6.5.1小节给出了详细介绍，参考代码如下：

```html
<nav class="navbar navbar-expand-lg navbar-light bg-light" >
<div class="container">
<a class="navbar-brand" href="#"><img src="./images/logo.png"></a>
<div class="collapse navbar-collapse" id="navbarcollapse">
<ul class="navbar-nav">
  <li class="nav-item">
    <a class="nav-link" href="#">首页</a>
  </li>
  <li class="nav-item dropdown">
    <a class="nav-link dropdown-toggle" href="#" id="dropdownMenuLink"
    role="button" data-toggle="dropdown" aria-expanded="false">李白
    </a>
      <ul class="dropdown-menu" aria-labelledby="dropdownMenuLink">
        <li><a href="#" class="dropdown-item">个人生平</a></li>
        <li><a href="#" class="dropdown-item">代表作品</a></li>
      </ul>
  </li>
  <li class="nav-item dropdown">
    <a class="nav-link dropdown-toggle" href="#" id="dropdownMenuLink2"
      role="button" data-toggle="dropdown" aria-expanded="false">杜甫
    </a>
      <ul class="dropdown-menu" aria-labelledby="dropdownMenuLink2">
        <li><a href="#" class="dropdown-item">个人成就</a></li>
        <li><a href="#" class="dropdown-item">作品问卷</a></li>
      </ul>
  </li>
  <li class="nav-item dropdown">
    <a class="nav-link dropdown-toggle" href="#" id="dropdownMenuLink3"
      role="button" data-toggle="dropdown" aria-expanded="false">白居易
    </a>
      <ul class="dropdown-menu" aria-labelledby="dropdownMenuLink3">
        <li><a href="#" class="dropdown-item">个人生平</a></li>
        <li><a href="#" class="dropdown-item">代表作品</a></li>
      </ul>
  </li>
  <li class="nav-item">
    <a class="nav-link" href="#">调查问卷</a>
  </li>
 </ul>
</div>
<button class="navbar-toggler" type="button" data-toggle="collapse" data-
target="#navbarcollapse" aria-controls="navbarcollapse" aria-expanded="false" aria-
label="Toggle navigation">
  <span class="navbar-toggler-icon"></span>
</button>
</div>
  </nav>
```

< 221 >

（2）内容区域

内容区域的主要结构如项目图12-4所示。

① 容器部分。

● 将应用了.container类的div作为容器将所有内容囊括其中，以便于后续应用bootstrap框架。

```
<div class="container"> …</div>
```

● 在search.css中为其添加样式：4%的下外边距。

② 标题部分："你最喜欢杜甫的哪首作品"。

● 使用<h1>标签，设置id为"title"。

● 在search.css中为其添加样式：文字居中，上下外边距为1em。

表单部分布局设计较为复杂，单独作为一个标题讲解。

3．表单部分布局

（1）表单整体布局

整个表单一共分为两行（.row），布局如项目图12-5所示。

根据Bootstrap的使用原则，必须使用类名"row"来划分行，布局代码如下：

```
<form>
<!-- 第1行-->
<div class="row">… </div>
<!-- 第2行-->
<div class="row">… </div>
</form>
```

项目图 12-4　内容区域结构图

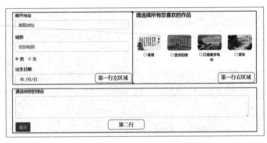

项目图 12-5　表单部分布局图

> **注意**
>
> 此部分的两行一定要用<form>标签包裹。

（2）第1行

① 第1行整体设计。

第1行又分为左、右两个区域，如项目图12-5所示。第1行左区域是读者个人信息，第1行右区域是4个作品选项图。代码如下：

```
<!-- 第1行-->
<div class="row">
    <div class="……">左区域……</div>
    <div class="……">右区域……</div>
</div>
```

响应式主要体现在第1行，当宽度小于992px时，这两个横排表单区域会变成竖直方向排列。参考代码如下：

< 222 >

```
<div class="row">
    <div class="col-lg-6 col-12">左区域……</div>
    <div class="col-lg-6 col-12">右区域……</div>
</div>
```

② 第1行右区域。

在第1行右区域，还有一个包裹在内部的行（.row）。它用来显示4个作品，每一个作品所占的宽度均为1/4，其结构如项目图12-6所示。

当宽度小于992px时，此部分的元素会变成两行、两列的效果，如项目图12-7所示。

项目图 12-6　右侧表单结构图

项目图 12-7　宽度小于 992px 时的效果

第1行右区域布局，代码如下：

```
<!-- 第1行-->
<div class="row">
<!-- 左区域-->
<div class="col-lg-6 col-12">左区域表单部分……</div>
<!-- 右区域-->
<div class="col-lg-6 col-12">
<h5 id="prefer">请选择所有您喜欢的作品</h5>
<div class="row">
    <div class="col-6 col-lg-3 picture">作品图片</div>
    <div class="col-6 col-lg-3 picture">作品图片</div>
    <div class="col-6 col-lg-3 picture">作品图片</div>
    <div class="col-6 col-lg-3 picture">作品图片</div>
</div>
</div>
</div>
```

（3）第2行区域

第2行区域只有1列，在任何宽度的情况下布局均不会改变。详细代码如下：

```
<!-- 第2行-->
<div class="row">
    <div class="col-12">
        <!--第2行表单元素部分……-->
    </div>
</div>
```

它包裹着textarea和"提交"按钮，整个内容部分详细布局如项目图12-8所示。

项目图 12-8　栅格布局

4．参考代码

（1）第1行左区域表单部分

< 223 >

第1行左区域参考代码如下：

```
<div class="form-group">
    <label for="email">邮件地址</label>
    <input type="email" class="form-control" id="email" placeholder="邮箱地址">
</div>
<div class="form-group">
    <label for="username">昵称</label>
    <input type="text" class="form-control" id="username" placeholder="您的昵称">
</div>
<div class="form-group">
    <div class="form-check form-check-inline">
        <inputclass="form-check-input" type="radio" name="sex" id="sex_male" value="m" checked>
        <label class="form-check-label" for="sex_male">男</label>
    </div>
    <div class="form-check form-check-inline">
        <input class="form-check-input" type="radio" name="sex" id="sex_female" value="f">
        <label class="form-check-label" for="sex_female">女</label>
    </div>
</div>
<div class="form-group">
    <label for="pwd">出生日期</label>
    <input type="date" class="form-control" id="birth">
</div>
```

（2）第1行右区域表单部分

第1行右区域参考代码如下：

```
<div class="col-6 col-lg-3 picture">
    <label for="pic_1">   <img src="images/12-1.jpg"> </label>
    <div class="form-check">
    <input class="form-check-input position-static"type=" checkbox" id=" pic_1" value="1">
    </div>
</div>
<div class="col-6 col-lg-3 picture">
    <label for=" pic_2"> <img src="images/12-2.jpg" /> </label>
    <div class="form-check">
    <input class="form-check-input position-static" type="checkbox" id="pic_2" value="2">
    </div>
</div>
<div class="col-6 col-lg-3 picture">
    <label for=" pic _3">          <img src="images/12-3.jpg" /> </label>
    <div class="form-check">
    <input class="form-check-inputposition-static" type="checkbox" id="pic_3" value="3">
    </div>
</div>
<div class="col-6  col-lg-3 picture">
    <label for=" pic _4">          <img src="images/12-4.jpg" /> </label>
    <div class="form-check">
    <input class="form-check-input position-static" type="checkbox" id=" pic_4" value="4" >
    </div>
</div>
```

打开css/search.css文件，添加以下样式。

- 标题部分-"请选择所有您喜欢的作品"：设置id为"prefer"的<h5>标签下外边距为3em。
- 作品图片部分中每个列容器的class属性已经添加了类picture，定义类选择器.picture（div.picture）设置样式为文字居中；对于其内部img元素（div.picture img）设置宽度为100%、边框圆角为10px。

⚠ 注意

利用<label></label>标签包裹<img>标签，可以实现单击图片选中复选框。

< 224 >

（3）第2行表单元素部分

第2行内包含一个textarea和一个"提交"按钮，参考代码如下：

```
<div class="form-group">
    <label for="reason">请说明您的理由</label>
    <textarea class="form-control" id="reason" rows="3"></textarea>
</div>
<div class="form-group">
    <button type="submit" class="btn  btn-primary">提交</button>
</div>
```

项目十三　白居易代表作品

本项目针对6.4～6.5节进行实践练习。

【项目目标】

- 熟练掌握Bootstrap基本样式和常用组件的应用方法。
- 掌握Bootstrap布局容器。

【项目内容】

- 使用网格系统设计响应式页面布局。
- 使用Bootstrap的导航栏、轮播、卡片式缩略图、模态框、分页等组件创建页面元素。

【项目步骤】

本项目的Bootstrap框架资源采用本地文件css/bootstrap.min.css及js/bootstrap.bundle.min.js，版本为4.6.2。如果有疑问，建议优先查阅Bootstrap框架的官方文档。

本项目中的自定义CSS样式保存在css/bjy.css中，页面整体效果如项目图13-1所示。

整个页面由nav、main、footer 3个部分构成，如项目图13-2所示。

项目图 13-1　页面整体效果

项目图 13-2　页面结构图

页面结构参考代码如下：

```
<body>
    <nav>…</nav>
    <main>…</main>
    <footer>…</footer>
</body>
```

以下是详细步骤。

< 225 >

1. 引入资源

在素材文件夹的bjy-representativeworks.html文件中已经引入了框架资源，现说明如下。

（1）样式资源代码如下：

```
<link rel="stylesheet" type="text/css" href="css/bootstrap.min.css" />
<link rel="stylesheet" type="text/css" href="css/bjy.css" /><!--本项目自定义样式表文件 -->
```

（2）脚本资源代码如下：

```
<script type="text/javascript" src="js/jquery.slim.min.js"></script>
<script type="text/javascript" src="js/bootstrap.bundle.min.js" ></script>
```

2．导航栏nav

导航栏在不同宽度屏幕上呈现不同的效果，如项目图13-3与项目图13-4所示。

项目图 13-3　屏幕宽度大于 992px 时的效果

项目图 13-4　屏幕宽度小于 992px 时的效果

前面已经给出了详细的代码，下面将代码分成不同部分进行介绍。

（1）在页面上添加<nav>标签，应用.navbar类和.navbar-expand-lg类，并使用浅色配色方案，且在<nav></nav>内增加容器，参考代码如下：

```
<nav class="navbar navbar-expand-lg navbar-light bg-light">
<div class="container"> …… </div>
</nav>
```

（2）在容器内添加Logo图片，参考代码如下：

```
<nav class="navbar  navbar-expand-lg  navbar-light  bg-light">
<div class="container">
<a class="navbar-brand" href="#"><img src="./images/logo.png"></a>
</div>
</nav>
```

（3）添加导航栏的菜单项，并为菜单项"李白""杜甫""白居易"分别添加下拉菜单，参考代码如下：

```
<div class="collapse navbar-collapse" id="navbarcollapse">
<ul class="navbar-nav">
  <li class="nav-item">
    <a class="nav-link" href="#">首页</a>
  </li>
  <li class="nav-item dropdown">
    <a class="nav-link dropdown-toggle" href="#" id="dropdownMenuLink"
    role="button" data-toggle="dropdown" aria-expanded="false"> 李白
    </a>
      <ul class="dropdown-menu" aria-labelledby="dropdownMenuLink">
        <li><a href="#" class="dropdown-item">个人生平</a></li>
        <li><a href="#" class="dropdown-item">代表作品</a></li>
      </ul>
  </li>
  <li class="nav-item dropdown">
    <a class="nav-link dropdown-toggle" href="#" id="dropdownMenuLink2"
```

< 226 >

```
            role="button" data-toggle="dropdown" aria-expanded="false">杜甫
        </a>
        <ul class="dropdown-menu" aria-labelledby="dropdownMenuLink2">
            <li><a href="#" class="dropdown-item">个人成就</a></li>
                <li><a href="#" class="dropdown-item">作品问卷</a></li>
        </ul>
    </li>
    <li class="nav-item dropdown">
        <a class="nav-link dropdown-toggle" href="#" id="dropdownMenuLink3"
            role="button" data-toggle="dropdown" aria-expanded="false">白居易
            </a>
        <ul class="dropdown-menu" aria-labelledby="dropdownMenuLink3">
            <li><a href="#" class="dropdown-item">个人生平</a></li>
            <li><a href="#" class="dropdown-item">代表作品</a></li>
            </ul>
    </li>
        <li class="nav-item">
            <a class="nav-link" href="#">调查问卷</a>
        </li>
        </ul>
    </div>
```

（4）屏幕宽度变化时需要将导航栏折叠起来，显示为一个汉堡按钮，汉堡按钮代码如下（将它添加在上面步骤（3）的<div>标签前面或后面均可）：

```
<button class="navbar-toggler" type="button" data-toggle="collapse" data-target= "#navbarcollapse"
aria-controls="navbarcollapse" aria-expanded="false" aria-label= "Toggle navigation">
    <span class="navbar-toggler-icon"></span>
</button>
```

！注意

> 属性data-target的值要与需要折叠/展开的导航栏id保持相同。

（5）此时，完整的参考代码如下：

```
<nav class="navbar navbar-expand-lg navbar-light" >
    <div class="container">
        <a class="navbar-brand" href="#"><img src="./images/logo.png"></a>
        <div class="collapse navbar-collapse" id="navbarcollapse">
            <ul class="navbar-nav">
                <li class="nav-item">
                    <a class="nav-link" href="#">首页</a>
                </li>
                ...
                <li class="nav-item">
                    <a class="nav-link" href="#">调查问卷</a>
                </li>
            </ul>
        </div>
        <button class="navbar-toggler" type="button" data-toggle="collapse" data-
target="#navbarcollapse" aria-controls="navbarcollapse" aria-expanded="false" aria-
label="Toggle navigation">
            <span class="navbar-toggler-icon"></span>
        </button>
    </div>
</nav>
```

最终导航栏效果如项目图13-5所示。

3．图片轮播

接下来，我们为页面设计一个图片轮播效果，要求图片每隔3秒自动切换，单击左右箭头按钮也可切换显示图片，效果如项目图13-6所示。

< 227 >

项目图 13-5　带下拉菜单的导航栏

项目图 13-6　图片轮播效果

（1）增加<main></main>标签，在<main></main>标签内添加一个<div>标签，为它增加.carousel类和.slide类，并设置id为carouselPic。参考代码如下：

```
<main role="main" >
<div id="carouselPic" class="carousel slide carousel-fade" data-ride="carousel">
...
</div>
</main>
```

（2）在上面<div>中添加要轮播显示的图片，此处显示3张图片。参考代码如下：

```
<div class="carousel-inner">
    <div class="carousel-item active " data-interval="3000">
        <img src="./images/1.jpg">
    </div>
    <div class="carousel-item" data-interval="3000">
        <img src="./images/2.jpg">
    </div>
    <div class="carousel-item" data-interval="3000">
        <img src="./images/3.jpg">
    </div>
</div>
```

（3）在上面代码后面添加轮播控制器，使用左右按钮进行图片的切换。参考代码如下：

```
<button class="carousel-control-prev" type="button" data-target="#carouselPic" data-slide="prev">
    <span class="carousel-control-prev-icon" aria-hidden="true"></span>
    <span class="sr-only">Previous</span>
</button>
<button class="carousel-control-next" type="button" data-target="#carouselPic" data-slide="next">
    <span class="carousel-control-next-icon" aria-hidden="true"></span>
    <span class="sr-only">Next</span>
</button>
```

⚠ 注意

代码中的data-target属性要设置为开始添加的轮播<div>标签的id，此处为#carouselPic。

（4）在上面代码后面添加轮播指示器，用来显示当前内容的播放顺序。参考代码如下：

```
<ol class="carousel-indicators">
    <li data-target="#carouselPic" data-slide-to="0" class="active"></li>
    <li data-target="#carouselPic" data-slide-to="1"></li>
    <li data-target="#carouselPic" data-slide-to="2"></li>
</ol>
```

（5）打开css/bjy.css，添加以下代码，设置轮播器的样式。参考代码如下：

```
.carousel {
  margin-bottom: 0rem;
}
.carousel-caption {
  bottom: 1rem;
```

< 228 >

```
    z-index: 10;
}
.carousel-item {
  height: 18rem;
  background: #374362;
}
.carousel-item > img {
  position: absolute;
  top: 0;
  left: 0;
  min-width: 100%;
  height: 18rem;
}
@media (min-width: 40em) {
  /* Bump up size of carousel content */
  .carousel-caption p {
    margin-bottom: 1.25rem;
    font-size: 1.25rem;
    line-height: 1.4;
  }
}
```

4．诗文缩略图

接下来在页面上添加白居易部分诗文信息，效果如项目图13-7所示。

（1）页面上只显示一行作品信息，每行分为3列。如果信息较多时一般会做分页处理，我们在页面上增加一个基本的分页效果。参考代码如下：

项目图 13-7 诗文缩略图

```
<!--组件: 卡片缩略图Cards -->
  <div class="album py-5 text">
    <div class="container">
      <div class="row">
        <div class="col-md-4">  ……  </div> <!—第1列 -->
        <div class="col-md-4">  ……  </div> <!—第2列 -->
        <div class="col-md-4">  ……  </div> <!—第3列 -->
      </div>
    </div>
<!----组件: 分页---->
<div>
  <ul class="pagination justify-content-center">
    <!--增加左移箭头-->
    <li class="page-item">
      <a class="page-link" href="#" aria-label="Previous">
        <span>&laquo;</span>
      </a>
    </li>
    <!--分页数字项-->
    <li class="page-item"><a class="page-link" href="#">1</a></li>
    <li class="page-item active" ><a class="page-link" href="#">2</a></li>
    <li class="page-item"><a class="page-link" href="#">3</a></li>
    <li class="page-item"><a class="page-link" href="#">4</a></li>
    <li class="page-item"><a class="page-link" href="#">5</a></li>
    <li class="page-item"><a class="page-link" href="#">6</a></li>
    <li class="page-item"><a class="page-link" href="#">7</a></li>
    <li class="page-item"><a class="page-link" href="#">8</a></li>
    <!--增加右移箭头-->
    <li class="page-item">
      <a class="page-link" href="#" aria-label="Next">
        <span>&raquo;</span>
      </a>
```

< 229 >

```
        </li>
      </ul>
   </div>
</div>
```

第1列代码如下：

```
<div class="col-md-4">
    <div class="card mb-4 shadow-sm">
        <div class="card-body">
            <h4>忆江南 </h4>
            <p class="card-text">
                江南好，风景旧曾谙。<br>
                日出江花红胜火，<br>
                春来江水绿如蓝。<br>
                能不忆江南？<br>
            </p>
            <div class="d-flex justify-content-between align-items-center">
                <div class="btn-group">
                <!--点击按钮触发译文，评论模态框 -->
                <button class="btn btn-sm btn-outline-secondary" data-toggle="modal"
data-target="#myModal1">译文</button>
                <button class="btn btn-sm btn-outline-secondary" data-toggle="modal"
data-target="#myModal2">评论</button>
                </div>
                <div id = "tool">
                <table>
                <tr>
                    <td><img src="images/shou-cang.png" alt="收藏" width="19" height="19"></td>
                    <td><img src="images/down-load.png" alt="下载" width="19" height="19"></td>
                    <td><img src="images/co-py.png" alt="复制" width="19" height="19"></td>
                </tr>
                </table>
                </div>
            </div>
        </div>
        <img src="images/yjn.jpg" class="card-img-top" alt="忆江南">
    </div>
</div>
```

第2列代码如下：

```
<div class="col-md-4">
    <div class="card mb-4 shadow-sm">
        <div class="card-body">
            <h4>琵琶行 </h4>
            <p class="card-text">
                我闻琵琶已叹息，<br>
                又闻此语重唧唧。<br>
                同是天涯沦落人，<br>
                相逢何必曾相识！<br>
            </p>
            <div class="d-flex justify-content-between align-items-center">
                <div class="btn-group">
                    <button class="btn btn-sm btn-outline-secondary">译文</button>
                    <button class="btn btn-sm btn-outline-secondary">评论</button>
                </div>
                <div id = "tool">
                <table>
                    <tr>
                    <td><img src="images/shou-cang.png" alt="收藏" width="19" height="19"></td>
                    <td><img src="images/down-load.png" alt="下载" width="19" height="19"></td>
```

< 230 >

```
            <td><img src="images/co-py.png" alt="复制" width="19" height="19"></td>
            </tr>
            </table>
            </div>
        </div>
    </div>
        <img src="images/ppx.png" class="card-img-top" alt="琵琶行">
    </div>
</div>
```

第3列代码如下：

```
<div class="col-md-4">
    <div class="card mb-4 shadow-sm">
        <div class="card-body">
            <h4>琵琶行 </h4>
            <p class="card-text">
                我闻琵琶已叹息, <br>
                又闻此语重唧唧。<br>
                同是天涯沦落人, <br>
                相逢何必曾相识! <br>
            </p>
            <div class="d-flex justify-content-between align-items-center">
                <div class="btn-group">
                    <button class="btn btn-sm btn-outline-secondary">译文</button>
                    <button class="btn btn-sm btn-outline-secondary">评论</button>
                </div>
                <div id = "tool">
                <table>
                 <tr>
                 <td><img src="images/shou-cang.png" alt="收藏" width="19" height="19"></td>
                 <td><img src="images/down-load.png" alt="下载" width="19" height="19"></td>
                 <td><img src="images/co-py.png" alt="复制" width="19" height="19"></td>
                 </tr>
                </table>
                </div>
            </div>
        </div>
        <img src="images/ppx.png" class="card-img-top" alt="琵琶行">
    </div>
</div>
```

（2）打开css/bjy.css，依次进行如下操作。

为main添加自定义样式，设置外边距为0px，背景色为#F9F4F0，参考代码如下：

```
main{
    margin:0px;
    background-color:#F9F4F0;
}
```

为卡片缩略图中的文字设置样式，参考代码如下：

```
.album p,h4{
    color:#616161;
}
```

（3）单击“译文”按钮时弹出模态框，显示诗词翻译。单击“评论”按钮也弹出模态框，此时可以对译文进行反馈。效果如项目图13-8和项目图13-9所示。

< 231 >

项目图 13-8　译文模态框

项目图 13-9　评论模态框

将模态框代码写在</body>标签之前，参考代码如下：

```html
<!-- 组件：译文模态框（Modal）-->
  <div class="modal fade" id="myModal1">
      <div class="modal-dialog">
          <div class="modal-content">
              <!-- 模态框头部 -->
              <div class="modal-header">
                  <h4 class="modal-title">译文</h4>
                      <button type="button" class="close" data-dismiss="modal">&times;
                      </button>
              </div>
              <div class="modal-body">
              <!-- 模态框主体-->
              <p>江南的风景多么美好，风景久已熟悉。<br>
              春天到来时，太阳从江面升起，把江边的鲜花照得比火红，碧绿的江水绿得胜过蓝草。<br>
              怎能叫人不怀念江南？<br></p>
              </div>
              <!-- 模态框底部 -->
              <div class="modal-footer">
                <input type="button" class="btn btn-secondary" value="关闭" data-dismiss="modal">
              </div>
          </div><!-- /.modal-content -->
      </div><!-- /.modal-dialog -->
   </div><!-- /.modal -->
  <!-- 组件：评论模态框（Modal）-->
<div class="modal fade" id="myModal2">
  <div class="modal-dialog">
      <div class="modal-content">
          <!-- 模态框头部 -->
          <div class="modal-header">
              <h4 class="modal-title">译文评论</h4>
                  <button type="button" class="close" data-dismiss="modal">&times;</button>
          </div>
          <div class="modal-body">
          <!-- 模态框主体（表单）-->
          <form>
              <div class="input-group mb-3">
                  <div class="input-group-prepend">
                      <span class="input-group-text">标题</span>
                  </div>
                  <input type="text" class="form-control" placeholder="请输入标题">
              </div>
              <div class="input-group mb-3">
                      <div class="input-group-prepend">
                        <span class="input-group-text">评论</span>
                        </div>
                        <textarea class="form-control"  rows="4" placeholder="请输入评论内
容"> </textarea>
                  </div>
```

< 232 >

```
                    <div class="form-group text-right">
                        <div>
                            <input type="button" class="btn btn-primary" value="提交">
                            <input type="button" class="btn btn-secondary" value="关闭"
data-dismiss="modal">
                        </div>
                    </div>
                </form>
            </div>
            <!-- 模态框底部 -->
            <div class="modal-footer">
            欢迎参与讨论，请在这里发表您对译文的看法、交流您的观点。
            </div>
        </div><!-- /.modal-content -->
    </div><!-- /.modal-dialog -->
</div><!-- /.modal -->
```

此时，模态框并不能在页面上显示出来，我们需要将它与缩略图中的"译文"按钮和"评论"按钮建立关联，为两个按钮增加data-toggle属性和data-target属性，data-target的取值就是上面为模态框定义的id值。

```
<!--单击按钮触发译文，评论模态框 -->
<button class="btn btn-sm btn-outline-secondary" data-toggle="modal" data-target="#myModal1"
>译文</button>
<button class="btn btn-sm btn-outline-secondary" data-toggle="modal" data-target="#my
Modal2">评论</button>
```

5．页脚footer

为使footer部分与整个网站的页脚效果统一，打开css/bjy.css，为footer增加样式，效果如项目图13-10所示。

项目图 13-10　页脚效果图

项目十四　白居易个人生平

本项目针对第6章进行实践练习。

【项目目标】
- 灵活运用Bootstrap框架进行页面布局。
- 了解并总结网站开发基本步骤。

【项目内容】
- 搜集资料，归纳整理页面内容。
- 对给定模板进行创新改造。

【项目步骤】

本项目已经给出参考模板，将此模板改造成白居易个人生平页面。模板中的样式、布局、涉及的组件等内容均可根据需要进行修改并创新。

1．搜集资料

围绕白居易的个人生平，利用学习的信息检索方法收集文字、图片、音频等资料，请注意材料的丰富性、真实性。

2．栏目版块规划

根据项目图14-1所示，将网站素材分类、整理，归属到页面各个栏目版块。

< 233 >

3．页面改造

（1）打开素材中的bjy-experience.html，在浏览器中查看页面整体效果。

（2）厘清页面布局结构及使用到的组件。页面的结构图如项目图14-1所示。

（3）对页面布局及内容进行修改，鼓励创新。css/main.css是自定义样式表文件。

项目图 14-1　页面结构图

扩展阅读　媒介素养之数据素养

数据素养的概念在第1章已经介绍过。拥有一定的数据素养，人们能够认清和理解何为良好的数据分析内容，足以辨认可靠信息，而且采信得当。对于企业或组织来说，拥有数据素养可以帮助他们利用已有的庞大数据储备来进行行业业务洞察、工作创新和价值创造。由于数字化带来的强大便利性，市场力量也会使得那些具备数据驱动能力和拥有数据素养雇员的企业获益。因此，近年来数据素养愈发受到重视。

如何帮助人们有效地获取、解读、分析、反思数据，以逐步提高数据素养呢？数据可视化显得尤为重要，即借助于图形化手段，把数据从冰冷的数字转换成图形。一张清晰的可视化图表确实比纷繁复杂的数字更清晰、美观，并且通过可视化图表可以揭示蕴含在数据中的规律和道理，清晰、有效地传达与沟通信息。

随着科技的发展及可视化需求的急剧增大，市面上涌现出了大批数据可视化工具。下面就为大家介绍几款常用的可视化工具。

1．ECharts

ECharts最初是"Enterprise Charts"（企业图表）的简称，它来自百度数据可视化团队，底层依赖于轻量级的Canvas库ZRender，使用JavaScript实现了开源可视化图表库。它能够在 PC 端和移动设备上流畅运行，兼容当前绝大部分浏览器，适配微信小程序，支持多种渲染方式和千万数据的前端展现，甚至实现了无障碍访问，对残障人士友好。

ECharts功能非常强大，提供直观、生动、可交互、可高度个性化定制的数据可视化图表。其创新的拖曳、数据视图、值域漫游、地图投影等特性极大增强了用户体验，赋予了用户对数据进行挖掘、整合的能力。

ECharts 始终致力于让开发者以更方便的方式创造灵活、丰富的可视化作品。在Apache ECharts 5中更着力加强了图表的叙事能力，开发者可以以更简单的方式讲述数据背后的故事。可以说，它是一款非常优秀的可视化前端框架。ECharts首页界面如图6-55所示，ECharts效果展示界面如图6-56所示。

图 6-55　ECharts 首页界面

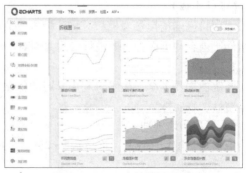

图 6-56　ECharts 效果展示界面

< 234 >

2．Chart.js

Chart.js是开源的JavaScript函数库，它为设计者和开发者提供了8种可定制的动态可视化展现方式，每种方式都有酷炫的动画，以及多种定制选项和交互性扩展。Chart.js界面如图6-57所示。

Chart.js具有以下特点：基于HTML5 Canvas高效地绘制响应式图表，兼容性好，能在所有现代浏览器（IE 11+）中实现出色的渲染性能；具有智能响应式功能，如果浏览器改变了大小，Chart.js 会重新调整图表的大小，同时提供了完美的缩放粒度；支持模块化加载，并且每个图表类型都已经分离，用户可以按需加载项目所需的图表类型；针对鼠标和触摸设备提供了对画布工具提示的支持，也支持自定义触发事件，能满足复杂的交互需求。Chart.js的折线图效果如图6-58所示。

Chart.js不仅可以用在PC端项目上，出色的响应式设计使得其在移动端上表现尤为亮眼，而且使用简单、API简洁，因此它是一款简便、灵活的JavaScript 图表绘制工具库。

图 6-57　Charts.js 首页

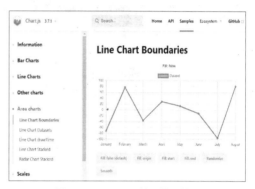

图 6-58　Charts.js 的折线图效果

3．D3.js

D3.js（简称D3）是一款可基于数据来操作文档的JavaScript库，可以帮助用户使用HTML、CSS、SVG及Canvas来展示数据。D3遵循现有的Web标准，可以不需要其他任何框架独立运行在现代浏览器中，它结合强大的可视化组件来驱动DOM操作。

D3不是一个框架，因此也没有操作上的限制。没有框架限制带来的好处就是用户可以完全按照自己的意愿来表达数据，而不是受限于条条框框。D3运行速度很快，支持大数据集和动态交互以及动画。D3能够提供大量线性图和条形图之外的复杂图表样式，例如Voronoi图、树状图、圆形集群和单词云图等。D3功能强大，非常灵活，值得开发者深入学习和研究。D3首页界面如图6-59所示，D3效果展示界面如图6-60所示。

图 6-59　D3 首页界面

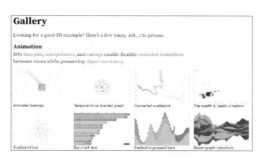

图 6-60　D3 效果展示界面

< 235 >

4．Tableau

Tableau是一款功能非常强大且安全、灵活的分析平台，是美国斯坦福大学计算机科学项目的成果。该项目旨在改善分析流程，使人们更容易通过可视化访问数据。它帮助人们生动地分析实际存在的任何结构化数据，以在几分钟内生成美观的图表、坐标图、仪表盘与报告。利用Tableau的简便拖放式界面，用户可以自定义视图、布局、形状、颜色等，以展现自己的数据视角。

用户可以通过Tableau软件、网页，甚至移动设备来随时浏览已生成的图表或将这些图表嵌入报告、网页、软件中。Tableau不仅支持个人访问，还支持团队协作同步完成数据图表绘制。Tableau首页界面如图6-61所示，Tableau效果展示界面如图6-62所示。

图 6-61　Tableau 首页界面

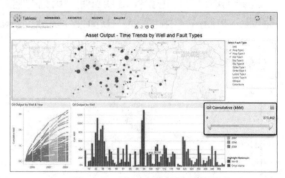

图 6-62　Tableau 效果展示界面

习题

一、选择题

1．以下（　　）不是媒体查询类型的值。

　　A．all　　　　　　　B．speed　　　　　　C．handheld　　　　　　D．print

2．以下（　　）不是媒体特性的属性。

　　A．device-width　　B．width　　　　　　C．background　　　　　D．orientation

3．以下（　　）是错误的媒体查询语句。

　　A．@media all and (min-width:1024px) { };

　　B．@media all and (min-width:640px) and (max-width:1023px) { };

　　C．@media all and (min-width:320px) or (max-width:639px) { };

　　D．@media screen and (min-width:320px) and (max-width:639px) { };

4．在Bootstrap中，（　　）不属于栅格系统的实现原理。

　　A．自定义容器的大小，平均分为12份　　B．基于JavaScript开发的组件

　　C．结合媒体查询　　　　　　　　　　　D．调整内、外边距

5．以下（　　）不属于媒体查询的关键词。

　　A．and　　　　　　　B．not　　　　　　　C．only　　　　　　　　D．or

6．在Bootstrap中，栅格系统的标准用法错误的是（　　）。

　　A．<div class="container"><div class="row"></div></div>

　　B．<div class="row"><div class="col-md-1"></div></div>

　　C．<div class="row"><div class="container"></div></div>

D. <div class="col-md-1"><div class="row"></div></div>

7. 在Bootstrap 4中，关于响应式栅格系统的描述错误的是（　　　）。
   A. .col-sx-：超小屏幕（<768px）　　　B. .col-sm-：小屏幕、平板（≥768px）
   C. .col-md-：中等屏幕（≥992px）　　D. .col-lg-：大屏幕（≥1200px）

8. 下列（　　　）不是正确的辅助类。
   A. text-muted　　B. text-danger　　C. text-success　　　D. text-title

9. 在Bootstrap中，下列（　　　）不属于图片处理的类。
   A. .img-rounded　　B. .img-circle　　C. .img-thumbnail　　　D. .img-radius

10. 在Bootstrap中，下列（　　　）类不属于button的预定义样式。
    A. .btn-success　　B. .btn-warp　　C. .btn-info　　　D. .btn-link

11. 关于Bootstrap提供的<h1><h6>标题，下列说法错误的是（　　　）。
    A. 从一级标题到六级标题，数字越大，所代表的级别越小
    B. 从一级标题到六级标题，数字越小，文本越小
    C. 元素的样式会随着浏览器的修改而进行变动
    D. 元素在不同的浏览器下显示效果相同

12. 下列选项中，关于按钮样式说法正确的是（　　　）。
    A. .btn-success：成功样式按钮　　　B. .btn-light：浅色按钮
    C. .btn-lg：设置大号按钮　　　D. 以上全部正确

13. 下列选项中，关于文本格式说法错误的是（　　　）。
    A. .text-justify：实现两端对齐文本效果
    B. .text-lowercase：设置英文大写
    C. .text-nowrap：设置段落中超出屏幕部分不换行
    D. .text-capitalize：设置每个单词首字母大写

14. 下列选项中，关于图像样式说法错误的是（　　　）。
    A. .rounded：设置图片显示圆角效果　　B. .rounded-circle：给元素设置圆角边框
    C. .img-thumbnail：设置图片缩略图　　D. .img-fluid：设置响应式图片

15. 下列选项中，关于表单样式说法错误的是（　　　）。
    A. .form-group：设置堆叠表单　　　B. .form-inline：设置内联表单
    C. .col：.col类控制表单显示的行数　　D. .form-check-input：设置复选框样式

16. 下列选项中，关于组件的优势说法错误的是（　　　）。
    A. 组件可以复用　　　B. 提高开发效率
    C. 组件是模块化的　　D. 提高代码之间的耦合程度

17. 下列选项中，用来实现输入框组结构样式的是（　　　）。
    A. input-group　　B. input　　C. btn-group　　　D. list-group

18. 下列选项中，在实现轮播图效果时不需要引入的文件是（　　　）。
    A. jquery-4.3.6.min.js　　　B. bootstrap.min.css
    C. bootstrap.min.js　　　D. bootstrap.min.bundle.js

19. 下列选项中，用来实现导航栏中每一项结构样式的是（　　　）。
    A. nav-item　　B. nav　　C. list-item　　　D. btn-item

二、编程题

1. 设计一个响应式表格，实现表格的鼠标指针悬停和斑马线效果。

2. 设计一个删除确认模态框，实现单击"删除"按钮后弹出模态框询问是否删除功能。

< 237 >

第**7**章 网站建设流程

网站建设由网站定位、网站主题、功能模块、站点设计、内容整理、整体优化和发布、推广等一系列过程组成。本章主要介绍网站建设的一般流程，流程如图7-1所示。

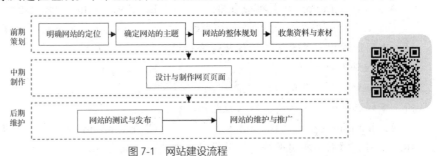

图 7-1　网站建设流程

7.1 明确网站定位

在进行网站建设之前，要弄清楚为什么要建立网站，是为了宣传产品以进行电子商务交易还是为了建立行业性网站？是企业的需要还是市场开拓的延伸？简而言之，就是需要明确网站的定位。

网站定位就是确定网站的特征、使用场合、使用群体及其特征带来的利益，即网站在网络上的特殊位置、它的核心概念、目标用户群、核心作用等。因此在设计网站前，开发者首先必须明确网站所针对的人群、区域、国家等，这样在设计上就会针对这类人群的浏览习惯定制网页；其次考虑网站要向目标群体（浏览者）传达什么样的核心概念，透过网站发挥什么样的作用，例如，政府通过门户网站向广大公众、企业和政府工作人员提供政府信息和引导性服务，企业通过网站展示企业文化、宣传企业产品，电子商务网站则是通过在线平台进行商品交易。

网站的定位不同，提供的服务不同，具备的功能不同，受众人群也各不相同。

7.2　确定网站主题

1．网站主题的确定

主题就是网站的题材。确定网站主题需要注意以下两点。

（1）主题清晰，题材明确

如果一家互联网公司不能够用一句话来概括其网站是做什么的，那么该网站很可能就没有清晰的主题，对目标用户群、市场环境以及竞争对手也可能没有一个明确的认识。

（2）主题的唯一性

网站的主题尽量保持唯一性，避免题材太广、目标太高。定位精准才能体现出网站的差异性，才能更好地为浏览者服务。网站主题越集中，网站所有者在这方面投入的精力越多，所提供信息的质量也会越高。

网络上的网站题材千奇百怪，琳琅满目，常见主题有网上求职、网上社区、计算机技术、娱乐、旅行、资讯、家庭、教育、生活、时尚等。

2．网站名称选择

有了好的网站主题，还要给网站起一个合适的名字。网站的名称应该与主题相关联，最好能在一定程度上体现企业的文化，这样的名称就会为以后的站点推广和网站形象设计提供便利。一般情况下，网站名称的选择要遵循以下原则。

（1）易记：名称尽量短小容易记忆，不宜太长。

（2）合法健康：不能使用反动、色情、迷信的及违反国家法律法规的词汇作为网站的名称。

（3）要有特色：名称平实就可以接受。如果能体现一定的内涵，给浏览者更多的视觉冲击和空间想象力，则为上品。

7.3　网站结构规划

网站由一系列Web页面和相关资源组成，这些页面和资源具有一定的分层设计和组织。结构设计要做的就是如何将这些内容划分为清晰、合理的层次体系，构建一个组织优良的网站，例如栏目版块的划分及关系、网页的层次及关系、链接的路径设置、功能在网页上的分配等。

7.3.1　栏目版块规划

建设一个网站好比写一篇文章。首先要拟好提纲，这样文章才能主题明确，层次清晰。如果网

< 239 >

站结构不清晰，内容庞杂，必然会导致浏览者看得糊涂，也会使网站扩充和维护变得相当困难。确定好网站的题材，并收集好相关的资料以后，如何组织内容才能更好地吸引用户，并帮助用户快速定位到自己想要的信息呢？

例如，用户在一家美食网站上想寻找适合聚餐的饭店，除了直接搜索饭店名以外，可能还会考虑距离、口碑、价格、菜系等因素，抑或考虑能够提供外卖的饭店。在设计这家美食网站时就可以根据用户的这些需求，考虑加入饭店位置、乘车路线、食客点评、人均价格、是否外卖等功能，然后还可以提供不同菜系、特色菜、当日特价、优惠等信息内容。

将这些主要功能及内容信息按一定的方法分类，并为它们设立专门的栏目。栏目的实质是网站的导航，通过栏目导航来将网站的主体结构明确地显示出来。例如济南大学主页，作为高校网站，根据用户的需求可以划分为"学校概况""学院设置""教育教学"等一级栏目，如图7-2所示。

图 7-2　济南大学网站导航栏一级栏目

网站栏目的划分一般要注意以下几个方面。

1. 紧扣主题

将主题按一定的方式分类并将它们作为网站的主题栏目。主题栏目个数在总栏目中要占绝对优势，这样的网站显得专业，主题突出，容易给人留下深刻印象。

2. 设置导航

有些站点内容庞大，分类很细，常有三四级甚至更多级数的目录页面，为帮助浏览者明确自己所处的位置，往往需要在页面里显示导航栏，如图7-3所示。

图 7-3　多级导航栏

7.3.2　目录结构规划

网站的目录是指建立网站时创建的目录。目录结构的好坏对浏览者来说并没有什么太大的影响。但是对于站点本身的维护、未来内容的扩充和移植都有着重要的作用。

一个优秀的网站在目录结构的建立方面一般遵循以下几个原则。

（1）尽量不要将所有文件都存放在根目录下，这基于以下两个方面的原因。首先，这样会造成文件管理混乱。在维护网站的时候，管理员常常搞不清哪些文件需要编辑和更新、哪些无用的文件可以删除、哪些是相关联的文件，进而影响工作效率。另外，这样会导致上传速度变慢。服务器一般都会为根目录建立一个文件索引。如果将所有文件都放在根目录下，那么即使只上传一个文件，服务器也需要将所有文件再检索一遍，并建立新的索引文件。很明显，文件量越大，等待的时间也将越长。所以开发者应该尽可能减少根目录下文件的存放数。

（2）按栏目内容建立子目录。首先应该按主菜单栏目建立子目录，例如，企业站点可以为公司简介、产品介绍、价格、在线订单、反馈联系等内容建立相应目录。其他的次要栏目，类似友情链接及一些需要经常更新的内容都可以建立独立的子目录。而一些相关性强、不需要经常更新的栏目，例如，"关于本站""关于站长""站点经历"等可以合并放在一个统一目录下。另外，网站的所有程序一般都存放在特定目录下，例如，CGI 程序放在cgi-bin目录下。最后，所有需要下载的内容也最好放在一个目录下。

（3）在每个主栏目目录下都建立独立的images目录：为每个主栏目建立一个独立的images目录是最能方便管理的；而根目录下的images目录只是用来放首页和一些次要栏目的图片。

（4）目录的层次不要太深。目录的层次建议不要超过3层，以方便维护、管理。

< 240 >

（5）不使用中文作目录名，不使用名字过长的目录。

7.3.3 链接结构规划

网站的链接结构是指页面之间相互链接的拓扑结构。它建立在目录结构基础之上，而且可以跨越目录。

合理的链接结构设计对于网站的规划是至关重要的。研究网站链接结构的目的在于，用最少的链接使浏览更有效率。同时网站链接结构的好坏也将直接影响网页的浏览速度。

建立网站的链接结构有以下3种基本方式。

1．树状链接结构

这种结构类似DOS的目录结构。首页链接指向一级页面，一级页面链接指向二级页面。浏览这样的链接结构时，用户可以一级级进入，一级级退出。这种结构的优点是条理清晰，访问者可以明确地知道自己在什么位置，不会"迷路"。所以几乎所有的网站都采用这种结构来进行总体的栏目规划，即将所有的内容先分成若干个大栏目，再将每个大栏目细分成若干个小栏目，依此类推，直到不用再细分为止。它的缺点是浏览效率低，用户从一个栏目下的子页面到另一个栏目下的子页面，必须绕经首页。树状链接结构如图7-4所示。

2．星状链接结构

这种结构类似网络服务器的链接，且结构中的每个页面相互之间都建立了链接。这种链接结构的优点是浏览方便，访问者随时可以到达自己想要的页面。它的缺点是链接太多，容易使浏览者"迷路"，搞不清自己在什么位置，以及看了多少内容。星状链接结构如图7-5所示。

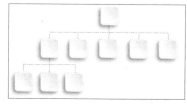

图 7-4 树状链接结构

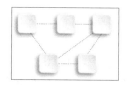

图 7-5 星状链接结构

3．混合链接结构

在实际的网站设计中，总是将树状链接结构和星状链接结构混合起来使用。这样浏览者既可以方便、快速地到达自己需要的页面，又可以清晰地知道自己的位置。所以最好的办法是首页和一级页面之间用星状链接结构，一级和二级页面之间用树状链接结构，如图7-6所示。

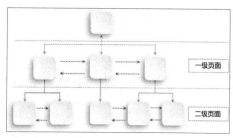

图 7-6 混合链接结构

7.3.4 布局设计规划

布局是一个设计的概念。它指的是在一个限定的面积范围内合理安排布置图形图像和文字的位置，在把文章信息按照轻重缓急的顺序陈列出来的同时，将页面装饰、美化起来。简而言之，就是以最适合浏览的方式将图片和文字排放在页面的不同位置。

网站页面的布局方式、展示方式直接影响着用户使用网站的方便性。合理的布局会让用户在浏览网站时快速发现核心内容和服务。如果布局不合理，用户需要思考如何获取页面的信息，以及从页面内容筛选主要服务。在这个过程中，用户通常是进行扫描浏览，捕捉对自己有用的信息，他们不会用太多的时间停留在页面。因此页面布局的重点是体现网站运营的核心内容及服务，将核心服务显示在关键的位置，供用户在最短的时间找到。用户捕捉到这些信息后，可以判断是否对网站做

< 241 >

深层次的浏览、使用。

网页布局形式大致可分为"T"形、"同"形、"国"形等传统布局形式以及自由式布局形式。

1．网页布局分类

（1）"T"形布局

"T"形布局是指页面顶部为横条网站标志加主菜单，下方左侧为二级栏目，右侧显示内容的布局。该布局整体效果类似英文字母"T"，因此称为"T"形布局。这是网页设计中应用最广泛的一种布局方式。这种布局的优点是页面结构清晰，主次分明，且是初学者最容易上手的布局方法。它的缺点是规矩、呆板，开发者如果不注意细节色彩搭配，很容易让人"看之无味"。"T"形布局的网页如图7-7所示。

图 7-7 "T"形布局的网页

（2）"同"形布局

"同"形布局是在"T"形布局基础上做的改进。最上面是网站的标题加主菜单或者横幅广告条，接下来是网站的主要内容，左、右分列一些二级栏目内容，中间是主要部分，与左、右一起罗列到底，最下方是网站的一些基本信息、联系方式、版权声明等。这种布局通常用于主页的设计，其主要优点是页面容纳内容很多，信息量大。"同"形布局的网页如图7-8所示。

（3）"国"形布局

"国"形布局是在"同"形布局基础上做的改进，该布局是一些大型网站喜欢使用的布局类型。页面一般上、下各有一个导航栏，左侧是菜单，右侧放友情链接等，中间是主要内容。这种布局的优点是充分利用版面，信息量大；缺点是页面拥挤，不够灵活。"国"形布局的网页如图7-9所示。

图 7-8 "同"形布局的网页   图 7-9 "国"形布局的网页

< 242 >

（4）自由式布局

以上3种布局是传统意义上的网页布局。自由式布局相对而言随意性特别大，颠覆了从前以图文为主的表现形式，将图像、动画或者视频作为主体内容，其他的文字说明及栏目条均被分布到不显眼的位置，起装饰作用。这种布局在时尚类网站中使用得非常多，尤其是在时装、化妆品的网站中。这种布局富于美感，可以吸引大量的浏览者欣赏，但是因为文字过少，可能浏览者无法获得更多的信息。自由式布局的网页如图7-10所示。

图 7-10　自由式布局的网页

2．网站布局设计步骤

网站布局设计一般有以下3个步骤。

（1）构思草图（草案）。目的是将脑海里朦胧的想法具体化，变成可视可见的轮廓，如图7-11所示。

（2）设计方案（粗略布局）。除了文本文字可以用字符象征性地代替以外，其他所有的内容都要接近将来的网页效果，如图7-12所示。

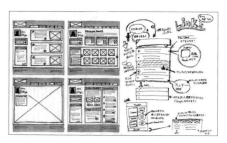

图 7-11　草案

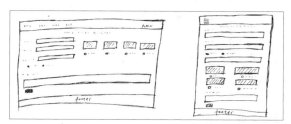

图 7-12　粗略布局

（3）量化描述（定案）。把网页设计方案中的视觉元素的各项参数确定下来，如图7-13所示。

图 7-13　定案

< 243 >

7.4 收集网站内容

在明确建站目的和网站定位以后，要结合各方面的实际情况，围绕主题全面收集相关的内容材料。

内容是指网站为用户提供的所有文字、图片以及这个网站上的一切可供用户充分利用的信息。网站提供的产品说明、股票行情、可供下载的文件及对这些文件的描述性文字和图片都属于网站内容的范畴。在网站上，除了这些基本内容外，网站还会给用户提供一些特殊信息和提示内容，例如浏览器窗口顶部的页标题、引导用户访问网站的导航性说明等。

网站内容是网站吸引浏览者最重要的因素，无内容或不实用的信息不会吸引匆匆浏览的访客。我们可事先对人们希望阅读的信息进行调查，并在网站发布后调查人们对网站内容的满意度，以便及时调整网站内容。此外，要保证内容的连贯性，步步深入，及时更新，吸引"回头客"，确立固定访客群。

总之，网站上的内容是否易于理解、友好以及网站功能是否完备决定着用户是否会再次来浏览。

7.5 网站设计原则

网站在设计阶段要遵循以下几个原则。

1．使用方便、功能强大

网站要达到的目的无非在于提高网站知名度，增强网页吸引力，实现从潜在顾客到实际顾客的转化、从普通顾客到忠诚顾客的转化。因此，为用户提供人性化的多功能界面，为顾客带来方便显得十分重要。

2．网站内容丰富

网站就像一份报纸，其内容相当重要，没人会愿意两次看同一份毫无新意的报纸。因此，网站的吸引力直接来源于网站的内容，网站内容影响着网站的质量。

3．页面下载速度快

如果不能保证每个页面的下载速度，至少应该保证主页能尽快打开，因此，尽量将最重要的内容放在首页以及避免使用大量的图片非常重要。页面下载速度是网站留住访问者的关键因素，一般人的耐心是有限的，一个网页如果在10～25秒还不能打开就很难让人等待了。在国外已经流行使用文字降低网页的视觉效果，虽然显得有些呆板，但也表明网友们上网的时间大多数是看文字资讯。

4．网站品质优秀

人们平时上网时，经常可以看到"该网页已被删除"或"File not found"等错误链接，这样会让人心情很差，甚至让人难以忍受，也就严重影响了用户对网站的信心。如果网站能够服务周到，多替用户考虑，多站在用户的立场上来分析问题，这样会让用户增加对网站及公司的信任度。

5．合理设置广告

有的网站广告太多（如弹出广告、浮动广告、大广告、横幅广告、通栏广告等），让人觉得页面杂乱、烦琐，这样会导致整个网站的品质受到严重的影响，同时广告也没达到原本的目的。

浮动广告分两种：第一种是在网页两边空余的地方可以上下浮动的广告；第二种是满屏幕到处随机移动的广告。建议在能使用第一种浮动广告的情况下尽量使用第一种。若使用第二种浮动广告，请尽量在数量上加以控制，一个就好。数量过多可能会影响用户的心理、妨碍用户浏览信息，反而适得其反。

< 244 >

6．文字编排

在网页设计中，字体的处理与颜色、版式、图形化等其他设计元素的处理一样。

（1）文字图形化

文字图形化就是将文字用图片的形式来表现，这种形式在页面的子栏目里面最为常用，因为它具有突出的作用，同时又美化了页面，使页面更加人性化，加强了视觉效果，是文字无法达到的。对于通用性的网站来说，这种编排形式的弊端就是扩展性不强。

（2）强调文字

如果将个别文字作为页面的诉求重点，则我们可以通过加粗、加下画线、加大号字体、加指示性符号、倾斜字体、改变字体颜色等手段来有意识地强化文字的视觉效果，使其在页面整体中显得出众而夺目。这些方法实际上都是运用了对比的法则。网页在更新频率低的情况下也可以将其与文字图形化结合使用。

（3）网站配色

① 用一种色彩。这里是指先选定一种色彩，然后调整透明度或者饱和度（说得通俗些就是将色彩变淡或加深），产生新的色彩，用于网页。这样的页面看起来色彩统一，有层次感。

② 用两种色彩。先选定一种色彩，然后选择它的对比色再进行微小的调整，整个页面色彩丰富但不花哨。

③ 用一个色系。简单地说，就是用一个感觉的色彩，例如淡蓝、淡黄、淡绿，或者土黄、土灰、土蓝。也就是在同一色系里面采用不同的颜色使网页增加色彩，而又不花哨，色调统一。这种配色方法在网站设计中最为常用。

④ 灰色在网页设计中又称为"万能色"，其特点是可以与任何颜色搭配。但是注意在使用时把握好度，避免网页变灰。

在网页配色中，尽量控制在3种色彩以内，以避免网页花哨、乱、没有主色的显现。背景与前文的对比尽量要大，避免使用花纹繁复的图案作背景，以便突出主要文字内容。

7.6 网站发布

网站开发完毕，下一步就是将其上线，否则其他人无法看到。发布网站的方法有多种，这里列举3种。

1．获取主机服务和域名

（1）购买域名：在域名注册商处租借域名，这样可以拥有独一无二的网址。

（2）主机服务：在主机服务提供商的Web服务器上租用文件空间。将网站的文件上传到服务器，服务器会提供 Web 用户需求的内容。

2．使用在线工具

发布网站也可以使用在线工具（如GitHub）。GitHub是一个面向开源及私有软件项目的托管平台，它允许上传代码库并存储在Git版本控制系统里，然后可以协作代码项目。该系统是默认开源的，也就是说世界上任何人都可以找到 GitHub 上的代码。

不同于大部分其他托管服务，这类工具通常是免费的，不过大多数的用户只能使用有限的功能。

3．本地搭建Web服务器

适合初学者的方式是本地搭建Web服务器。如果用户有一台服务器（自己的计算机也可以），那么就可以在这台服务器上发布网站。此方法已在第1章介绍过详细步骤，此处不再赘述。

< 245 >

项目十五　网站整合

根据前面的14个项目，逆向分析设计思路，最终整合为一个完整的网站。

【项目目标】

- 掌握网站建设流程。
- 掌握网站的整体规划。
- 掌握网页设计原则。
- 实践网站发布流程。

【项目内容】

- 网站定位，确定网站主题——"唐代诗人群像"。
- 网站整体规划、设计。
- 目录结构设计、栏目板块规划。
- 网站发布、测试。

【项目步骤】

1．网站定位

（1）网站类型

唐朝是一个开放而包容的时代。唐代文学是中国文学史上一座伟大而辉煌的丰碑，它不仅拥有众多流传千古的作品，而且涌现出了像李白、杜甫等为代表的众多诗人。

本网站目的是弘扬中国传统文化，树立文化自信。该网站应为宣传性网站，不以营利为目的，因此静态网站可以完成此功能。

（2）浏览人群

唐代文人具有宏伟的气魄，开阔的视野，自信的情怀，其文学作品中洋溢着自信的豪情。唐诗煌煌数万首，囊括万象，流传千年。作为唐代文化宣传网站，它对浏览者没有明确的年龄、性别、文化程度和国家地域等区分。因此本网站的浏览人群没有明确特征，年龄跨度大，行业跨度大。

2．网站主题

唐代是百花齐放的时代，唐代有据可查的诗人就有2000多位。网站主题：唐代诗人群像。鉴于此，本网站选择3位著名诗人——李白、杜甫、白居易作为代表。本网站的作用：一是介绍唐代诗人李白、杜甫和白居易的生平经历及其经典作品；二是了解浏览者人群的结构及喜好。网站主题应归结为资讯类、宣传类的信息型网站。

3．网站结构规划

（1）栏目规划

唐代诗人群像网站作为静态网站教学示例，内容简单，结构也比较清晰，共分两级栏目。

一级栏目包括4个，分别是李白、杜甫、白居易和调查问卷。其中李白、杜甫、白居易包含二级栏目，调查问卷是单个页面。栏目规划图如项目图15-1所示。

项目图 15-1　栏目规划图

（2）目录结构规划

建立目录结构的原则是清晰，易维护，要与网站的类型、特色相结合。一般情况下，我们可以按栏目内容建立子目录。在本项目中，由于网站规模较小，因此只建立了css和images两个子目录。

（3）链接结构规划

为演示方便，本网站采用混合链接结构，如项目图15-2所示。

新建目录项目十五，将以下项目内容复制到项目十五目录中。

< 246 >

项目七李白代表作品（3）、项目八古诗词调查问卷、项目九李白个人生平（2）、项目十杜甫个人成就（2）、项目十二杜甫作品问卷、项目十三白居易代表作品、项目十四白居易个人生平。

项目十五目录结构如项目图15-3所示。

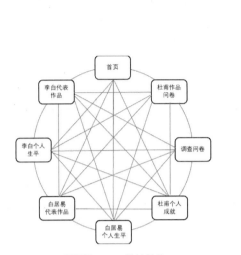

项目图 15-2　链接结构

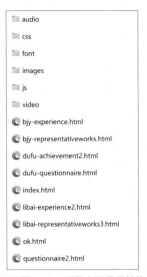

项目图 15-3　项目十五目录结构

打开index.html，给导航栏中的菜单项添加相应的页面链接，注意项目图15-3所示的网页文件名。

（4）布局规划

为了方便用户浏览，网页需要进行合理的布局规划。项目图15-4所示为网站中部分页面的布局规划图。

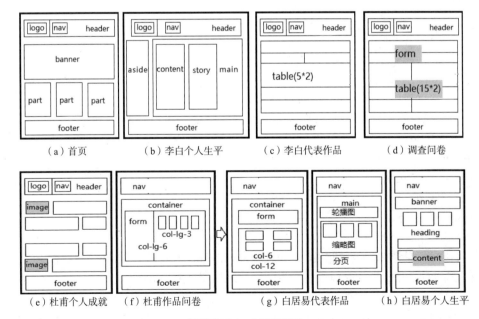

项目图 15-4　布局规划图

4．收集网站内容

在完成了前面的步骤后，接下来就要开始进行网站内容的收集与整理工作。收集网站内容的时候，要根据网站的规划，结合网站实际，从互联网上收集与网站主题相关的文章、图片、视频等内容

< 247 >

素材。

在唐代诗人群像网站中，各个页面在前面的项目中已经完成，项目十四白居易个人生平需要自己收集素材，完成页面的设计。需要注意的是，网站内容是吸引浏览者最重要的因素，网站内容的质量直接关系着网站建设的成败。

5．代码修改

网站设计思路在前期的设计和规划中逐渐清晰，就可以进入代码编写环节。前期的项目一至项目十四已经完成了8个页面的设计和编码，分别是①首页（index.html）、②李白-个人生平（libai-experience2.html）、③李白代表作品（libai-representativeworks3.html）、④杜甫-个人成就（dufu-achievement2.html）、⑤古诗词调查问卷（questionnaire2.html）、⑥杜甫-作品问卷（dufu-questionnaire.html）、⑦白居易-个人生平（bjy-experience.html）、⑧白居易-代表作品（bjy-representativeworks.html）。后续的工作就是将这些网页整合成网站。其中⑥⑦⑧三个页面已经设置了响应式导航栏，下面需要给页面①～⑤添加二级导航栏，并为所有导航栏菜单添加相应页面的链接。

（1）添加二级导航的HTML部分

利用Sublime Text为编辑器，添加①～⑤页面的HTML代码，以②李白-个人生平（libai-experience2.html）页面为例，添加项目图15-5所示的框中代码，目的是为五个页面添加二级导航，并为各个导航项添加相应的页面链接。

（2）设置二级导航的CSS部分

打开CSS文件夹中的main.css文件，对所有页面统一设置导航栏。

① 设置二级导航（header nav ul li div）。

- 为确保导航显示，将其堆叠顺序设置为999。
- 绝对定位。
- 完全透明，其透明度设置为0.5s过渡实现。

```
header nav ul li div{
    z-index: 999;
    position: absolute;
    opacity: 0;
    transition: opacity 0.5s;
}
```

② 设置二级导航中的超链接（header nav ul li div a）：块级元素。

③ 设置当鼠标指针悬浮在二级导航时div的属性（header nav ul li:hover div）。

- 宽度为100px。
- 不透明，其透明度设置为0.5s过渡实现。
- 背景色为#fffef9。
- 边框为粗细1px、实线、颜色#A19E9C。
- 圆角半径为2px。
- 字号为16px。

④ 设置当鼠标悬浮在二级导航项时（header nav ul li div:hover）：背景色为#E9ECEF。

二级导航设计完毕，以"李白"栏目为例，效果如项目图15-6所示。

（3）为响应式导航栏添加链接

为⑥杜甫-作品问卷（dufu-questionnaire.html）、⑦白居易-个人生平（bjy-experience.html）、⑧白居易-代表作品（bjy-representativeworks.html）三个页面的响应式导航栏添加相应链接，修改导航菜单中的<a href="#">…</a>为对应页面相对路径。

< 248 >

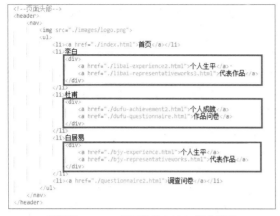

项目图 15-5　二级导航的 HTML 部分代码

项目图 15-6　李白 - 个人生平页面导航栏

首页：index.html；李白-个人生平：libai-experience2.html；李白-代表作品：libai-representativeworks3.html；杜甫-个人成就：dufu-achievement2.html；古诗词调查问卷：questionnaire2.html；杜甫-作品问卷：dufu-questionnaire.html；白居易-个人生平：bjy-experience.html；白居易-代表作品：bjy-representativeworks.html。

6．网站发布

网站发布的相关知识已在第1章讲过，并在项目一中实践，此处不再赘述。以首页为例查看发布成功后的效果，可扫描二维码查看。

扩展阅读　媒介素养之智媒素养

随着国家政策的倾斜和5G等相关基础技术的发展，我国人工智能产业在各方的共同推动下进入爆发式增长阶段。从产业链的结构来看，软件方面涉及的主要有客服、金融、教育；硬件方面主要包含无人机、仓储物流、智能机器人等；还有软硬件均为核心技术的无人驾驶和医疗健康产业。人工智能在传媒业的应用也是全面渗透，例如从内容生产自动化到智能分发精准化，再到内容形态多样化和运营管理系统化。2016年被称为"智媒元年"，我们已经进入智媒时代。智媒时代是指"基于移动互联、大数据、虚拟现实、人工智能、人机交互等新技术的自强化生态系统，实现了信息与用户需求智能匹配的媒体形态"的时代。人工智能在媒介中应用精彩纷呈，新闻雷达、智能写作、语音识别、个体画像、智能推荐等智能媒介技术广泛植入传播全链条。

1．智媒时代的特征

（1）泛媒化

万物互联，万物皆媒：在智媒时代，随着物联网、传感器等技术的兴起，连接已经不仅限于内容与内容之间、人与物之间，甚至延伸到了物与物之间。

（2）场景化

精准描摹画像，实现场景分发：在智媒时代，传感器、LBS、移动终端、大数据为场景思维提供技术支撑。媒体通过大数据技术对不同场景数据进行采集、分析，选择适配的传播内容以及传播入口，再运用算法推荐进行信息的精准投放，将信息流、服务流和情感流融入场景之中，实现场景传播。

（3）临场化

提供沉浸体验，打造虚拟真实：在智媒时代，VR、AR等技术打破虚拟与现实之间的边界，给受众提供沉浸度高、临场感强的全方位模拟体验，营造超真实的场景，注重新闻体验感的提升。

（4）具身化

我国学者将"具身"理解为一种身体学习、身体经验、认识方式，且与环境融为一体。在智媒

< 249 >

时代，人与机器的碰撞将会带来新的传媒业变革，具身化成为新的特征。二者协同合作成为一种新的新闻业务模式，在新闻生产流程以及反馈环节广泛应用。人的智力不断灌入到机器上，机器也会更大程度上延展人的智力，各自发挥优势，实现良性共生。

信息传播效能迅速提高的同时，问题也凸显出来：智能推送算法产生"信息茧房"导致信息环境窄化，从而强化的"回音室效应"；沉溺于碎片视频可能导致深度思考能力退化；高度仿真的"深度伪装"（Deepfake）影像、变音软件使网络骗局频频出现……这些给个人信息安全、网络舆论安全，乃至国家安全带来前所未有的挑战。面对人工智能的挑战，如何练就一双辨识真相的慧眼，如何能"跳出信息，看信息"呢？首先要分析智媒时代和与前期有何不同。

2．智媒时代的新困惑

（1）"拟态环境"

"拟态环境"（或称"似而非环境"）是指大众传播活动形成的信息环境，并不是客观环境的镜式再现，而是大众传播媒介通过对新闻和信息的选择、加工和报道，重新加以结构化以后向人们所提供的环境。早在20世纪20年代，大众媒体所制造的"拟态环境"就引起了学术界关注。智能媒介对现实的加工更甚以往，它所营造的"拟态环境"看起来更为真实。例如，通过大数据画像可以提炼网民的性格特点、生活习惯，实现信息精准投放；虚拟现实（VR）、增强现实（AR）等新型仿真技术的应用，使普通网民难分真伪。

（2）"知沟"加大

1970年提出的"知（识）沟假设"（Knowledge-Gap Hypothesis）认为，随着大众传媒向社会传播的信息日益增多，处于不同社会经济地位的人获得媒介知识的速度是不同的，社会经济地位较高的人将比社会经济地位较低的人以更快的速度获取这类信息。因此，这两类人之间的知识差距将呈扩大而非缩小之势。新媒体勃兴之初，学界普遍认为，智能媒介素养主要包括图像处理、图文配合、信息的组织和联通等能力；随着人工智能的普遍应用，在这些能力之外又增加了对统计知识、数据处理知识、可视化工具的学习与把握等。不同知识阶层的人之间的知识差距会更大。

（3）"深度伪装"

信息生产者的目的并不总是向善。例如，在算法"公正"外衣遮蔽下，非理性的、带有偏见的、煽动性的信息被自动转发，造成谣言泛滥；"深度伪装"技术可用来打击竞争对手，制造混乱并混淆视听。随着网络使用者自身鉴别能力的提高以及智能识假软件的推广，人们越来越了解智能媒介构造现实的能力，从而能够发现智能媒介应用背后的"修辞手法"。例如，平台发布者常将虚假新闻、不良信息的责任推给算法。

3．智媒素养

在人工智能逐渐成为媒介产业底层逻辑的今天，当智能传播已经成为社会的基础架构之时，智能媒介素养（简称智媒素养）也将成为"社会人"发展所依赖的基本素养。数字时代，人们要增强对智能信息的解读、应用和批判能力，使媒介更好地为社会和个人服务，这就是智媒素养的含义。智媒素养就是公民在智媒时代，具备的媒介素养（如需要具有的媒介认知、媒介使用、媒介批判、媒介道德和法律素养等）。只有提升智媒素养，人们才能更好地应对智媒时代的新情况、新问题。

（1）增强鉴别与批判能力

提升智能媒介素养有助于增强人们从网络信息中还原现实的能力。例如，针对网络平台根据人们的消费特点推荐商品，别有用心者通过算法实现影像仿真，如果人们具有一定的智能媒介素养，了解网络信息的生产和发布过程，就能做到有效甄别。

（2）增强应用能力，缩短"知沟"

随着近年来大量简单易用的智能信息分析、自动加工类App广泛出现，善于学习的普通用户技

< 250 >

能迅速提升；在老年大学课堂中，不少退休人士也初步掌握了使用智能软件编辑与发布信息的能力。大量事例表明，针对性地进行智能媒介素养培训可以有效缩短智能媒介应用的"知沟"。

（3）增强对信息生产者创作行为的监督

这种论调初始具有一定的迷惑性，但对于了解算法逻辑、权属、责任的用户而言，这种说法不攻自破。近年来，多个算法平台因不良推送被网民举报，在查实后被依法处理，证明网民对于算法"公正"警觉性有了提升。

有学者根据社会转型期自媒体传播的时代特征，提出在海量信息交流中学会伦理坚守、交互信息分享中坚持理性消费、文化信息传播中注重信息安全3种培养策略。这3种培养策略主要侧重于使公民提升自身的媒介应对与处理能力。从媒体获取有效信息、在公共话语空间理性地表达与交流等都是公众参与社会公共事务的表现。因此，在智媒时代，提升公民的媒介素养不仅是公民自身需要努力实践的方向，也是政府建设良性媒介环境、实现有效社会治理的必要内容。媒介素养的培养与提升取决于公众自身的学习以及社会层面的主流价值倡导等。大学生是智媒使用参与度较高的群体，是未来社会的中坚力量，提高大学生智媒素养对个人以及社会发展均有重要意义。

习题

选择题

1. 在Web服务器上通过建立（　　　），向用户提供网页资源。
   - A. DHCP中继代理
   - B. 作用域
   - C. Web站点
   - D. 主要区域

2. 下列说法错误的是（　　　）。
   - A. 规划目录结构时，应该在每个主目录下都建立独立的images目录
   - B. 在制作站点时应突出主题色
   - C. 人们通常所说的颜色，其实指的就是色相
   - D. 为了使站点目录明确，应该采用中文目录

3. 查看优秀网页的源代码无法学习（　　　）。
   - A. 代码简练性
   - B. 版面特色
   - C. 网站目录结构特色
   - D. Script程序

4. 关于配置IIS时设置站点主目录的位置，下列说法正确的是（　　　）。
   - A. 只能在本机的C:\inetpub\wwwroot 文件夹
   - B. 只能在本机操作系统所在磁盘的文件夹
   - C. 只能在本机非操作系统所在磁盘的文件夹
   - D. 以上全都是错的

5. 在网站整体规划时，第一步要做的是（　　　）。
   - A. 确定网站主题
   - B. 选择合适的制作工具
   - C. 收集材料
   - D. 制作网页

6. （　　　）可以说是网页的灵魂。
   - A. 标题
   - B. 主题
   - C. 风格
   - D. 内容

7. 关于IIS的配置，下列说法正确的是（　　　）。
   - A. IIS一般只能管理一个应用程序

< 251 >

    B. IIS要求默认文档的文件名必须为default或index，扩展名则可以为.htm、.asp 等已被服务器支持的文件扩展名

    C. IIS可以通过添加Windows 组件安装

    D. IIS只能管理Web站点，而管理FTP 站点必须安装其他相关组件

8. 在网站设计中所有的站点结构都可以归结为（   ）。

    A. 两级结构   B. 三级结构   C. 四级结构   D. 多级结构

9. 以下软件可以用来搭建Web站点的是（   ）。

    A. URL   B. Apache   C. SMTP   D. DNS

10. 不适合在网页中使用的图像格式是（   ）。

    A. .jpeg   B. .bmp   C. .png   D. .gif

< 252 >